"十二五"职业教育国家规划教材
经全国职业教育教材审定委员会审定

★获中国石油和化学工业优秀教材奖★

中等职业教育化学工艺专业系列教材

化工单元操作

沈晨阳 主编
廖志君 吕晓莉 副主编
郭跃红 主 审

化学工业出版社
·北京·

本书是根据教育部近期制定的《中等职业学校化学工艺专业教学标准》，由全国石油和化工职业教育教学指导委员会组织修订的“十二五”职业教育国家规划教材。

本书是在当前职业教育“以工作过程为导向”的课改理念的指导下编写而成。全书内容包含：绪论、流体流动、流体输送机械、传热、精馏、吸收、干燥、萃取等常见单元操作。各章节主线为化学工程中常见单元的操作内容，其形式以实训项目予以展现，力求引导学生一步步地掌握化工操作技术员的基本技能，并在此基础上辅以理论知识提升、加深理解。

本书可作为中职、高职化工类以及相关专业的教材，也可作为现代化工企业的培训教材，还可供化工生产技术人员参考。

图书在版编目（CIP）数据

化工单元操作/沈晨阳主编. —北京：化学工业出版社，2013.6（2025.6重印）
“十二五”职业教育国家规划教材
ISBN 978-7-122-17197-9

Ⅰ.①化… Ⅱ.①沈… Ⅲ.①化工单元操作-中等专业学校-教材 Ⅳ.①TQ02

中国版本图书馆CIP数据核字（2013）第088136号

责任编辑：旷英姿 提 岩　　文字编辑：林 媛
责任校对：战河红　　装帧设计：王晓宇

出版发行：化学工业出版社（北京市东城区青年湖南街13号 邮政编码100011）
印　　装：河北延风印务有限公司
787mm×1092mm 1/16 印张14¾ 字数349千字 2025年6月北京第1版第10次印刷

购书咨询：010-64518888　　售后服务：010-64518899
网　　址：http://www.cip.com.cn
凡购买本书，如有缺损质量问题，本社销售中心负责调换。

定　价：38.00元

前言

化工单元操作是中等职业教育化学工艺专业的一门核心课程，也是学生进行化工操作必修的专业课程。本书是根据教育部近期制定的《中等职业学校化学工艺专业教学标准》，由全国石油和化工职业教育教学指导委员会组织编写的全国中等职业学校规划教材。

本教材较为显著的特点是引入了当前职业教育“以工作过程为导向”的课改理念，具体表现为：第一，全书以单元装置实践操作项目教学为主线，以工作任务为引领，着力培养学生实践操作能力；第二，以实用性、针对性理论知识为支撑，重点阐述单元操作过程、原理以及常用设备，服务于实践操作的教学；第三，理论与实践操作有机融合，便于实施理实一体化教学；第四，各单元尽可能引入了新技术、新工艺，拓展了学生的专业视野。另外，每个单元后设置有小练习，并附有二维码可以查到答案。另外，封底还附有本书电子教学资源二维码供扫描下载，内容包括教学PPT、教学视频和动画等。

本书由上海石化工业学校沈晨阳主编，上海石化工业学校廖志君和济宁技师学院吕晓莉副主编，沈晨阳和廖志君负责最后统稿，新疆化学工业学校郭跃红担任主审。具体编写分工如下：绪论、吸收单元由廖志君和沈晨阳编写，流体流动及流体输送机械单元由上海石化工业学校周艳玲编写，传热单元由上海石化工业学校叶健和新疆化学工业学校库尔班江编写，萃取单元由吕晓莉和上海石化工业学校范晓宇编写，精馏和干燥单元由叶健和范晓宇编写，本书封底二维码中的教学PPT由上海石化工业学校叶国青编制；教学视频和动画资料来源于北京东方仿真软件技术有限公司。另外，在本书的编写过程中，上海石化股份公司、上海氯碱化工股份有限公司、德国拜耳（中国）公司、德国赢创（中国）公司、北京东方仿真软件技术有限公司等单位提供了大量的素材，上海石化工业学校章红、甘肃石化技师学院林玉波等对本书提出了许多宝贵的意见和建议，化学工业出版社也给予了鼎力支持，在此，一并致以衷心的感谢。

由于编者水平有限，书中难免有不妥之处，敬请读者批评指正。

编者

2015年7月

目录

0 绪论

1 流体流动

2 流体输送机械

3 传热

目录

目 录

附录

参考文献

0 绪论

化学工程以化学工业的生产过程为研究对象。一个化工过程通常包括许多步骤，一类以进行化学反应为主，另一类很重要的并不进行化学反应的步骤称之为单元操作。

本书的内容就是讨论比较重要且常用的一些单元操作。在绪论中，将对单元操作的特点、内容以及学习方法进行介绍，同时对学习本书所需的基础知识加以概述，以期对读者起到引导之作用。

0.1 化工过程与单元操作

0.1.1 化工过程

化学工程以化学工业的生产过程为研究对象。在化学工业中，对原料进行大规模的加工处理，使其不仅在状态与物理性质上发生变化，而且在化学性质上也发生变化，成为合乎要求的产品，该过程即为化学工业的生产过程，简称为化工过程。

一个化工过程通常包括许多步骤，原料在各步骤中依次通过若干个或若干组设备，经历各种方式的处理之后才能成为产品。由于不同的化学工业所用的原料与所得到的产品不同，因此各种化工过程的差别很大。

一般将化工过程所包含的步骤分为两类：一类以进行化学反应为主，通常在反应器内进行，由于所进行的化学反应不同，反应的机理相差很大，因此用于不同化学工业中的反应器有很大差别。例如用于合成氨的合成塔，用于裂解石油的裂解炉，用于聚合高分子化合物的反应釜等。此外还有一类步骤并不进行化学反应，例如白酒加工生产中进行的蒸馏操作；染料、纸张生产中必需的干燥操作；食盐生产过程中包含的流体输送、蒸发、结晶、离心分离等操作。常将此类操作步骤称为单元操作。

0.1.2 单元操作

单元操作的特点

(1) 单元操作都是物理性操作，只改变物料的状态或者物理性质，并不改变化学性质。

(2) 单元操作都是化工生产中共有的操作，只不过化工过程中所包含的单元操作数目、类型与排列顺序不同而已。

(3) 用于不同化工过程的单元操作，其基本原理并无不同，操作的设备往往具有通用性。

单元操作研究的内容

本书的内容主要介绍一些比较重要且常用的单元操作。单元操作按其所根据的内在理论基础，一般可以分为三类：

(1) 以动量传递理论为基础，包括流体输送、沉降、过滤、离心分离、搅拌、固体流态化等；

(2) 以热量传递理论为基础，包括加热、冷却、蒸发等；

(3) 以质量传递理论为基础，包括精馏、吸收、吸附、萃取、干燥、结晶、膜分离等。此类操作的目的一般是将混合物进行分离，故又常将此类操作称为分离过程。

单元操作的学习方法

一个合格的化工操作人员应能严格按照操作规程进行日常生产操作，使设备能正常进行

运转，同时通过理论课程的学习，能了解现行的生产过程与设备的基本原理，继而保障工艺流程畅通，使得生产装置安、稳、长、满、优的生产。

所有这些工作都要求对各单元操作有充分了解。单元操作是工程技术的一个分支，理论与实践紧密结合。对于中职生来说，不但要熟练掌握常用设备的操作技能，也要了解各单元操作的理论知识，二者不能有所偏废。

单元操作的基本概念

每种单元操作的原理及设备的计算都是以物料衡算、能量衡算、平衡关系和过程速率四个概念为依据的。下面简要介绍这几个基本概念。

- **物料衡算**

物料衡算是以质量守恒定律为基础对物料平衡进行的计算。物料平衡是指“在单位时间内进入系统的全部物料质量，必定等于离开该系统的全部物料质量与积累起来的物料质量”，即：

$$\sum G_{in}=\sum G_{out}+G_{\sigma} \qquad (0\text{-}1)$$

式中，$\sum G_{in}$为进入系统的物料质量的总和，kg/h；$\sum G_{out}$为离开系统的物料质量的总和，kg/h；G_{σ}为积累在体系中的物料质量，kg/h。

该式为总物料衡算式，既适用于连续操作，也适用于间歇操作。当过程中没有化学反应时，它也适用于物料中的任一组分的衡算；当有化学反应时，它只适用于任一元素的衡算。当连续操作达到稳定后，因无新的积累量，则$G_{\sigma}=0$，上式可以化简为

$$\sum G_{in}=\sum G_{out} \qquad (0\text{-}2)$$

进行物料衡算时，首先画出过程示意图，在图上用箭头标出各物料流股的流向，并用符号及数字标明物料的量及组成，然后用虚线圈出衡算范围，进而确定衡算对象及衡算基准，把穿过衡算范围的物料流股逐项列出建立衡算式。对于间歇操作，常以一次操作为基准；对于连续操作，则常以单位时间为基准。下面通过例题加以说明。

【例0-1】使用两个连续操作的串联蒸发器浓缩KOH溶液。每小时有5t 15%（质量分数）KOH溶液进入第一个蒸发器，浓缩到25%后输送到第二个蒸发器，进一步浓缩成为48%的溶液而排出。试分别求出两个蒸发器每小时蒸发的水量及从第二个蒸发器送出的浓溶液量。

解 （1）绘出过程示意图（图0-1）

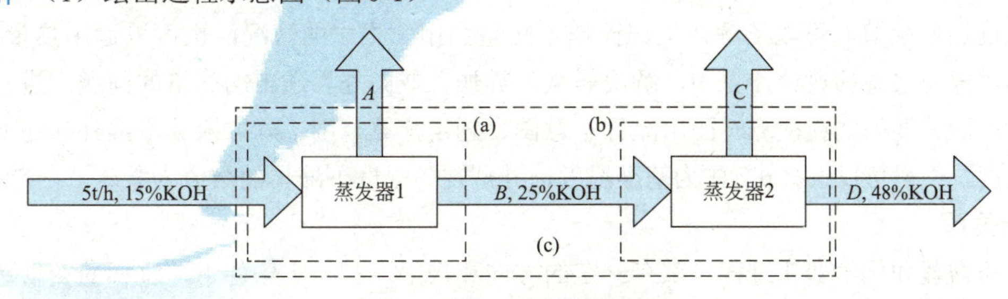

图0-1 例0-1的过程示意图

图中A表示在蒸发器1蒸发掉的水分，B表示送入蒸发器2的溶液量，C表示在蒸发器2中蒸发掉的水分，D表示从蒸发器2中送出的溶液量。

（2）划定衡算范围

用一封闭的虚线来表示衡算范围。衡算范围一经确定，便可假想圈内部分与外界隔开。

箭头方向表示物料流股的方向，凡是穿越边界指向内部的，都属于进入系统的项；凡是穿越边界指向外部的，都属于离开系统的项。

（3）规定衡算基准

对于虚线（a）进行衡算，以1h作为基准。

（4）列出衡算式进行求解

总物料衡算：$5=A+B$

KOH衡算：$5\times0.15=0+0.25B$

联立这两个式子，解得：$A=2\text{t/h}$，$B=3\text{t/h}$

用同样的方法，再对虚线（b）进行衡算，仍以1h作为基准，可得：

总物料衡算：$3=C+D$

KOH衡算：$3\times0.25=0+0.48D$

联立这两个式子，解得：$C=1.438\text{t/h}$，$D=1.562\text{t/h}$

当然也可以对虚线（c）进行衡算，同样可求得相同的结果，请读者自行尝试完成。

由上例可知，通过物料衡算可确定过程中某些未知的物料量，为正确选择设备的尺寸提供重要的依据，也可以为能量衡算提供数据。如果实际操作中的物料量与理论计算不相符合，应找出原因，有针对性地采取改进生产操作、提高原料利用率的措施。

- **能量衡算**

能量衡算为能量守恒定律在化工计算中的一种表现形式。化工生产中所需的能量主要以热能为主，用于改变物料的温度与聚集状态，或是提供反应所需的热量。若操作过程中有几种能量相互转化，则可以能量衡算确定其间的关系；若只涉及热能，则能量衡算可简化为热量衡算。在本课程中，能量衡算常为热量衡算，热量衡算式可以表示为

$$\sum Q_{in}=\sum Q_{out}+q \tag{0-3}$$

式中 $\sum Q_{in}$——输入该过程的物料所带入的总热量，W；

$\sum Q_{out}$——该过程的输出物料所带走的总热量，W；

q——该过程与环境交换的热量，当过程向环境散热时，取正值，外界向过程中加入热量时取负值，W。

通过热量衡算，可以了解在生产操作中热量利用和损失的情况，也可以运用热量衡算，在生产过程与设备的设计计算中，解决需从外界加入或向外界送出的热量的问题。进行热量衡算时，除了要如物料衡算时画出流程示意图、划定衡算范围、确定衡算基准外，还要确定基准温度。一般可以选择0℃作为基准温度，并规定该温度下液体的焓值为零。

- **平衡关系**

任何物理和化学变化过程，都有一定的方向和极限。在一定条件下，过程的变换达到了极限，就可认为达到了平衡状态。例如：热量从高温物体传到低温物体直至两物体的温度相等为止；糖在一定温度下溶解于水中直至糖水达到饱和状态为止等。

任何一种平衡状态的建立都是有条件的。当条件改变时。原有平衡状态会破坏并发生移动，直至在新的条件下建立新的平衡。因而在生产中常用改变平衡条件的方法使平衡向有利于生产的方向移动。为了能有效地控制生产，对许多化工生产，应了解过程的平衡状态和平

衡条件的相互关系。这可以从生产过程的物系平衡关系来推知过程能否进行以及能进行到何种程度。平衡关系也为设备的设计提供理论依据。

- **过程速率**

过程速率是指物理或化学变化过程在单位时间内的变化率。平衡关系只表现过程变化的极限，而过程速率则表明过程进行的快慢。在生产中，过程速率比平衡关系更为重要。如果一个过程可以进行，但速率十分缓慢，则该过程在生产中无使用价值。

在本课程中，常用单位时间内过程进行的变化量表示过程的速率。例如传热过程速率以单位时间传递的热量，或用单位时间单位面积传递的热量表示；又如传质过程速率以单位时间单位面积传递的质量表示。

过程进行的速率决定设备的生产能力，过程速率越大，设备生产能力也越大，或在同样产量时所需的设备尺寸越小。在工程上，过程速率问题往往比物系平衡问题显得更重要。过程速率是过程推动力与过程阻力的函数，可用如下基本关系表示：

过程速率=过程推动力/过程阻力

由此可见，过程推动力越大，过程阻力越小，则过程速率越大。

由于过程不同，推动力与阻力的内容也各不相同。通常，过程偏离平衡状态越远，则推动力越大；达到平衡时，推动力为零。例如，引起冷热物体间热量流动的推动力是两物体间的温度差，温度差越大，则传热速率越大，温度差等于零时，则两物体处于平衡状态，彼此间不会有热的流动。过程阻力较为复杂，将在之后的相关章节中进行介绍。

由上述可知，改变过程推动力或过程阻力即可改变过程速率。在学习各单元操作时，要注意分析影响推动力和阻力的各种因素，探求改进生产的措施。

0.2 计量单位与单位换算

0.2.1 计量单位

法定计量单位

法定计量单位是强制性的，各行业、各组织都必须遵照执行，从而确保单位的一致性。我国的法定计量单位是以国际单位制（SI）为基础并选用少数其他单位制的计量单位来组成的。

我国的法定计量单位包括：国际单位制的基本单位、国际单位制的辅助单位、国际单位制中具有专门名称的导出单位、国家选定的非国际单位制单位以及由以上单位构成的组合形式的单位、词头与以上单位所构成的十进倍数和分数单位。

- **基本单位**

国际单位制的基本单位共有7个，如图 0-2所示。其中常用的有5个：长度单位米（m）、时间单位秒（s）、质量单位千克（kg）、温度单位开尔文（K）、物质的量单位摩尔（mol）。

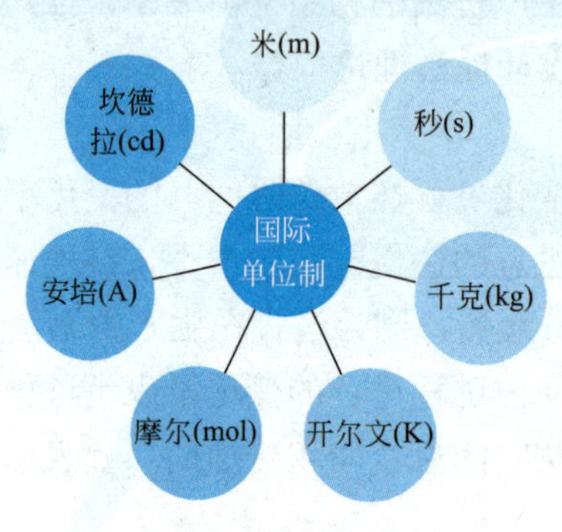

图0-2　国际单位制

● **辅助单位**

在国际单位制中，平面角的单位（弧度）和立体角的单位（球面度）未归入基本单位或导出单位，而称为辅助单位。辅助单位既可以作为基本单位使用，又可作为导出单位使用。它们的定义如下：

弧度是一个圆内两条半径在圆周上所截取的弧长与半径相等时，它们所夹的平面角大小，用rad表示。

球面度是一个立体角，其顶点位于球心，而它在球面上所截取的面积等于以球半径为边长的正方形体积，用sr表示。

● **导出单位**

在选定了基本单位和辅助单位之后，按物理量之间的关系，由基本单位和辅助单位以相乘或相除的形式所构成的单位称为导出单位。例如表示力的单位牛顿（N）以及表示压强的单位帕斯卡（Pa），用基本单位可以表示为：

$$1N=1kg \cdot m/s^2$$

$$1Pa=1kg/(m \cdot s^2)$$

其他更多导出单位不逐一列出，读者可以查阅相关的资料进一步了解。

● **国家选定的非国际单位制单位**

除了以上所介绍的单位，我国还选定了一些非国际单位制单位作为我国法定单位制的补充。例如可用于表示时间的单位：天（d）、小时（h）、分（min）、秒（s）；用于表示平面角度的单位：[角] 秒（″）、[角] 分（′）、度（°）；用于表示质量的单位：吨（t）；用于表示体积的单位：升（L）等。其他选定的非国际单位制单位这里不再一一罗列。

● **词头**

词头用于表示单位的倍数和分数，目前有20个词头。表0-1列出了常用的一些词头。

表 0-1　部分常用词头

词头	纳（n）	微（μ）	毫（m）	厘（c）	千（k）	兆（M）
意义	10^{-9}	10^{-6}	10^{-3}	10^{-2}	10^{3}	10^{6}

词头使用时，只需将其置于单位前，例如毫米（mm）、千帕（kPa）等。

工程制单位

在工业生产中，习惯上仍然使用一种工程制单位。工程制的基本单位为长度单位米

（m）、重量单位千克力（kgf）以及时间单位秒（s）。在工程制中，常将重量单位千克力（kgf）简称为千克（或称公斤），这与国际单位制中的质量单位千克（kg）容易混淆，因而在使用中要特别注意。

质量和重量（或力）是两个截然不同的概念。一个物体的质量是它所包含物质的多少，其值是固定的，而它的重量则为它所受地球吸引力（重力）的大小，随其距离地球的远近而变化。通常所谓的重量是指在地球表面附近的重量而言。

质量和重量的关系可以用牛顿第二力学定律来表示：

$$G=mg \tag{0-4}$$

式中 G——作用于物体上的重量，N；

m——物体的质量，kg；

g——物体在地面附近所受重力作用产生的加速度，其值等于9.81m/s²。

于是容易得到kgf与kg之间的关系：

$$1\text{kgf}=9.81\text{kg}\cdot\text{m/s}^2=9.81\text{N}$$

这也是国际单位制与工程制之间的换算桥梁。

0.2.2 单位换算

简单的单位换算关系可以查阅手册获得，本书在相关章节中也会列出。对于复杂的单位换算，通常可以将其拆分为几个简单的单位换算关系，运算后得到所需结果。下面通过一道例题来说明单位换算的方法。

【例0-2】一个标准大气压1atm的压力等于1.033kgf/cm²，试将其换算成SI单位。

分别对单位kgf、cm进行换算，它们与SI单位的关系是：

$$1\text{kgf}=9.81\text{N}$$

$$1\text{cm}=10^{-2}\text{m}$$

于是：

$$1\text{atm}=1.033\text{kgf/cm}^2=1.033\times\frac{9.81\text{N}}{(10^{-2}\text{m})^2}=1.013\times10^5\text{N/m}^2$$

上述方法的特点是将单位与数一起代入分别计算，对于单位换算不熟练者可以采用此种方法。

0.3 物质的聚集状态

0.3.1 相

通常所见的物质的聚集状态有三种：气态、液态和固态。在一个体系中，根据物质存在的形态和分布不同，可以将系统分为若干相。相是指在没有外力作用下，物理、化学性质以及成分完全相同的均匀物质的聚集态。

所谓均匀是指其分散度达到分子或离子大小的数量级（直径小于10^{-9}m）。相与相之间有明确的物理界面，超过此界面，一定有某宏观性质（如密度、组成等）发生突变。物质在压力、温度等外界条件不变的情况下，从一个相转变为另一个相的过程称为相变。相变过程也就是物质结构发生突然变化的过程。

例如，任何气体均能无限混合，所以系统内无论含有多少种气体都是一个相，称为气相；均匀的溶液也是一个相，称为液相；而浮在水面上的冰不论其质量多大，不论是一大块还是一小块，都认为是同一个相，称为固相。相的存在和物质的量的多少无关，可以连续存在，也可以不连续存在。

0.3.2 影响物质聚集状态的外部因素

物质受到温度、外界压力的影响，其聚集状态是可以被改变的。因此在描述某物质的物理性质时，必须指定其所处温度以及外压的条件，如没有特别说明，一般指常温常压下的情况。

温度

温度是表示物体冷热程度的物理量，微观上可反映物体分子热运动的剧烈程度。用来量度物体温度数值的标尺叫温标，它规定了温度的读数起点（零点）和测量温度的基本单位。目前国际上用得较多的温标有华氏温标、摄氏温标、热力学温标。

三种温标之间的换算方法如下：

$$t=T-273 \tag{0-5}$$

$$F=1.8t+32 \tag{0-6}$$

式中 t——摄氏温标，℃；

T——热力学温标（又称开式温标），K；

F——华氏温标，℉。

压强

压强是表示压力作用效果的物理量，其定义为物体单位面积上所受力的大小：

$$p=\frac{F}{A} \tag{0-7}$$

式中 F——压力，N；

A——压力作用的面积，m^2；

p——压强，Pa。

容易看出：$1Pa=1N/m^2$。

在工程上，不至于混淆的前提下，习惯把压强称为压力，本书依照工程上的习惯，在不加特别说明的地方，压力皆指压强。

压强的常用单位有很多，例如千帕（kPa）、兆帕（MPa）、标准大气压（atm）、工程大气压（at）、公斤力（kgf/cm^2）、米水柱（mH_2O）、毫米汞柱（mmHg）以及巴（bar）、毫巴

（mbar）。这些单位之间的换算关系如下

$$1MPa=10^3kPa=10^6Pa$$

$$1atm=1.013\times10^5Pa=760mmHg=10.33mH_2O=1.033at=1.033kgf/cm^2$$

$$1bar=10^3mbar=10^5Pa$$

0.4 理想气体与理想溶液

0.4.1 理想气体

理想气体是一种分子本身不占有体积，分子之间没有作用力，实际不存在的假想气体。当温度不是很低或很高、压力不是很低或很高，或没有其他特殊条件时，一般气体均可视为理想气体。

理想气体遵循理想气体状态方程（又称克拉珀龙方程）：

$$pV=nRT \tag{0-8}$$

式中 p——压力，Pa；

V——气体体积，m^3；

n——物质的量，mol；

T——热力学温度，K；

R——通用气体常数，其值为8.314J/(mol·K)。

0.4.2 理想溶液

理想溶液是指体系中各组分的分子大小及作用力彼此相似，当一种组分的分子被另一种组分的分子取代时，没有能量的变化或空间结构的变化。换言之，即当各组分混合成溶液时，没有热效应和体积变化的这样一类溶液。

一般溶液大多不具有理想溶液的性质，但是因为理想溶液所服从的规律较简单，并且实际上，许多溶液在一定的浓度区间的某些性质常表现得很像理想溶液，因而引入理想溶液的概念，不仅在理论上有价值，而且也有实际意义。在以后的章节中可以看到，只要对从理想溶液所得到的公式作一些修正，就能用于实际溶液。

小练习

（下列练习题中，第1～4题为简答题，第5题为填空题，第6、7题为计算题）

1.化工过程中包含的步骤有哪几类？

2.单元操作有哪些特点，研究的内容有哪些？

3.国际单位制中的基本单位有哪些？

4.若测得某溶液温度为145 ℉，则其对应的热力学温度为多少？

5. 试按要求换算压强单位：

0.3bar=____kPa；

700mmHg=____kgf/cm^2；

9.5mH_2O=____atm。

6. 试求在101.3kPa、20℃的条件下，1mol空气的体积为多少。

7. 湿物料原来含水16%（质量分数，下同），在干燥器中干燥至含水0.8%。试求每吨物料干燥出的水量。

1　流体流动

流体流动问题是化工厂里最常遇到的一个问题，也是化工单元操作中的一个最基本问题。化工生产中所处理的物料以流体占大多数，因此研究流体流动的相关内容对化工生产起着重要的作用。

本单元共分五个部分，分别对流体流动的基础知识、流体流动形态、流体内部机械能变化、流体流动阻力、化工管路等内容进行了理论实训一体化的介绍。

1.1 预备知识

1.1.1 概述

流体是具有流动性的物体，包括可压缩的气体和不可压缩的液体。流体的压缩性是指当作用在流体上的压力增加时，流体的体积将会缩小这一特性。当气体压力增加时，其体积会明显缩小；而液体压力增加时，其体积基本不变。

因此，常将气体称为可压缩流体，而将液体称为不可压缩流体。

1.1.2 流体的物理性质

流体的密度

流体的密度指的是单位体积流体在t℃时的质量，用符号ρ_t表示，在不致混淆的情况下可简记为ρ，其单位为kg/m^3，由定义可得：

$$\rho=\frac{m}{V} \tag{1-1}$$

式中 m——流体的质量，kg；

V——流体的体积，m^3。

- **液体的密度**

液体纯净物的密度可以从手册中查得。液体混合物的密度通常由实验测定，例如比重瓶法、韦氏天平法及波美度比重计法等，也可以通过以下公式计算而得：

$$\frac{1}{\rho}=\frac{w_1}{\rho_1}+\frac{w_2}{\rho_2}+\cdots+\frac{w_n}{\rho_n} \tag{1-2}$$

式中 ρ_1，ρ_2，…，ρ_n——混合液中各纯组分的密度，kg/m^3；

w_1，w_2，…，w_n——混合液中各组分的质量分数；

ρ——混合液体的密度，kg/m^3。

任何流体的密度都与温度和压力有关，但压力对液体密度的影响很小（除了压力极高时），因此工程上常常忽略压力对液体的影响。对大多数液体来说，温度升高，密度就会降低。但水是一个例外，水在277K时具有最大密度，为$1000kg/m^3$。

【例1-1】已知甲醇水溶液中各组分的质量分数分别为：甲醇0.9、水0.1。试求该水溶液在293K时的密度。

已知 $w_{CH_3OH}=0.9$，$w_{H_2O}=0.1$，$T=293K$

求 $\rho=?$

解 查附录6得293K时甲醇的密度，$\rho_{CH_3OH}=791kg/m^3$；

查附录6得293K时水的密度，$\rho_{H_2O}=998.2kg/m^3$。

$$\frac{1}{\rho}=\frac{w_{CH_3OH}}{\rho_{CH_3OH}}+\frac{w_{H_2O}}{\rho_{H_2O}}$$

$$\frac{1}{\rho}=\frac{0.9}{791}+\frac{0.1}{998.2}=0.001238 \qquad 则 \quad \rho=807.75\text{kg/m}^3$$

答：该溶液在293K时的密度为807.75kg/m^3。

将某种液体在t℃时的密度与4℃时纯水的密度之比，称为该液体的相对密度，即：

$$d_4^t=\frac{\rho_t}{\rho_{H_2O}}=\frac{\rho_t}{1000\text{kg/m}^3} \tag{1-3}$$

例如某液体在25℃下的密度为1840kg/m^3，则其相对密度为

$$d_4^{25}=\frac{1840\text{kg/m}^3}{1000\text{kg/m}^3}=1.84$$

在不致混淆的情况下，相对密度可以简记为d。

- **气体的密度**

在一定压力与温度下，常见气体纯净物的密度可以从相关手册中查得。当压力不太高、温度不太低时，气体的密度计算式可由理想气体状态方程$pV=nRT$推得：

$$\rho=\frac{m}{V}=\frac{nM}{V}=\frac{pM}{RT} \tag{1-4}$$

式中 p——气体的压力，kPa；

M——气体的摩尔质量，kg/kmol；

R——通用气体常数，8.314kJ/(kmol·K)；

n——物质的量，kmol；

T——气体的温度，K；

V——气体的体积，m^3。

气体混合物的密度可以用下面的公式进行计算：

$$\rho=\rho_1\varphi_1+\rho_1\varphi_2+\cdots+\rho_n\varphi_n \tag{1-5}$$

式中 ρ_1，ρ_2，…，ρ_n——气体混合物中各纯组分的密度，kg/m^3；

φ_1，φ_2，…，φ_n——气体混合物中各组分的体积分数。

或使用

$$\rho=\frac{pM_m}{RT} \tag{1-6}$$

$$M_m=M_1y_1+M_2y_2+\cdots+M_ny_n$$

式中 M_1，M_2，…，M_n——气体混合物中各纯组分的摩尔质量，kg/kmol；

y_1，y_2，…，y_n——气体混合物中各组分的摩尔分数；

M_m——混合物的平均摩尔质量，kg/kmol；

p——总压，kPa。

对于理想气体，其摩尔分数y与体积分数φ相同。

从气体密度的计算式可以看出，当外部压力增大时，气体的密度会相应增大；当温度升高时密度就会降低。

【例1-2】求CO_2在360K、4MPa时的密度为多少？

已知 T=360K，p=4MPa=4×10^{3}kPa，M_{CO_2}=44kg/kmol，R=8.314kPa·m^3/(kmol·K)

求 ρ=?

解　$\rho=\dfrac{pM}{RT}=\dfrac{4\times10^3\text{kPa}\times44\text{kg/kmol}}{8.314\text{kPa}\cdot\text{m}^3/(\text{kmol}\cdot\text{K})\times360\text{K}}=58.80\text{kg/m}^3$

答：CO_2在360K、4MPa时的密度为58.80kg/m³。

【例1-3】若空气中氧气和氮气的体积分数分别为0.21和0.79，试求100kPa和300K时的空气密度。

已知　p=100kPa，T=300K，$\varphi_{O_2}=0.21$，$\varphi_{N_2}=0.79$，$R=8.314\text{kPa}\cdot\text{m}^3/(\text{kmol}\cdot\text{K})$

求　ρ=?

解　$M_{O_2}=32\text{kg/kmol}$，$M_{N_2}=28\text{kg/kmol}$

空气的平均摩尔质量$M_m=M_{O_2}\varphi_{O_2}+M_{N_2}\varphi_{N_2}$

$=32\text{kg/kmol}\times0.21+28\text{kg/kmol}\times0.79=28.84\text{kg/kmol}$

$$\rho=\frac{pM_m}{RT}=\frac{100\text{kPa}\times28.84\text{kg/kmol}}{8.314\text{kPa}\cdot\text{m}^3/(\text{kmol}\cdot\text{K})\times300\text{K}}=1.16\text{kg/m}^3$$

另解　$\rho_{O_2}=\dfrac{pM_{O_2}}{RT}=\dfrac{100\text{kPa}\times32\text{kg/kmol}}{8.314\text{kPa}\cdot\text{m}^3/(\text{kmol}\cdot\text{K})\times300\text{K}}=1.283\text{kg/m}^3$

$$\rho_{N_2}=\frac{pM_{N_2}}{RT}=\frac{100\text{kPa}\times28\text{kg/kmol}}{8.314\text{kPa}\cdot\text{m}^3/(\text{kmol}\cdot\text{K})\times300\text{K}}=1.123\text{kg/m}^3$$

$\rho=\rho_{O_2}\varphi_{O_2}+\rho_{N_2}\varphi_{N_2}$

$=1.283\text{kg/m}^3\times0.21+1.123\text{kg/m}^3\times0.79=1.16\text{kg/m}^3$

答：100kPa和300K时的空气密度为1.16kg/m³。

流体的黏度

黏度是指流体对流动的阻抗能力。黏度的国际单位是Pa·s；但在工程上常用泊（P）或厘泊（cP）作单位。它们之间的换算关系是1Pa·s=10P=1000cP。不同流体的黏度是不同的，一般气体的黏度比液体的黏度小得多。例如常温常压下，空气的黏度约为0.0184mPa·s，而水的黏度约为1mPa·s。

黏性是流体的固有属性，流体无论是静止还是流动，都具有黏性。黏性大的流体流动性差，黏性小的流体流动性好。不同流体的黏性不尽相同，一种流体的黏度随其状态的改变而变化。一般来说，液体的黏度随温度升高而减小，气体的黏度随温度升高而增大。外部压力变化时，液体的黏度基本不变，气体的黏度随压力增加而增加，但是变化不大，一般工程计算中可以忽略。某些常用流体的黏度，可以从有关手册和本书附录中查得。

流体有静止和流动两种状态，而静止是流体运动的一种特殊形式。下面分别介绍流体静力学基础知识和流体动力学基础知识。

1.1.3　流体静力学基础

压力

- **压力的表示**

压力的表示方法有两种：一种是以绝对真空（绝对零压）作为基准所表示的压力，称为绝对压力，简称绝压，用$p_{绝}$表示，不致混淆的情况下，可简单以p表示；另一种是以大气压作为基准所表示的压力，称为相对压力。若系统压力高于大气压，则超出的部分称为表压，记作$p_{表}$；若系统压力低于大气压，则低于大气压的部分称为真空度，记作$p_{真}$。值得注意的是，用相对压力来表示压力大小时，必须加以注明，以免发生混淆。

由上述内容可知，表压、真空度、绝对压力与大气压的关系如下：

$$\begin{cases} p_{表}=p-p_{大气压}, & p>p_{大气压} \\ p_{真}=p_{大气压}-p, & p<p_{大气压} \end{cases} \quad (1-7)$$

利用图1-1可更好地理解这几个压力表示之间的关系。

【例1-4】安装在某生产设备进、出口处的真空表的读数是3.5kPa、压力表的读数为76.5kPa，试求该设备进出口的压力差。

已知 $p_{in真}=3.5\text{kPa}$，$p_{out表}=76.5\text{kPa}$

求 $\Delta p=?$

解 $\Delta p=p_{out真}-p_{in表}$

$\Delta p=(p_{大气压}+p_{out表})-(p_{大气压}-p_{in真})$

$\Delta p=p_{out表}+p_{in真}=76.5\text{kPa}+3.5\text{kPa}=80.0\text{kPa}$

答：该设备进出口的压力差为80.0kPa。

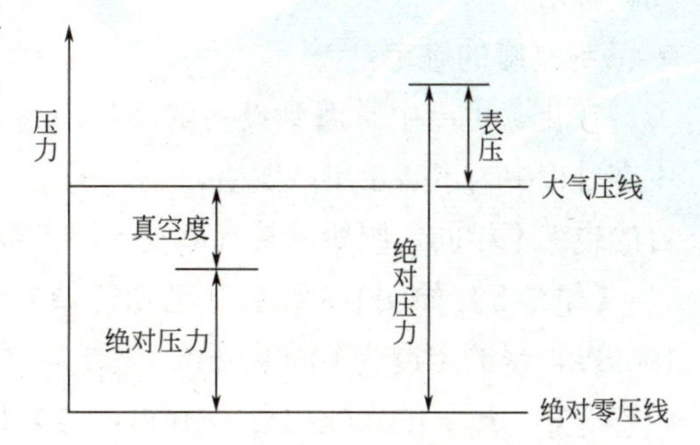

图1-1 表压、真空度与绝对压力之间的关系

● **压力的测量**

压力可以用测压仪表测量。大多数测压仪表所测得的压力都是相对压力，其中测量表压的称为压力表（见图1-2），测量真空度的称为真空表（见图1-3），此外还有表压和真空度都可以测量的压力真空表（见图1-4）。另外，使用U形管压差计等方法也可以测量压力。关于测压仪表的检测原理与结构请参阅相关资料书籍。

图1-2 压力表

图1-3 真空表

图1-4 压力真空表

流体静力学基本方程

如图1-5所示，静止流体内部任意两截面的压力分别为p_1、p_2，它们之间的关系是

$$p_2=p_1+\rho gh \quad (1-8)$$

上式即为流体静力学基本方程式，它表明了静止流体内部压力变化的规律。

流体静力学基本方程式适用于静止的、连通的同一液体。不难看出：在静止的液体中，液体任一点的压力与液体密度和其

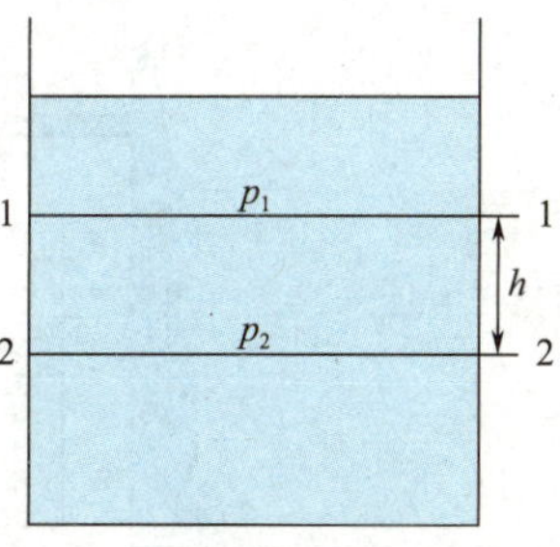

图1-5 静止流体两截面压力之间关系图

深度有关；在静止的、连续的同一液体内，处于同一水平面上各点的压力均相等，压力相等的界面称为等压面；当液体上方的压力有变化时，液体内部各点的压力也发生同样大小的变化；由$h=(p_2-p_1)/\rho g$可知，压力差的大小也可利用一定高度的液体柱来表示。

需要注意的是，该方程是以不可压缩流体推导出来的，对于可压缩性的气体，只适用于压力变化不大的情况。

流体静力学基本方程的应用

流体静力学基本方程主要应用于压力、压力差、液位等方面的测量。下面简单介绍以下几种应用。

● 液封高度的确定

在化工生产中常遇到设备的液封问题。液封是利用液柱高度封闭气体的一种装置。它是生产过程中为了防止事故发生，也为了安全生产而设置的。设备内操作条件不同，采用液封的目的也就不相同。例如，某气体发生炉需维持一定压力，炉外装有安全液封，如图1-6所示。

【例1-5】如图1-6所示，已知乙炔发生炉内气体的绝对压力是120kPa，当地大气压为100kPa，水的密度为1000kg/m³，试计算水封高度h。

已知 $p_{内}=120\text{kPa}=1.2\times10^5\text{Pa}=1.2\times10^5\text{N/m}^2=1.2\times10^5\text{kg/(s}^2\cdot\text{m)}$，$p_{大}=100\text{kPa}=10^5\text{Pa}=10^5\text{N/m}^2=10^5\text{kg/(s}^2\cdot\text{m)}$，$\rho=1000\text{kg/m}^3$

求 $h=?$

解 由等压面定义知，炉内气体的压力与同一高度处液面所受的压力大小相等，则

$$p_{内}=p_{大}+\rho gh$$

$$h=\frac{p_{内}-p_{大}}{\rho g}=\frac{1.2\times10^5\text{kg/(s}^2\cdot\text{m)}-10^5\text{kg/(s}^2\cdot\text{m)}}{1000\text{kg/m}^3\times9.8\text{m/s}^2}=2.04\text{m}$$

答：水封高度为2.04m。

● 压力与压力差的测量

将U形测压管的两端分别与两个测压口相连，则可以测得两测压点之间的压差，故称为压差计。如图1-7所示，用U形压差计测量1、2两点的压差：

$$p_1-p_2=R(\rho_{示}-\rho)g \tag{1-9}$$

式中　R——压差计的读数，m；

$\rho_{示}$——指示液的密度，kg/m³；

ρ——被测流体的密度，kg/m³。

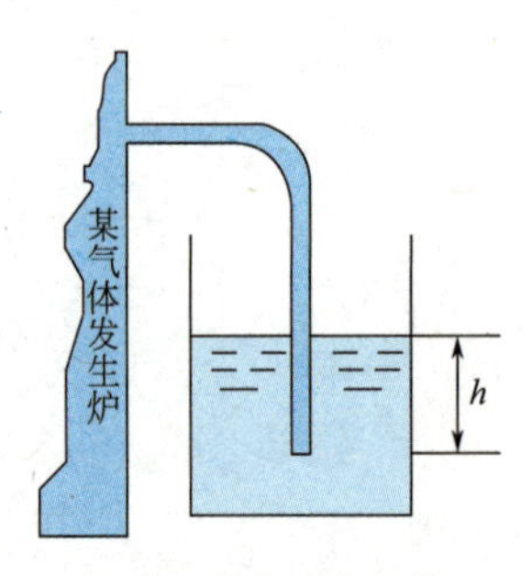

图1-6　液封示意图

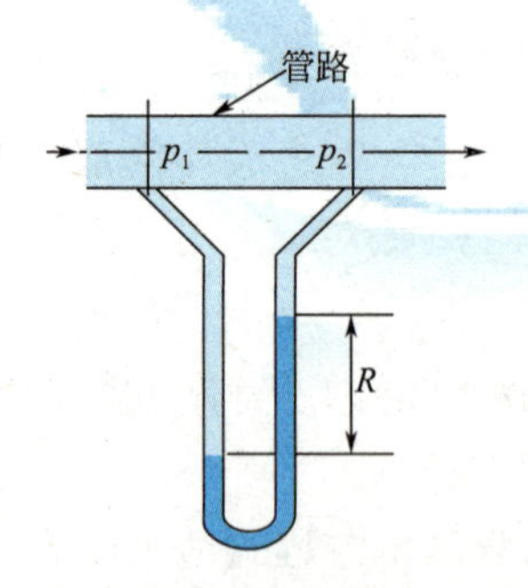

图1-7　U形管压差计测量压力差示意图

若要测量管道内某一点压力，安装开口U形管压差计即可。如图1-8所示，图（a）中的开口U形管可用来测量表压，图（b）中的开口U形管可测量真空度。

指示液的密度应大于被测流体的密度，且指示液要与被测流体不相溶，不起化学变化。若指示液的密度小于被测流体的密度，则应安装倒U形管压差计，如图1-8（c）所示。

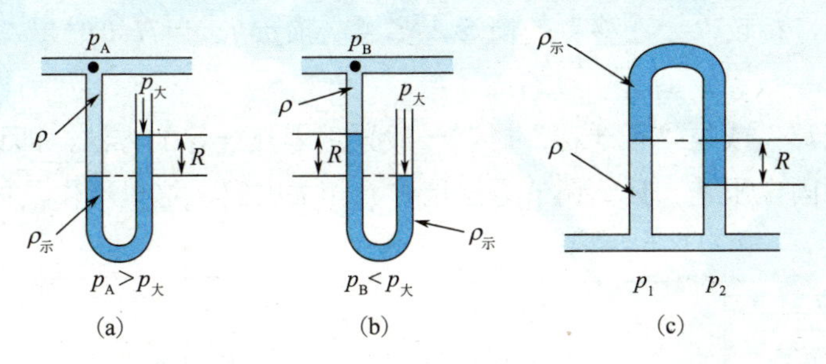

图 1-8　测量表压和真空度

- **液位的测量**

生产中经常要了解容器里液体的储存量或要控制液面，因此要进行液位的测量，常见的液位计类型有玻璃管液位计、磁翻板液位计、浮球液位计、差压式液位计等（见图1-9～图1-12）。

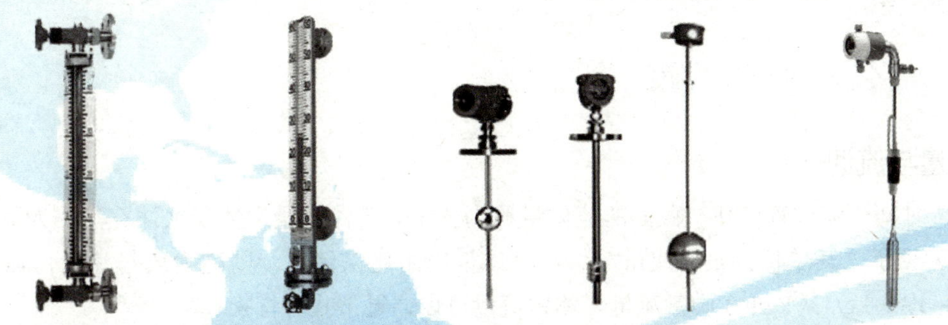

图1-9　玻璃管液位计　图1-10　磁翻板液位计　图1-11　浮球液位计　图1-12　差压式液位计

下面简单介绍差压式液位计测量的基本原理。

差压式液位计是由测压管和差压液位变送器两部分组成的。差压液位变送器是利用容器内的液位发生改变时，由液柱产生的静压力也相应变化的原理来工作的，如图1-13所示。

将差压变送器的一端接液相，另一端接气相。若容器上部空间为干燥气体，其压力为p，则有：

$$p_1=p+\rho gH$$

$$p_2=p$$

由此可得：

$$\Delta p=p_1-p_2=\rho gH \quad (1\text{-}10)$$

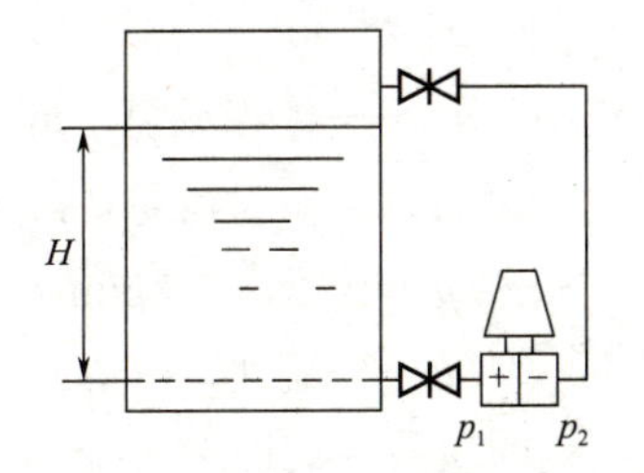

图1-13　差压液位变送器原理图

通常，被测介质的密度都是已知的，因而差压变送器测得的差压与液位高度成正比，这样就把测量液位的问题转换为测量差压的问题了。显然，当H=0时，Δp=0，将这种情况称作“无迁移”。

在实际应用中，往往H与Δp的关系并不那么简单。有时为了防止容器内液体和气体进入变送器而造成管线堵塞或腐蚀，并保持负压室的液柱高度恒定，在变送器正、负压室与取压点之间分别装有隔离罐，并充以隔离液体，如图 1-14 所示。

可以计算出此时正、负压室之间的压差为 $\Delta p=\rho_1 gH-\rho_2 g(h_2-h_1)$，相较“无迁移”的情况，压差减少了 $\rho_2 g(h_2-h_1)$ 一项。当 $H=0$ 时，$\Delta p=-\rho_2 g(h_2-h_1)$，因而将此种情况称作“负迁移”。

由于工作条件的不同，有时会出现图 1-15 所示的情形，依前述方法分析可知，此时的压差为 $\Delta p=\rho gH+\rho gh$，相较“无迁移”的情形，多了一项ρgh。当 $H=0$ 时，$\Delta p=\rho gh$。将此种情况称作“正迁移”。

当发生“负迁移”或是“正迁移”时，一般采用零点迁移的方法，即调节仪表上的迁移弹簧来抵消产生的固定压差。具体调节方法请参看相关书籍，这里不作具体的介绍。

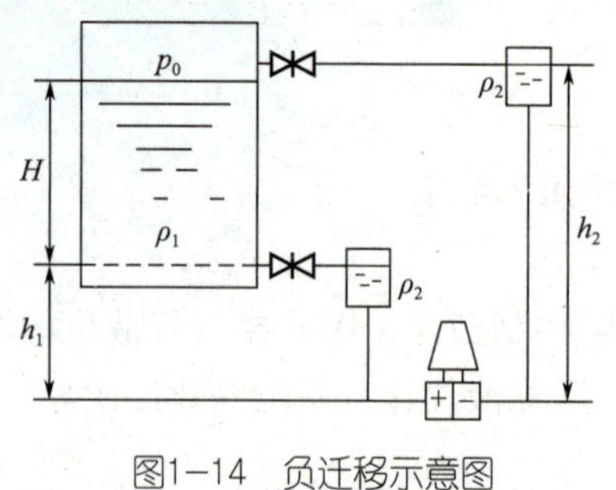

图1-14　负迁移示意图

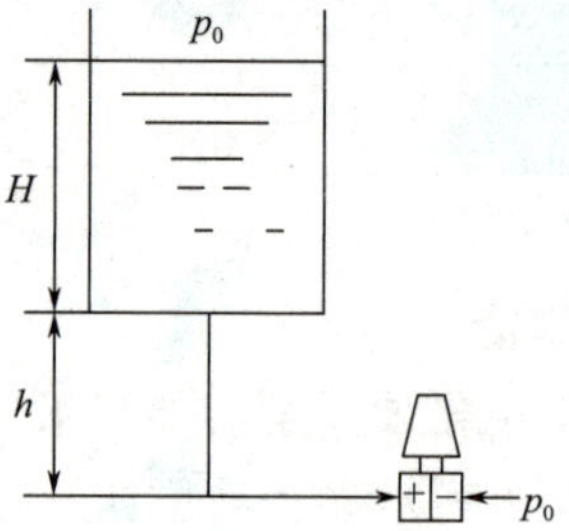

图1-15　正迁移示意图

1.1.4　流体动力学基础

流量与流速

单位时间内流过管道任一截面的流体量称为流量。若流体量用体积来计算，称为体积流量，以 q_V 表示，其单位为 m^3/s 或 m^3/h；若流体量用质量来计算，则称为质量流量，以 q_m 表示，其单位为kg/s或kg/h。质量流量与体积流量可以通过下式进行换算：

$$q_m=\rho q_V \tag{1-11}$$

流速是指单位时间内，流体在流动方向上通过的距离，用 u 表示，单位是m/s。

根据流量与流速的意义，可以知道，它们之间的关系满足下式：

$$q_V=uA \qquad q_m=\rho uA \tag{1-12}$$

式中　q_V——体积流量，m^3/s；

q_m——质量流量，kg/s；

ρ——密度，kg/m^3；

u——流速，m/s；

A——截面积，m^2。

以上公式是描述流体流量、流速和流通截面积三者之间的式子，称为流量方程式。

【例 1-6】将密度为 $960kg/m^3$ 的料液送入某精馏塔精馏分离。已知进料量是 10000kg/h，进料速度是 1.42m/s。问进料管的直径是多少？

已知　$\rho=960kg/m^3$，$q_m=10000kg/h$，$u=1.42m/s=1.42\times3600m/h=5112m/h$

求　$d=?$

解 $u=\dfrac{q_V}{A}=\dfrac{q_m}{0.785d^2\rho}$

$$d=\sqrt{\frac{q_m}{0.785u\rho}}=\sqrt{\frac{10000\text{kg/h}}{0.785\times5112\text{m/h}\times960\text{kg/m}^3}}=0.051\text{m}$$

答：进料管的直径是0.051m。

稳定流动与不稳定流动

流体在管路内流动时，如果任一截面上的流动状况（流速、压力、密度、组成等物理量）都不随时间而改变，只随位置的不同而不同。这种流动就称为稳定流动；反之，流动状况随着时间和位置而改变，就称为不稳定流动。

工业生产中的连续操作过程，如生产条件控制正常，则流体流动多属于稳定流动。连续操作的开车、停车过程及间歇操作过程属于不稳定流动。本章所讨论的流体流动为稳定流动过程。

连续性方程

稳定流动系统如图1-16所示，流体充满管道，并连续不断地从截面1—1流入，从截面2—2流出。以管内壁、截面1—1与2—2为衡算范围，以单位时间为衡算基准，依据质量守恒定律，进入截面1—1的流体质量流量应与流出截面2—2的流体质量流量相等。即：

$$q_{m_1}=q_{m_2} \tag{1-13}$$

因为$q_m=\rho uA$，故

$$\rho_1u_1A_1=\rho_2u_2A_2 \tag{1-14}$$

若流体是液体，视其密度不变，即$\rho_1=\rho_2$，上式可简化为$u_1A_1=u_2A_2$，即：

$$q_{V_1}=q_{V_2} \tag{1-15}$$

上述两个方程均称为连续性方程。对于液体在圆形管道中流动的情形，由于$A=\dfrac{\pi}{4}d^2$，故有$u_1d_1^2=u_2d_2^2$。由此可见，对于液体在圆形管道中稳定流动时，其流速与管径的平方成反比。

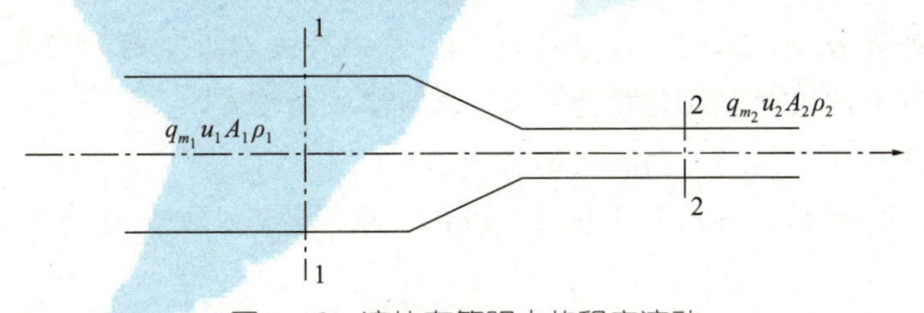

图1-16 流体在管路中的稳定流动

【例1-7】某流体从内径100mm的钢管流入内径80mm的钢管，流量为60m³/h，试求在稳定流动条件下，两管内的流速。

已知 d_1=100mm，d_2=80mm，q_V=60m³/h=0.0167m³/s

求 u_1=？ u_2=?

解 $u_1=\dfrac{q_V}{A}=\dfrac{q_V}{0.785\times d^2}=\dfrac{0.0167\text{m}^3/\text{s}}{0.785\times(100\times10^{-3})^2\text{m}^2}=2.13\text{m/s}$

$$u_2=u_1\frac{d_1^2}{d_2^2}=2.13\text{m/s}\times\left(\frac{100\text{mm}}{80\text{mm}}\right)^2=3.33\text{m/s}$$

答： 在稳定流动条件下，100mm的钢管的流速是2.13m/s，80mm的钢管的流速是3.33m/s。

小练习

（下列练习题中，第1～6题为是非题，第7～11题为选择题，第12～20题为计算题）

1. 某储槽的有效容积为$5m^3$，用此储槽储存了8t的某种溶液，该溶液的密度是$1600kg/m^3$。（　）

2. 流体的黏度随温度的升高而升高。（　）

3. 设备内流体的绝对压力愈低，则它的真空度就愈高。（　）

4. 管子的内直径为100mm，流体的流速为2m/s时，流体的体积流量为$0.016m^3/s$。（　）

5. 流体作稳定流动时同一管径的各截面体积流量相等。（　）

6. 连续性方程$u_1A_1=u_2A_2$适用于可压缩流体。（　）

7. 下列选项中不是流体的一项为（　）。

A. 液态水　　B. 空气　　C. CO_2气体　　D. 钢铁

8. 以2m/s的流速从内径为50mm的管中稳定地流入内径为100mm的管中，水在100mm的管中的流速为（　）m/s。

A. 4　　B. 2　　C. 1　　D. 0.5

9. 应用流体静力学方程式可以（　）。

A. 测定压力、测定液面　　B. 测定流量、测定液面

C. 测定流速、确定液封高度　　D. 测定流量、确定液封高度

10. 密度为$1800kg/m^3$的某液体，若其体积流量为$0.5m^3/s$，则该液体的质量流量为（　）。

A. 900kg/s　　B. 3600kg/s　　C. 540kg/h　　D. 5400kg/h

11. 在静止的连通的同一种连续流体内，任意一点的压力增大时，其他各点的压力则（　）。

A. 相应增大　　B. 减小　　C. 不变　　D. 不一定

12. 某种贮槽的有效体积为$5m^3$，用此种贮槽贮存293K的下列液体，求贮存的液体的质量，以kg表示。（1）二硫化碳；（2）100%乙醇；（3）水。

13. 苯和甲苯的混合液，苯的质量分数为0.4，求混合液在20℃时的密度。

14. 在车间测得某溶液的相对密度为1.84，求该溶液的密度。

15. 计算二氧化碳在360K和4MPa时的密度。

16. 根据现场测定数据，当地大气压为100kPa，求设备两点处的绝对压强差（p_1-p_2），以Pa表示：

（1）$p_1=10kgf/m^2$（表压），$p_2=7kgf/m^2$（表压）；

（2）p_1=600mmHg（表压），p_2=300mmHg（真空）；

（3）$p_1=6kgf/m^2$（表压），p_2=735.6mmHg（真空）。

17. 大气压强为750mmHg时，水面下20m深处水的绝对压强为多少kPa。

18. 四氯化碳贮槽中，在液面下10m深处的压强为262.5kPa（绝压），求液面上和液面下15m深处的压强。当时温度为293K。

19. 管子的内直径为100mm，当277K水的流速为2m/s时，求水的体积流量q_V（m^3/h）和质量流量q_m（kg/s）。

20.某扬水站使用一台水泵，吸水管的内直径为100mm，压出管的内直径为71mm，已知吸水管中水的流速为5m/s，则压出管中水的流速为多少？以m/s表示。

1.2 流体在管内流动形态的判断及测定

层流与湍流

流体的流动形态是各不相同的，通常认为流体的流动形态有两种，即层流与湍流，如图1-17所示。

层流（或称滞流）时，流体质点仅沿着与管轴平行的方向作直线运动，流体分为若干层平行向前流动，质点之间互不混合；湍流（或称紊流）时，流体质点除了沿管轴方向向前流动外，还有径向脉动，各质点的速度在大小和方向上都随时发生变化，质点互相碰撞和混合。

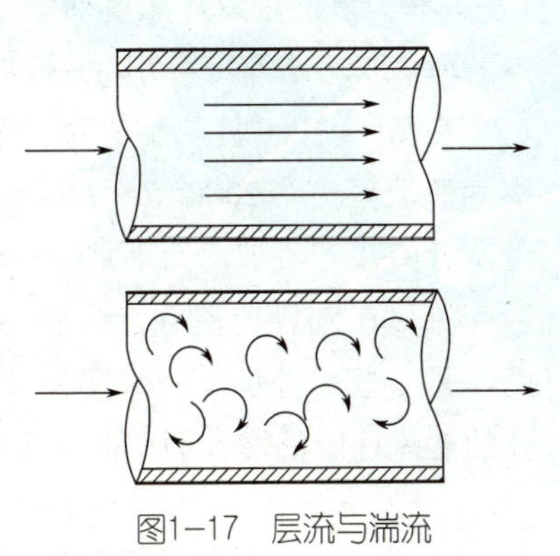

图1-17 层流与湍流

雷诺实验

1883年，雷诺用实验验证了流体流动时存在着以上两种不同的形态。

雷诺实验装置如图1-18所示。图中储槽水位通过溢流保持恒定，高位槽内为有色液体，与高位槽相接的细管喷嘴保持水平，并与水平透明水管的中心线重合，实验时，两管内的流速可以通过阀门调节。

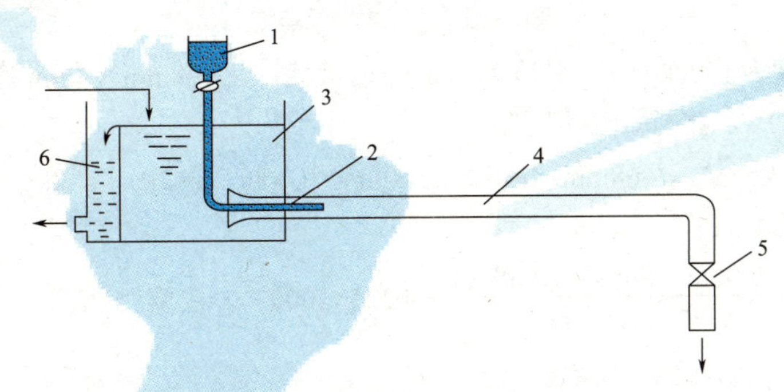

图1-18 雷诺实验装置示意图

1—着色小瓶；2—针形小管；3—水箱；4—水平玻璃管；5—调节阀；6—溢流装置

打开水管上的调节阀，使水进行稳定流动，将细管上的阀门也打开，使高位槽内的有色液体从喷嘴水平喷入水管中，改变水管内水的流速，可以发现三种不同的实验结果。

当流速较低时，有色液体呈一条直线在水管内流动；随着水管内水的流速的增加，这条线开始变曲并抖动起来；继续增加水管内水的流速，当增加到某一流速时，有色液体一离开喷嘴就立即与水均匀混合并充满整个管截面。这说明，流体的流动形态是各不相同的，通常认为流体的流动形态有两种，即层流与湍流。

流体流动形态的判定

流体的流动形态可以通过雷诺数Re来判定。

$$Re=\frac{du\rho}{\mu} \tag{1-16}$$

式中　d——管内径，m；

u——流速，m/s；

ρ——密度，kg/m^3；

μ——黏度，Pa·s；

Re——雷诺数，无量纲。

Re的大小反映了流体的湍动程度，Re越大，流体湍动程度越强。

当$Re \leqslant 2000$时，流动为层流，此区称为层流区；当$Re \geqslant 4000$时，一般出现湍流，此区称为湍流区；当$2000<Re<4000$时，可以看作是不完全的湍流，或不稳定的层流，或者看作是两者的共同贡献，而不是一种独立的流动形态。

流体在圆管内流动，当管内流体处于湍流流动时，由于流体具有黏性和壁面的约束作用，紧靠壁面处仍有一薄层流体作层流流动，称其为层流内层（或层流底层），其厚度随流体的湍流程度的增大而变薄（见图1-19）。

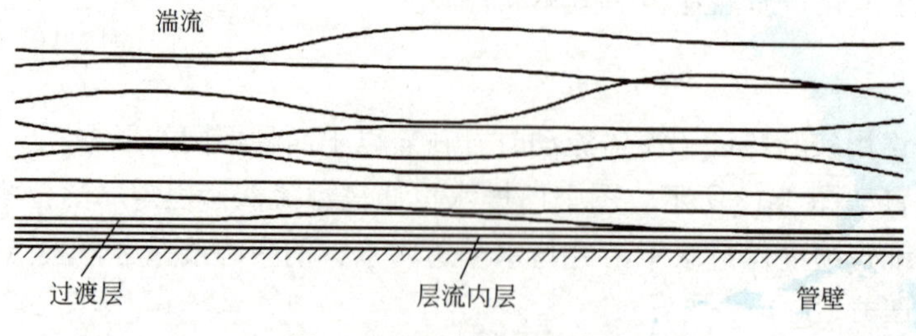

图1-19　层流内层示意图

【例1-8】密度为$1500kg/m^3$，黏度为2Pa・s的液体，在ϕ68mm×4mm管内流动。流速为5m/s，计算雷诺数Re，并判断流动型态。

已知　$\rho=1500kg/m^3$，d=68mm−4mm×2=60mm=0.06m，μ=2Pa・s=2kg/(m・s)，u=5m/s

求　Re和流动型态

解　$Re=\frac{du\rho}{\mu}=\frac{0.06m\times 5m/s\times 1500kg/m^3}{2kg/(m\cdot s)}=225<2000$　　层流

答：Re为225，流动型态为层流。

任务目标

（1）学会流体在管内流动形态判断及测定。

（2）能正确标识设备和阀门的位号及各测量仪表。

（3）学会阀门的正确使用，并能利用截止阀调节控制流体流量。

（4）学会雷诺数的测定方法。

Step 1.2.1 识别主要设备

在本书附录20——流体输送综合实训装置流程图中找出以下主要设备的位号，填入下图相应位置。

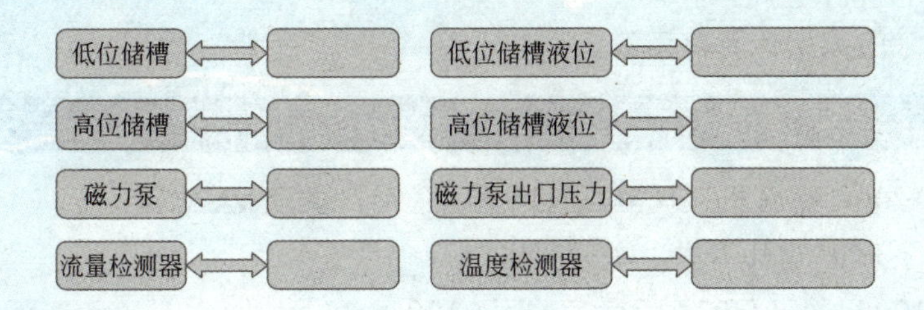

Step 1.2.2 认知管线流程

下图为自低位储槽V103至高位槽V201再至V103管路，将此管路中的主要设备、阀门及仪表的位号填入下图相应位置。

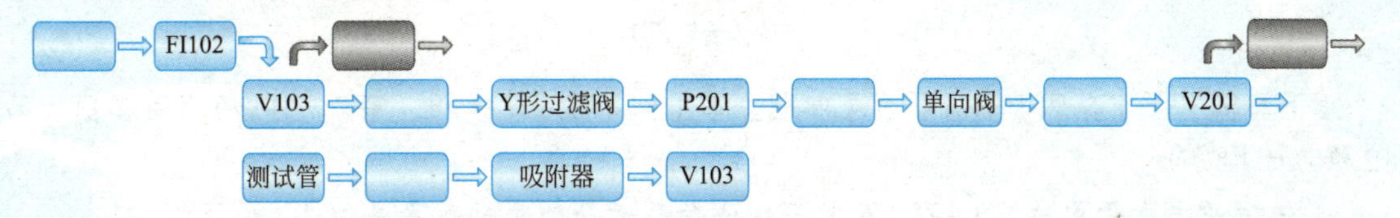

Step 1.2.3 准备工作

（1）确认所有设备、阀门的位号牌悬挂是否正确。

（2）检查公用工程系统，如电、水是否处于正常供应状态。

（3）开启总电源开关，检查各仪表，记录初始值。

Step 1.2.4 引水入低位储槽V103

（1）在阀门VA113处连接软管。

（2）全开低位储槽V103上的放空阀VA112。

（3）全开VA113，开启公用工程系统引水入低位储槽V103。

（4）待低位储槽V103的液位LI103达2/3，关闭VA113。

（5）记录FI102、LI103。

（6）关闭公用工程系统引水，卸去软管。

Step 1.2.5 启动磁力泵P201

（1）全开VA114、VA202、VA201、VA203、VA204。

（2）片刻后关闭VA202，开磁力泵P201电源开关。

（3）待磁力泵P201的出口压力PI201＞0.1MPa且稳定，缓慢全开VA202。待高位储槽V201的液位LI201达2/3，关小VA202。

（4）待高位储槽V201有溢流后，再将VA202调节至适当的开度。

Step 1.2.6 测定雷诺数

（1）待高位储槽V201的液面平静后，缓慢微开VA205至某一小流量。

（2）缓慢微开VA206，观测有机玻璃测试管内的现象并记录。

（3）观测TI201、FI201的过程值，待稳定后，记录数据。

（4）改变VA205的开启度，重复2～3操作至最大流量。

（5）根据记录的数据计算雷诺数。

Step 1.2.7 结束整理

（1）关闭VA206，待有机玻璃测试管内无颜色后，关闭VA205。

（2）关磁力泵P201电源开关，关闭VA114。

（3）全开VA205，待LI201为0后，关闭VA205。

（4）分别在VA116、VA117处连接软管，全开VA116、VA117排水。

（5）排毕后关闭VA116、VA117，卸去软管。

（6）关闭VA112、VA201、VA202、VA203、VA204。

小练习

（下列练习题中，第1～3题为是非题，第4～6题为选择题，第7～11题为简答题，第12题为计算题）

1.流体质点在管内彼此独立、互不干扰地向前运动的流动形态是湍流。(　　)

2.管内流体是湍流时所有的流体都是湍流。(　　)

3.雷诺数$Re \geqslant 4000$时，一定是层流流动。(　　)

4.流体流动的雷诺数与（　　）无关。

A.管道直径　　B.流体流速　　C.流体黏度　　D.管道长度

5.当圆形直管内流体的Re值为45600时，其流动形态属（　　）。

A.层流　　B.湍流　　C.过渡状态　　D.无法判断

6.层流与湍流的本质区别是（　　）。

A.湍流流速大于层流流速

B.流道截面大的为湍流，截面小的为层流

C.层流的雷诺数大于湍流的雷诺数

D.层流无径向脉动，而湍流有径向脉动

7.本实训中，引水进低位槽时，为什么要全开VA112？

8.本实训中，启动磁力泵时，为什么全开VA202后，再关闭VA202？

9.本实训中，如何判断高位储槽V201有溢流?

10.本实训中，VA202上方的单向阀有何作用?

11.雷诺数与流体的哪些物性参数有关?

12. 293K的水在内径为50mm的直管内流动，流速为1m/s，试计算雷诺数，并判断流动型态。

1.3　流体内部机械能变化的观察及测定

伯努利方程

流体流动时主要有三种能量会发生变化：位能、动能和静压能，这三种能量均为机械能。

质量为1kg、距基准水平面的垂直距离为z的流体的位能为gz；

质量为1kg、流速为u的流体的动能为$u^2/2$；

质量为1kg、压力为p的流体的静压能为p/ρ。

如图1-20所示，对于理想流体，各截面的机械能是守恒的，即：

$$gz_1+\frac{1}{2}u_1^2+\frac{p_1}{\rho}=gz_2+\frac{1}{2}u_2^2+\frac{p_2}{\rho} \qquad (1\text{-}17)$$

此方程称为理想流体的伯努利方程。

实际流体在自发流动即自流时，因为有能量损失，则上游截面处的总机械能必大于下游截面处的总机械能。要使流体从能量低的地方向能量高的地方流动，必须通过流体输送机械加入外加能量。此时根据能量守恒定律可得：

图1-20 能量衡算示意图

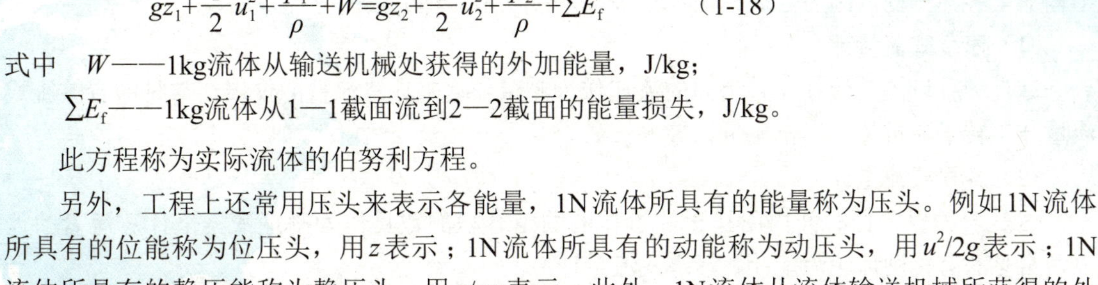

$$gz_1+\frac{1}{2}u_1^2+\frac{p_1}{\rho}+W=gz_2+\frac{1}{2}u_2^2+\frac{p_2}{\rho}+\sum E_f \qquad (1\text{-}18)$$

式中 W——1kg流体从输送机械处获得的外加能量，J/kg;

$\sum E_f$——1kg流体从1—1截面流到2—2截面的能量损失，J/kg。

此方程称为实际流体的伯努利方程。

另外，工程上还常用压头来表示各能量，1N流体所具有的能量称为压头。例如1N流体所具有的位能称为位压头，用z表示；1N流体所具有的动能称为动压头，用$u^2/2g$表示；1N流体所具有的静压能称为静压头，用$p/\rho g$表示；此外，1N流体从流体输送机械所获得的外加能量称为外加压头，1N流体所损失的能量称为损失压头，如此伯努利方程可变化为

$$z_1+\frac{u_1^2}{2g}+\frac{p_1}{\rho g}+H=z_2+\frac{u_2^2}{2g}+\frac{p_2}{\rho g}+\sum H_f \qquad (1\text{-}19)$$

式中 H——外加压头，$H=W/g$，m;

$\sum H_f$——损失压头，$\sum H_f=\sum E_f/g$，m。

【例1-9】密度为900kg/m³的某流体从管路中流过（如图）。已知大、小管的内径分别为106mm和68mm；1—1截面处流体的流速为1m/s，压力为1.2atm。试求截面2—2处流体的压力。

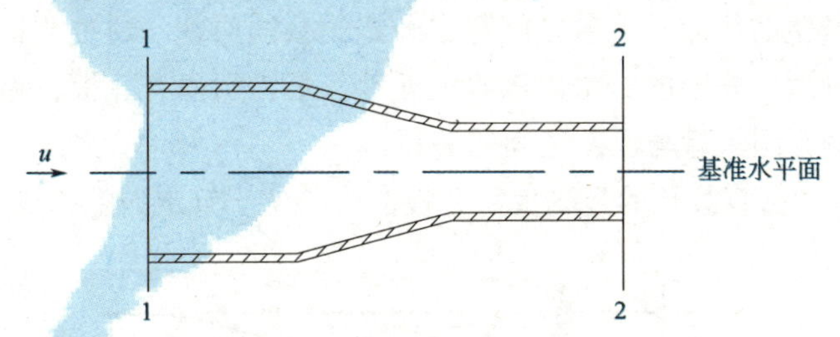

已知 ρ=900kg/m³，d_1=106mm，d_2=68mm，u_1=1m/s，p_1=1.2atm=1.2×101.3×10³Pa，W=0

求 p_2=？

解 取大、小管路的中轴线为基准水平面，则$z_1=z_2=0$；

由于两截面距离很近，可忽略能量损失$\sum E_f=0$；

根据连续性方程 $u_2=u_1\left(\frac{d_1}{d_2}\right)^2$，得

$$u_2=1\text{m/s}\times\left(\frac{106\text{mm}}{68\text{mm}}\right)^2=2.43\text{m/s}$$

在1—1截面与2—2截面间列伯努利方程

$$gz_1+\frac{p_1}{\rho}+\frac{1}{2}u_1^2+W=gz_2+\frac{p_2}{\rho}+\frac{1}{2}u_2^2+\sum H_f$$

即 $\frac{p_1}{\rho}+\frac{u_1^2}{2}=\frac{p_2}{\rho}+\frac{u_2^2}{2}$

所以 $p_2=p_1+\frac{u_1^2-u_2^2}{2}\times\rho=1.2\times101.3\times10^3\text{Pa}+\frac{1^2-2.43^2}{2}\text{m}^2/\text{s}^2\times900\text{kg/m}^3$

$p_2=1.2\times10^5\text{Pa}$

答：截面2—2处流体的压力为1.2×10^5Pa。

流量计

测量流体流量的仪表一般叫流量计。测量流量的方法很多，其测量原理和所应用的仪表结构形式各不相同，因而分类方法也较多。本书仅举一种大致的分类方法。

（1）速度式流量计

这是一种以测量流体在管道内的流速作为测量依据来计算流量的仪表，常见的有差压式流量计、转子流量计、涡轮流量计等。

（2）容积式流量计

这是一种以单位时间内所排出的流体的固定容积的数目作为测量依据来计算流量的仪表，常见的有椭圆齿轮流量计、活塞式流量计等。

（3）质量流量计

这是一种以测量流体流过的质量为依据的流量计。常见的有量热式、角动量式、陀螺式和科里奥利力式等质量流量计。质量流量计具有测量精度不受温度、压力、黏度等变化影响的优点，是未来发展中值得期待的流量测量仪表。

下面主要简单介绍差压式流量计和转子流量计。

● **差压式流量计**

在流动过程中，流体的流量与压差之间存在着一定的关系。差压式流量计就是利用流体流经节流装置时所产生的压差与流量之间存在一定关系的原理，通过测量压差来实现流量测定。节流装置是在管道中安装的一个局部收缩元件，最常用的有孔板、喷嘴和文丘里管。下面以孔板流量计为例介绍流量与压差之间的关系。

在管道里插入一片带有圆孔的金属板，孔板的中心位于管道的中心线上，如图1-21所示，

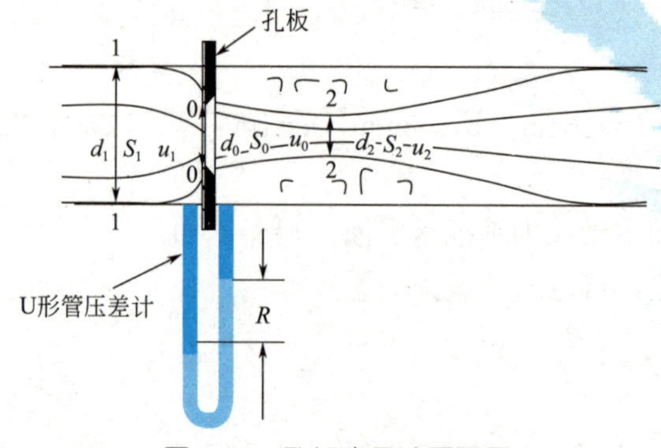

图1-21 孔板流量计原理图

这样构成的装置叫作孔板流量计。

当管内流体流过孔口时，因流道截面突然缩小，使管内平均流速增大，动压头增大，与此同时，静压头下降，即孔口下游的压力比上游低。流体流经孔口后，流动截面并不立即扩大到与管截面相等，而是继续收缩，经一定距离后，才逐渐恢复到整个管截面。流体流动截面最小处，称为缩脉。根据流体在孔板上游的压力和缩脉处压力的差值，可以算出管内流体的流量，这个压力差是通过外接压差计来测定的。

在孔口上游截面1—1与缩脉处截面2—2间列出伯努利方程

$$z_1+\frac{u_1^2}{2g}+\frac{p_1}{\rho g}+H=z_2+\frac{u_2^2}{2g}+\frac{p_2}{\rho g}+\sum H_f \tag{1-20}$$

由于位压头、外加压头均为零，在忽略损失压头的情况下，对上式整理可得

$$\frac{u_2^2-u_1^2}{2}=\frac{p_1-p_2}{\rho} \tag{1-21}$$

由此可见，流速的测量可以转换为压差的测量，因而在孔板流量计上安装U形管液柱压差计从而求得式中的压力差（p_1-p_2），但测压孔并不是开在1—1和2—2截面处，而一般都在紧靠孔口的前后，所以实际测得的压力差并非p_1-p_2。以孔口前后的压力差代替式中的p_1-p_2时，上式必须校正。同时，由于缩脉处的截面积S_2难以知道，而小孔的截面积S_0是可以测定的，所以需用小孔处的流速u_0来代替u_2。此外，流体流经孔板时还有一定的损失压头。综合考虑上述三方面的影响，并结合连续性方程$u_1=u_0(d_0/d_1)^2$，可以推得

$$u_0=C_0\sqrt{2R(\rho_{示}-\rho)g/\rho} \tag{1-22}$$

式中　u_0——小孔处的流速，m/s；

R——U形管压差计中的读数，m；

$\rho_{示}$——指示液的密度，kg/m^3；

ρ——管中流体的密度，kg/m^3；

C_0——孔流系数，一般由实验测定。

若孔口面积为A_0，则流体在管道中的流量为

$$q_V=A_0u_0=A_0C_0\sqrt{2R(\rho_{示}-\rho)g/\rho} \tag{1-23}$$

● **转子流量计**

在工业生产中经常遇到需要测量小流量的场合，因其流体流速较低，这就需要测量仪表有较高的灵敏度，才能保证精度。对于管径小于50mm的、低雷诺数的流体，差压式流量计的精度不是很高，一般采用转子流量计，其测量的流量一般可小到每小时几升。

转子流量计与前面所提的差压式流量计的工作原理不同，它是以压降不变，利用节流面积的变化来测量流量的大小，即转子流量计采用的是恒定压降、改变节流面积的流量测量方法。

转子流量计如图1-22所示。它是由一个截面积自下而上逐渐扩大的锥形管构成，管上标有刻度，管内装有一个由金属或其他材料制作的转子，转子可以在锥形管内自由地上升和下降，

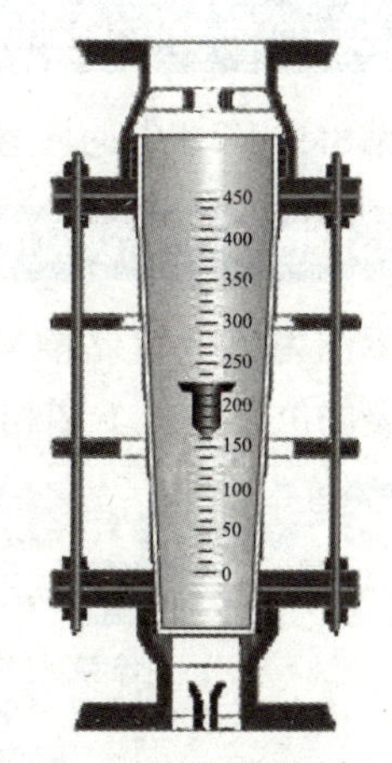

图1-22　玻璃转子流量计示意图

当流体流过转子时，能推转子旋转，因此称为转子流量计。当转子停留时，转子最大截面积对应的刻度即为此时的流量。转子停留的位置越高，则流量越大。

转子流量计中转子的平衡条件是

$$(\rho_t-\rho)gV=(p_1-p_2)A \tag{1-24}$$

式中 V——转子的体积；

ρ_t——转子材料的密度；

ρ——被测流体的密度；

p_1、p_2——转子前后流体的压力；

A——转子的最大横截面积。

由于在测量过程中，V、ρ_t、ρ、A、g都是常数，因而压降$\Delta p=p_1-p_2$也为常数，即流体的压降是一个固定值。所以说，转子流量计是以定压降变节流面积来测量流量的。

在压降一定的情况下，流过转子流量计的流量和转子与锥形管间的环隙面积有关。因为锥形管是由下至上逐渐扩大，因而环隙面积与转子浮起的高度有关。所以，根据转子浮起的高度就可以推算出被测介质流量的大小，其关系如下：

$$q_V=\phi h\sqrt{\frac{2\Delta p}{\rho}}=\phi h\sqrt{\frac{2gV(\rho_t-\rho)}{\rho A}} \tag{1-25}$$

式中 ϕ——仪表常数；

h——转子浮起的高度。

因此，只需在转子流量计的锥形管上标记刻度，即可方便得获得流量大小。

需要说明的是，玻璃转子流量计的读数是生产厂家在一定条件下用空气或水标定的，当条件变化或用于其他流体时，应重新进行标定，其方法可参阅产品手册或有关书籍。

任务目标

（1）学会识读“流体内部机械能变化的观察及测定部分”流程图。

（2）能正确标识设备和阀门的位号及各测量仪表。

（3）认知流体流动过程中各种能量(或压头)的概念及相互转化规律。

Step 1.3.1 识别主要设备

见Step 1.2.1中的内容。

Step 1.3.2 认知管线流程

下图为自低位储槽V103至高位槽V301再至V103管路，将此管路上的主要设备、阀门及仪表的位号填入下图相应位置。

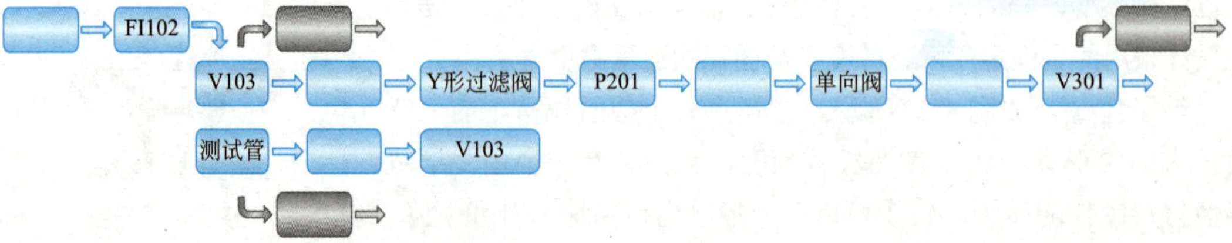

FI102

V103

Y形过滤阀

P201

单向阀

V301

测试管

V103

Step 1.3.3 准备工作

（1）确认所有设备、阀门的位号牌悬挂是否正确。

（2）检查公用工程系统，如电、水是否处于正常供应状态。

（3）开启总电源开关，检查各仪表，记录初始值。

Step 1.3.4 引水入低位储槽V103

（1）在阀门VA113处连接软管。

（2）全开低位储槽V103上的放空阀VA112。

（3）全开VA113，开启公用工程系统引水入低位储槽V103。

（4）待低位储槽V103的液位LI103达2/3，关闭VA113。

（5）记录FI102、LI103。

（6）关闭公用工程系统引水，卸去软管。

Step 1.3.5 启动磁力泵P201

（1）全开VA114、VA202、VA201、VA301、VA302。

（2）片刻后关闭VA202，开磁力泵P201电源开关。

（3）待磁力泵P201的出口压力PI201＞0.1MPa且稳定，缓慢全开VA202。待高位储槽V301的液位LI301达2/3，关小VA202。

（4）待高位储槽V301有溢流后，再将VA202调节至适当的开度。

Step 1.3.6 观察流体机械能的变化

（1）全开VA303后，再关闭VA303，反复开启VA304数次后关闭。重复本步骤数次。

（2）待高位槽V301的液面平静后，观测LI301、LI302、LI303、LI304、LI305的过程值，待稳定后，记录数据（H）。

（3）开启VA303至某一定流量，将四个活动测压头的测压小孔正对水流方向，观测LI302、LI303、LI304、LI305的过程值，待稳定后，记录数据（$H_{正对}$）。

（4）不改变测压小孔的位置，继续开大VA303，观测LI302、LI303、LI304、LI305的过程值，待稳定后，记录数据（$H'_{正对}$）。

（5）不改变VA303开启度，将四个活动测压头的测压小孔垂直水流方向，观测LI302、LI303、LI304、LI305的过程值，待稳定后，记录数据（$H'_{垂直}$）。

Step 1.3.7 结束整理

（1）关闭VA303，关磁力泵P201电源开关，关闭VA114。

（2）全开VA303，待LI301为0后，关闭VA303。

（3）分别在VA116、VA117处连接软管，全开VA116、VA117排水。

（4）排毕后关闭VA116、VA117，卸去软管。

（5）关闭VA112、VA201、VA202、VA302、VA301。

小练习

（下列练习题中，第1、2题为是非题，第3题为选择题，第4～9题为简答题，第10、11题为计算题）

1. 流体发生自流的条件是上游的能量大于下游的能量。(　)

2. 如无外加能量，有损失能量，则上游截面处流体的总机械能比下游截面处流体的机械能小。(　)

3. 流动流体所具有的机械能不包括(　)。

A. 位能　　B. 动能　　C. 静压能　　D. 内能

4. 本实训中，为什么需要反复开启VA304数次？

5. 本实训中，LI301与LI302、LI303、LI304、LI305的液位是否为同一液柱高度？为什么？

6. 本实训中（参见附录20——流体内部机械能变化的观察及测定），点4的静压头为什么比点3大？

7. 本实训中，对同一测压点而言，为什么$H>H_{正对}$？

8. 本实训中，为什么各测压点的液柱高度会发生变化？

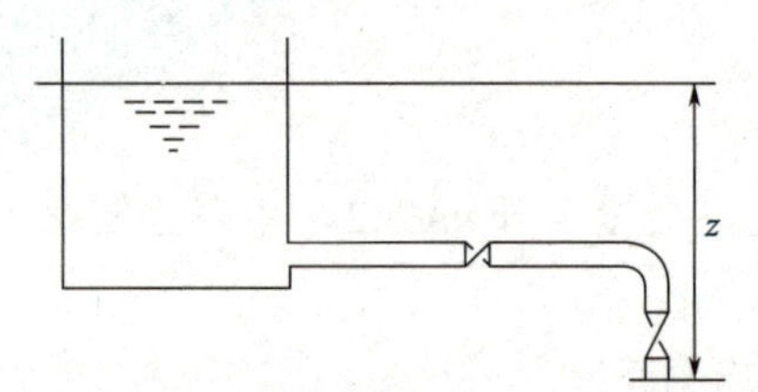

9. 本实训中，是否会出现$H'_{2垂直}$大于$H'_{1垂直}$的情况，为什么？

10. 如图所示液体从高位槽流下，液面保持稳定，管出口和液面均为大气压强。当液体在管中流速为1m/s，能量损失为20J/kg时，求高位槽液面离管出口的距离z？

11. 20℃的水以2.5m/s的流速流过直径的水平管ϕ53mm×3mm，此管通过变径与另一规格为ϕ38mm×2.5mm的水平管相接。现在两管的A、B处分别装一垂直玻璃管与大气相通，用以观察两截面处的压力。设水从截面A流到截面B处的能量损失为1.5J/kg，试求两截面处竖直管中的压力差。

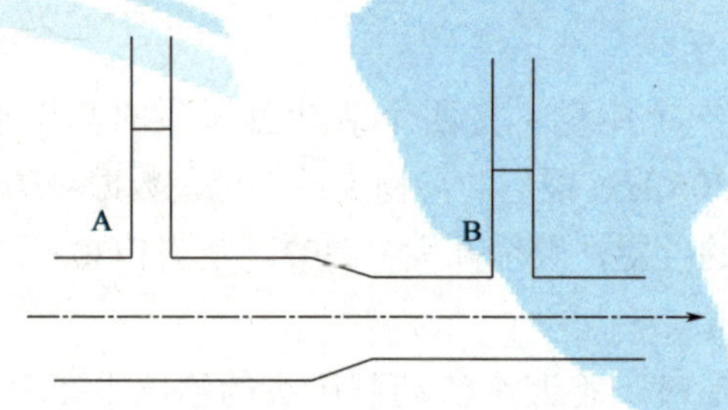

1.4　流体流动阻力（直管、局部）的认知及测定

1.4.1　流动阻力

实际流体流动时，会因为流体自身不同质点之间以及流体与管壁之间的相互摩擦而产生

阻力，造成能量损失，这种在流体流动过程中因为克服阻力而消耗的能量称为流动阻力。

黏性是流动阻力产生的根本原因。因为理想流体没有黏性，流动时不会产生流动阻力；实际流体存在黏性，流动时会产生流动阻力，且黏度越大，流体流动阻力越大。

决定流动阻力大小的因素除了内因（黏性）外，还取决于外因（流动边界条件和流体流动形态）。根据流动边界条件的不同，流体在管路中流动时的阻力分为直管阻力损失和局部阻力损失两种。总能量损失等于直管阻力损失和局部阻力损失的总和。

直管阻力损失

直管阻力损失是流体流经一定管径的直管时，由于流体的内摩擦而产生的能量损失。直管阻力由范宁公式计算，表达式为

$$E_{\mathrm{f}}=\lambda\frac{l}{d}\frac{u^2}{2} \tag{1-26}$$

式中 E_{f}——直管阻力损失，J/kg；

λ——摩擦系数，也称摩擦因数，无量纲，其值主要与雷诺数和管子的粗糙程度有关，可由实验测定或由经验公式计算或查图获得；

l——直管的长度，m；

d——直管的内径，m；

u——流体在管内的流速，m/s。

由上式可见，管子越长、管径越小、流体流速越大、管子越粗糙，直管阻力损失就越大。

局部阻力损失

局部阻力损失是流体流经管路中的管件、阀门及截面的突然扩大和突然缩小等局部地方所引起的阻力。

由于各元件结构不同，因此造成阻力的状况也不完全相同，目前只能通过经验方法计算局部阻力，主要有局部阻力系数法和当量长度法两种。

- **局部阻力系数法**

此法把局部阻力E'_f看成是流体动能的某一倍数，即

$$E'_f=\zeta\frac{u^2}{2} \tag{1-27}$$

式中 E'_f——局部阻力损失，J/kg；

ζ——局部阻力系数，无量纲，可由实验测定或从图表中查取；

u——流体在局部元件内的流速，m/s。

- **当量长度法**

此法把局部阻力视为一定长度直管的直管阻力，再按直管阻力的计算方法计算，即

$$E'_f=\lambda\frac{l_{\mathrm{e}}}{d}\frac{u^2}{2} \tag{1-28}$$

式中 l_{e}——局部元件的当量长度，m，它是与局部元件阻力相等的直管的长度，通常由实验测定或由图表查取。

由此可见，局部元件越多、流速越大，局部阻力损失就越大。

1.4.2 减少流体阻力的措施

流体阻力越大，输送流体的动力消耗也越大，造成操作费用的增加，另一方面，流体阻力还会造成系统压力的下降，严重时将影响工艺过程的正常进行，因此，化工生产中应尽量减小流体的阻力。从影响流体阻力的因素上可以看出，减小管长、增大管径、降低流速、简化管路和降低管壁面的粗糙度都是可行的，主要可以采取如下措施：

（1）在满足工艺要求的前提下，应尽可能缩短管路；

（2）在管路长度基本确定的前提下，应尽可能减少管件、阀件，尽量避免管路直径的突变；

（3）在可能的情况下，可以适当放大管径，使流速减小，降低流体阻力；

（4）在被输送的物料中加入某些药物，例如聚氧乙烯氧化物、丙烯酰胺等，以减少介质对管壁的腐蚀和杂物沉积，从而减少旋涡，使流体阻力减小。

❋ 任务目标

（1）学会识读“流体流动阻力的认知及测定部分”流程图。

（2）能正确标识设备和阀门的位号及各测量仪表。

（3）认知流体流动阻力(直管、局部)及影响因素。

Step 1.4.1 识别主要设备

见Step 1.2.1中的内容。

Step 1.4.2 认知管线流程

下图为自高位储槽V101至低位槽V102的管路，将此管路上的主要设备、阀门及仪表的位号填入下图相应位置。

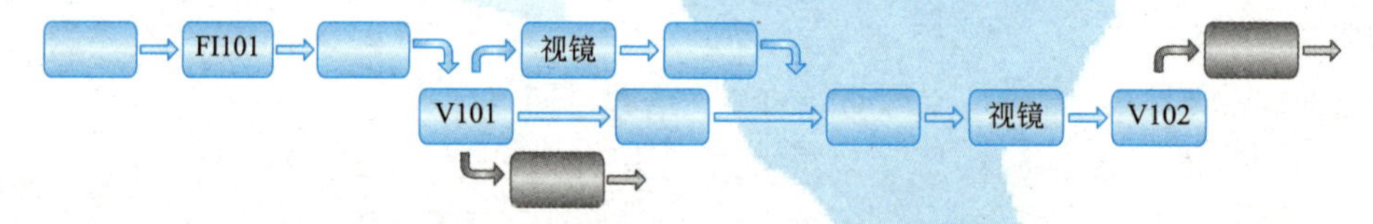

下图为自低位储槽V102通过磁力泵P401至高位储槽V101的管路，将此管路上的主要设备、阀门及仪表的位号填入下图相应位置。

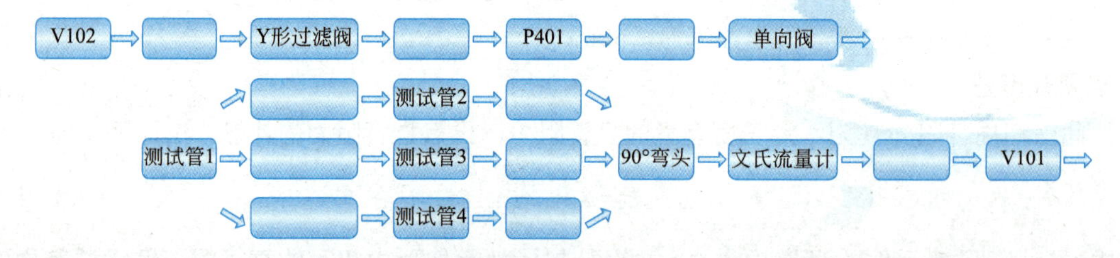

Step 1.4.3 准备工作

（1）确认所有设备，阀门的位号牌悬挂是否正确。

（2）检查公用工程系统，如电、水是否处于正常供应状态。

（3）开启总电源开关，检查各仪表，记录初始值。

Step 1.4.4 引水入高位储槽和低位储槽

（1）在阀门VA102处连接软管。

（2）全开高位储槽V101和低位储槽V102上的放空阀VA101和VA108。

（3）全开VA105、VA106。

（4）全开VA102、VA103，开启公用工程系统引水入高位储槽V101。

（5）待高位储槽V101的液位LI101达2/3后，关闭VA102、VA103。

（6）记录FI101、LI101。

（7）关闭公用工程系统引水，卸去软管。

（8）缓慢开启VA104至全开，待稳定后，记录LI101、LI102。

Step 1.4.5 启动磁力泵P401

（1）全开VA109、VA402、VA401、VA403、VA405、VA406、VA407。

（2）片刻后关闭VA403、VA407，开磁力泵P401电源开关。

（3）待磁力泵P401的出口压力PI401＞0.1MPa且稳定后，全开VA403。

（4）缓慢全开VA407，再关闭VA407，反复开启VA408数次后关闭。重复本步骤数次。

Step 1.4.6 认知流体阻力

- **认知流体在湍流区不同管径的流动阻力**

（1）开启VA407至某一流量，观测DPI402、DPI403、TI401、FI401的过程值，待稳定后记录数据。

（2）继续开大VA407至某一流量，观测DPI402、DPI403、TI401、FI401的过程值，待稳定后记录数据。

- **认知流体在湍流区不同长度管路的流动阻力**

（1）关闭VA405、VA406、VA407，全开VA409、VA410。

（2）反复开启VA408数次后关闭。重复该步骤数次。

（3）开启VA407至某一流量，观测DPI402、DPI404、TI401、FI401的过程值，待稳定后记录数据。

（4）继续开大VA407至某一流量，观测DPI402、DPI404、TI401、FI401的过程值，待稳定后记录数据。

- **认知流体在湍流区不同材质管路的流动阻力**

（1）关闭VA409、VA410、VA407，全开VA411、VA412。

（2）反复开启VA408数次后关闭。重复该步骤数次。

（3）开启VA407至某一流量，观测DPI402、DPI405、TI401、FI401的过程值，待稳定后记录数据。

（4）继续开大VA407至某一流量，观测DPI402、DPI405、TI401、FI401的过程值，待稳定后记录数据。

● **认知流体流经截止阀、90° 标准弯头的流动阻力**

（1）关闭VA411、VA412、VA407，全开VA405、VA406。

（2）反复开启VA408数次后关闭。重复该步骤数次。

（3）开启VA407至某一小流量，观测DPI406、DPI407、TI401、FI401的过程值，待稳定后记录数据。

（4）继续逐渐开大VA407至最大流量，观测DPI406、DPI407、TI401、FI401的过程值，待稳定后记录数据。

Step 1.4.7 结束整理

（1）关磁力泵P401电源开关。

（2）分别在VA111、VA404处连接软管，全开VA111、VA404排水。

（3）排毕后关闭VA111、VA404，卸去软管。

（4）关闭VA101、VA104、VA105、VA106、VA108、VA109、VA401、VA402、VA403、VA405、VA406、VA407。

小练习

（下列练习题中，第1～4题为是非题，第5、6题为选择题，第7～10题为简答题）

1.根据流动边界条件不同，可将流体阻力分为直管阻力和局部阻力。(　)

2.流体的黏度是表示流体流动性能的一个物理量，黏度越大的流体，同样的流速下阻力损失越大。(　)

3.流体阻力越大，输送流体的动力消耗将越小。(　)

4.在化工生产中为了减小流体阻力，在满足工艺要求的前提下，应尽可能减短管路。(　)

5.流体阻力的外部表现是（　）。

A.流速降低　　B.流量降低　　C.压力降低　　D.压力增大

6.不能减少流体阻力的措施是（　）。

A.放大管径　　B.减短管路，减少管件、阀门

C.增大流速　　D.加入某些药物，以减少旋涡

7.本实训中，引水入高位储槽和低位储槽时为什么要全开VA105、VA106？

8.本实训中，流体自V101输送至V102是否需要输送机械？为什么？

9.本实训中，为什么在进行测试系统的排气工作时关闭VA407？

10.本实训中，如何检验测试系统内的空气已经被排除干净？

1.5 化工管路简介

化工管路是化工生产中所涉及的各种管路形式的总称，是化工生产装置不可缺少的部分。它对于化工生产，就像“血管”一样，将化工机器与设备连在一起，从而保证流体能从一个设备输送到另一个设备，或者从一个车间输送到另一个车间。

1.5.1 化工管路的构成

化工管路一般是由管子、管件和阀门构成，也包括一些附属于管路的管架、管卡、管撑等辅件。

化工管路标准化

由于化工生产中输送的流体是多种多样的，输送条件与输送量也是各不相同，因此化工管路也必须是各不相同的，以适应不同输送任务的需求。工程上，为了避免杂乱，方便制造与使用，实行了化工管路标准化。化工管路标准化就是统一规定管路（包括管件和阀门）的公称压力和公称直径，使具有相同公称压力和公称直径的管路（包括管件和阀门）都可以互相配合或互换使用。

- **公称压力**

公称压力是为了设计、制造和使用方便而规定的一种标准压力，即在一定的温度范围内的最大允许压力（留有一定余地）。管路的公称压力通常以*PN*表示，单位MPa。应该指出，当温度超出上述温度值时，由于材料的许用应力降低，最大允许工作压力也要下降。例如碳钢在573K时，最大允许工作压力为0.81MPa。

- **公称直径**

为了统一管路（包括管件、阀门）的连接尺寸，通常使用*DN*表示公称直径，单位为mm。管路的公称直径是一个小于外径，与内径接近，但不一定相等的整数，故它仅是一个名义内径，这是因为管路的内径取决于外径和壁厚，而壁厚又与公称压力有关。

下面分别从管子、管件、阀门三个方面来介绍化工管路。

管子

根据管路的材质不同，常将管材分为金属和非金属两类（见表1-1）。

表1-1 管材的种类及特点

管材种类	优点	缺点	适用场合
金属管	承压能力较强、耐高温、延展性良好、有优良的导电性和导热性	易腐蚀、造价较高	高温高压、腐蚀性弱的流体
非金属管	造价低廉、轻便、化学稳定性好，具有良好的绝缘性、易加工	强度较低、耐热性差、较易老化	温度和压力较低、可用于腐蚀性流体

除了以上列出的金属管和非金属管，在科技日益发达技术不断更新的今天，许多复合管材和高科技材料应运而生，例如铝塑复合管、钢骨架PE管、AGR管等。这些管材有的在纯的金属管或非金属管中加了某些添加剂改良了原管材的性质，有的将金属管和非金属管结合起来，兼具了两者的优点，从而能够满足苛刻的生产条件。

管件

管件是用来连接管子、改变管路方向或直径、接出支路和封闭管路的管路附件的总称。

- **用于连接管子的管件**

图1-23～图1-28为各类连接管子的管件。

图1-23 法兰

图1-24 活接头

图1-25 内接头

图1-26 外接头（螺纹）

图1-27 外接头（承插）

图1-28 内外丝

该类管件都用来直线连接两个公称直径相等的直管、管件或阀门。

- **用于改变管路方向的管件**

弯头根据角度可分为45°、90°和180°三种（见图1-29～图1-31）。它们实现了管路流体流向的改变。

图1-29 45°弯头

图1-30 90°弯头

图1-31 180°弯头

- **用于改变管路直径的管件**

异径管又称大小头，异径管的作用顾名思义就是用于连接不同直径的管子。异径管分为同心异径管（同心大小头）和偏心异径管（偏心大小头）两类（见图1-32、图1-33）。

图1-32 同心异径管

图1-33 偏心异径管

同心异径管一般用于竖直管道中。偏心异径管由于一侧是平的，利于排气或者排液，因此水平安装的管道一般用偏心异径管。

偏心异径管水平侧在上时，称为顶平安装，一般用于泵入口，利于排气，水平侧在下称为底平安装，一般用于调节阀的安装，利于排净。此外管道内介质易结晶的水平管道，选择底平异径管，有利于介质的排出。

● 用于接出支管的管件

这类管件主要有用于引出支路的三通、四通。根据不同需求还有各种变形产品，例如Y形三通、异径三通等（见图1-34～图1-37）。

图1-34 三通

图1-35 四通

图1-36 Y形三通

图1-37 异径三通

● 用于封闭管路的管件

管帽（见图1-38）又名盖头，通过焊接在管端或连接在管道外螺纹上实现管道的封闭，丝堵（见图1-39）用于堵塞内螺纹管道，盲法兰（见图1-40）用来封闭法兰连接的管道。盲板（见图1-41、图1-42）用于管路的完全隔断，它能切断两边的管路，防止物料窜流。适用于检修、更换流程等场合。

图1-38 管帽

图1-39 丝堵

图1-40 盲法兰

图1-41 单盲板

图1-42 8字盲板

阀门

阀门是流体管路的控制装置。其基本功能是接通或切断管路介质的流通、改变介质的流向、调节介质的压力和流量。还有一些阀门具有特殊的功能，比如通过卸压保护管路和设备的安全、排放蒸汽中的凝液、阻止流体倒流等。阀门的作用见图1-43。

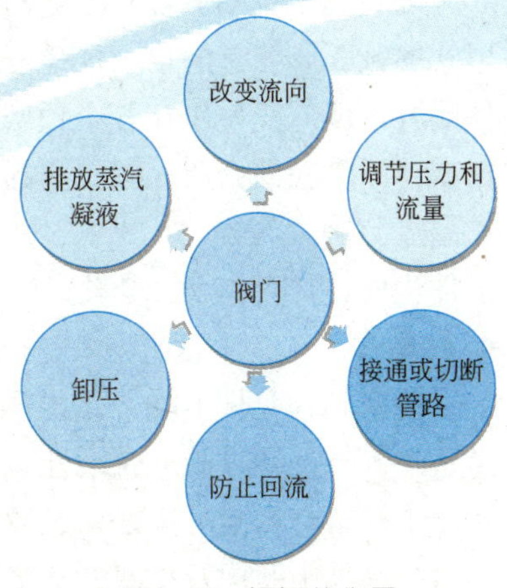

图1-43 阀门的作用

阀门多种多样，阀门有以下分类：按驱动方式分为自动阀、手动阀、电动阀、气动阀、液动阀、电-气阀等；按结构用途分为闸阀、球阀、截止阀、隔膜阀、柱塞阀、蝶阀、旋塞阀、止回阀、疏水阀、安全阀等。

除了上述方式外，阀门还可以根据其尺寸、材质、连接方式、工作温度、工作压力等来分类。下面介绍几种常见的阀门。

● 闸阀

闸阀（见图1-44）的启闭件是闸板，闸板的运动方向与流体方向垂直，闸阀只能作全开和全关，不能作调节和节流。其结构对称、无方向性，压力适用范围广，结构较简单，阻力小、通量大，密封性好，适用于较干净且稀薄的气、液介质。

● **球阀**

球阀（见图1-45）的启闭件（球体）由阀杆带动，并绕阀杆的轴线作旋转运动。球阀，主要用于截断或接通管路中的介质，亦可用于流体的调节与控制，其结构对称、无方向性，压力适用范围广，阻力小、通量大，密封性一般，启闭方便，常用于小管径的管道的全开全关，不调节流量。

● **截止阀**

截止阀（见图1-46），也叫截门，其启闭件是塞形的阀瓣，密封面呈平面或锥面，阀瓣沿阀座的中心线作直线运动。它是使用最广泛的一种阀门，之所以广受欢迎，是由于开闭过程中密封面之间摩擦力小，比较耐用，开启高度不大，制造容易，维修方便，不仅适用于中低压，而且适用于高压。截止阀依靠阀杆压力，使阀瓣密封面与阀座密封面紧密贴合，阻止介质流通。截止阀只允许介质单向流动，安装时有方向性，一般要做到“低进高出”。

图1-44　闸阀

图1-45　球阀

图1-46　截止阀

● **隔膜阀**

隔膜阀（见图1-47）的结构形式与一般阀门大不相同，是一种新型的阀门，是一种特殊形式的截断阀，它的启闭件是一块用软质材料制成的隔膜，把阀体内腔与阀盖内腔及驱动部件隔开，现广泛使用在各个领域。该阀能理想地控制多种工作介质，尤其适合带有化学腐蚀性或悬浮颗粒的介质。隔膜阀的工作温度通常受隔膜和阀体衬里所使用材料的限制，它的工作温度范围大约为-50～175℃。隔膜阀结构简单，只由阀体、隔膜和阀盖组合件三个主要部件构成。常用作全开全关，一般不用于调节流量。

● **柱塞阀**

柱塞阀（见图1-48）是由阀体、阀盖、阀杆、柱塞、孔架、密封环、手轮等零件组成。当手轮旋转，通过阀杆带动柱塞在孔架中间上下往复运动来完成阀门的开启与关闭功能。在阀门中柱塞与密封环间采用过盈配合，通过调节压盖中法兰螺栓，使密封环压缩所产生的侧向力与阀体中孔面及柱塞外圆密封，从而保证了阀门的密封性，杜绝了内外泄漏。同时阀门开启力矩小，能实现阀门迅速开启和关闭。柱塞阀可用于低、中压的场合，但其阻力较大、通量较小，密封性好，可以用于浆液的场合，常用作全开全关，不调节流量。

● **蝶阀**

蝶阀（见图1-49）的启闭件是一个圆盘形的蝶板，在阀体内绕其自身的轴线旋转，从而达到启闭或调节的目的。其结构简单，阻力较小、通量较大，密封性差，一般用于低压的场合，常用于发生炉、煤气、天然气、液化石油气、城市煤气、冷热空气、化工冶炼和发电环保等工程系统中输送各种气、液介质的管道上，可用于调节和截断介质的流动。

图1-47 隔膜阀

图1-48 柱塞阀

图1-49 蝶阀

- **旋塞阀**

旋塞阀（见图1-50）的阀塞的形状为圆柱形或圆锥形，通过旋转90°可使阀塞上的通道口与阀体上的通道口相通或隔断，从而实现开启或关闭。在圆柱形阀塞中，通道一般成矩形；而在锥形阀塞中，通道成梯形。这些形状使旋塞阀的结构变得轻巧，但同时也产生了一定的损失。旋塞阀最适于作为切断和接通介质以及分流使用，但是依据适用的性质和密封面的耐冲蚀性，有时也可用于节流。

- **止回阀**

止回阀（见图1-51）启闭靠介质流动的力量自行开启或关闭，以防止介质倒流，常用于需要防止流体逆向流动的场合，它不能用来调节流量，止回阀通常不能百分之百地密封。

- **疏水阀**

疏水阀（见图1-52）一般应用于水蒸气管道上，它的作用是自动排除冷凝水，阻止水蒸气的通过，既节约了能源，又使加热均匀。

- **安全阀**

安全阀（见图1-53）又称泄压阀，是根据压力系统的工作压力自动启闭，一般安装于封闭系统的设备或管路上保护系统安全。当设备或管道内压力或温度超过安全阀设定压力时，安全阀会自动开启泄压或降温，保证设备和管道内介质压力（温度）在设定压力（温度）之下，保护设备和管道正常工作，防止发生意外，减少损失。

图1-50 旋塞阀

图1-51 止回阀

图1-52 疏水阀

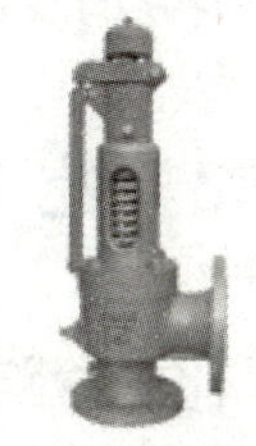
图1-53 安全阀

- **减压阀**

减压阀（见图1-54）是使进口压力减至某一需要的出口压力，并依靠介质本身的能量，使出口压力自动保持稳定的阀件。减压阀是通过改变节流面积，使流速及流体的动能改变，造成不同的阻力损失，从而达到减压的目的。依靠控制与调节系统的调节，使阀后压力的波

(a)气体减压阀

(b)液体减压阀

图1-54 减压阀

动与弹簧力相平衡，使阀后压力在一定的误差范围内保持恒定。减压阀的构造类型很多，常见的有薄膜式、内弹簧活塞式等。为了操作、调整和维修的方便，减压阀一般应安装在水平管道上。

1.5.2 化工管路布置原则

布置化工管路既要考虑到工艺要求，又要考虑到经济要求，还要考虑到操作方便与安全，在可能的情况下还要尽可能美观。因此，布置化工管路必须遵守以下原则。

（1）在工艺条件允许的前提下，应使管路尽可能短，管件阀件应尽可能少，以减少投资，使流体阻力减到最低。

（2）应合理安排管路，使管路与墙壁、柱子、场面、其他管路等之间应有适当的距离，以便于安装、操作、巡查与检修。如管路最突出的部分距墙壁或柱边的净空不小于100mm，距管架支柱也不应小于100mm，两管路的最突出部分间距净空，中压约保持40～60mm，高压应保持70～90mm，并排管路上安装手轮操作阀门时，手轮间距约100mm。

（3）管路排列时，通常使热的在上面，冷的在下；无腐蚀的在上，有腐蚀的在下；输气的在上，输液的在下；不经常检修的在上，经常检修的在下；高压的在上，低压的在下；保温的在上，不保温的在下；金属的在上，非金属的在下；在水平方向上，通常使常温管路、大管路、振动大的管路及不经常检修的管路靠近墙或柱子。

（4）管子、管件与阀门应尽量采用标准件，以便于安装与维修。

（5）对于温度变化较大的管路要采取热补偿措施，有凝液的管路要安排凝液排出装置，有气体积聚的管路要设置气体排放装置。

（6）管路通过人行道时高度不得低于2m，通过公路时不得小于4.5m，与铁轨的净距离不得小于6m，通过工厂主要交通干线一般为5m。

（7）一般地，化工管路采用明线安装，但上下水管及废水管采用埋地铺设，埋地安装深度应当在当地冰冻线以下。在布置化工管路时，应参阅有关资料，依据上述原则制订方案，确保管路的布置科学、经济、合理、安全。

1.5.3 化工管路的安装

化工管路的连接方式

化工管路是由上述介绍的管子、管件和阀门以及一些仪表等组成。它们之间的连接方式一般有四种：法兰连接、螺纹连接、焊接以及承插连接。

- **法兰连接**

法兰连接（见图1-55）是最常用的连接方法，其主要特点是已标准化，装拆方便，密封可靠，适应管径、温度及压力范围均很大，但费用较高。连接时，为了保证接头处的密封，需在两法兰盘间加垫片，并用螺栓将其拧紧。

法兰连接的一般步骤如下。

（1）检查、清洁：检查法兰的表面质量及耐压等级是否满足操作要求，清理法兰表面尤其是密封面。

（2）放置垫片：根据输送介质及操作调节选择适当材料的垫片，垫片的放置应该平整。采用拼接垫片时不可平口对接，应该采用斜口或迷宫形式搭接。对于小口径管道，也可先插入几对螺栓螺母再放入垫片。

（3）穿螺栓、紧螺母：调整管道位置，使两法兰片相平。同一法兰片上，螺栓螺母应选用相同规格，且方向相同。螺栓长度应在紧固后露出螺母2～3牙，为防止腐蚀，螺栓螺母表面可涂抹二硫化钼等物质。用工具紧固时需对角、均匀地紧固。

● 螺纹连接

螺纹连接（见图1-56）是依靠螺纹把管子与管路附件连接在一起，连接方式主要有内牙管、长外牙管及活接头等。通常用于小直径管路、水煤气管路、压缩空气管路、低压蒸汽管路等的连接。安装时，为了保证连接处的密封，常在螺纹上涂上胶黏剂或包上填料。

图1-55 法兰连接

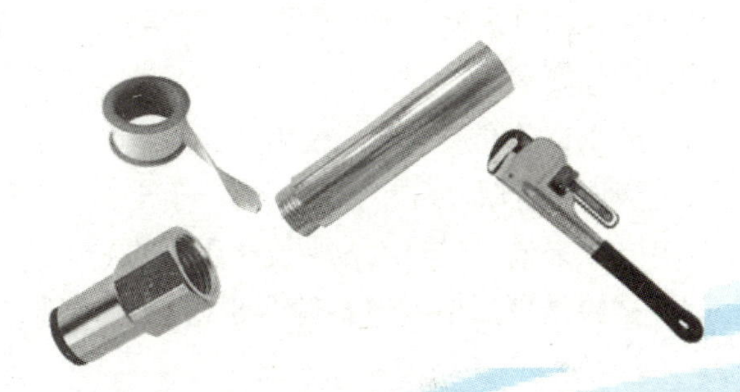

图1-56 螺纹连接

螺纹连接的一般步骤如下。

（1）缠绕（涂抹）填料：连接前清除外螺纹管端的污染物、铁屑等，根据输送介质、操作条件及施工成本选择合适的填料。缠绕填料时，一定要与外螺纹旋转的方向相反，且缠绕圈数适当，过少影响密封性，过多会增加成本。为了防止螺纹锈蚀，可在缠绕前涂上一层铅油。

（2）填料缠绕（涂抹）完毕后，先用手将管子拧入2～3圈，再用管钳拧紧。螺纹连接好的部位一般不退回，否则容易引起泄漏。

● 焊接

焊接连接是一种方便、价廉而且不漏但却难以拆卸的连接方法，广泛使用于钢管、有色金属管及塑料管的连接。主要用在长管路和高压管路中，但当管路需要经常拆卸时，或在不允许动火的车间，不宜采用焊接方法连接管路。焊接过程中，工件和焊料熔化形成熔融区域，熔池冷却凝固后便形成材料之间的连接。这一过程中，通常还需要施加压力。焊接的能量来源有很多种，包括气体焰、电弧、激光、电子束、摩擦和超声波等。

● 承插连接

承插式连接是将管子的一端插入另一管子的钟形插套内，并在形成的空隙中装填料(丝麻、油绳、水泥、胶黏剂、熔铅等）以密封的一种连接方法。

承插连接主要用于连接带承插接头的铸铁管、混凝土管、陶瓷管、塑料管等。承插管分为刚性承插连接和柔性承插连接两种。刚性承插连接是用管道的插口插入管道的承口内，对位后先用嵌缝材料嵌缝，然后用密封材料密封，使之成为一个牢固的封闭的整体。柔性承插连接接头在管道承插口的止封口上放入富有弹性的橡胶圈，然后施力将管子插端插入，形成一个能适应一定范围内的位移和振动的封闭管。

承插连接的特点是安装方便，对各管段中心重合度要求不高，但拆卸困难，不能耐高压。

化工管路的试压

管道安装完毕后在投入生产之前需进行压力试验来检验管道的密封性、强度、接口质量、焊接质量等。压力试验通常以液体为试压介质，也叫液压试验。特殊情况下也可采用气体介质。

液压试验程序：

（1）连接管道系统和液压装置；

（2）加压前，向管道系统内加水，排尽空气；

（3）向管内打水使压力达到强度试验要求，持续10min，压力不降为合格。

液压试验要求：

（1）液压试验介质一般应使用洁净水，注意氯离子含量不得超标。

（2）液压试验时，环境温度不宜低于5℃，若环境温度过低，应采取防冻措施。

（3）一般来说，试验压力为设计压力的1.5倍。

（4）试验结束后应及时拆除盲板等设施，排尽积液。排液应防止形成负压并不得随意排放。

（5）当试压过程中发现泄漏时，不得带压处理。消除泄漏后应重新进行试验。

化工管路的吹扫

为了保证管路系统内部的清洁，必须对管路系统进行吹扫与清洗，以除去铁锈、焊渣、土及其他污染物。管路吹洗根据被输送介质的不同，有水冲洗、空气吹扫、蒸汽吹洗、酸洗、油清洗和脱脂等，具体方法参见有关管路施工的资料。

化工管路的热补偿

化工管路的两端是固定的，当温度发生较大变化时，管路就会因管材的热胀冷缩而承受压力或拉力，严重时将造成管子弯曲、断裂或接头松脱，因此必须采取措施消除这种应力，这就是管路的热补偿。热补偿的主要方法有两种：其一是依靠弯管的自然补偿，通常，当管路转角不大于150°时，均能起到一定的补偿作用；其二是利用补偿器进行补偿，主要有方形、波形及填料3种补偿器。

化工管路的防静电

静电是一种常见的带电现象，在化工生产中，电解质之间、电解质与金属之间都会因为摩擦而产生静电，如当粉尘、液体和气体电解质在管路中流动，或从容器中抽出或注入容器时，都会产生静电。这些静电如不及时消除，很容易因产生电火花而引起火灾或爆炸。管路的防静电措施主要是静电接地和控制流体的流速，具体可参阅相关资料。

化工管路的涂色

化工厂中的管路是很多的，为了方便区别各种类型的管路，常常在管外（保护层外或保温层外）涂上不同的颜色。管路的涂色有两种方法，其一是整个管路均涂上一种颜色（涂单色），其二是在底色上每隔2m涂上一个50～100mm的色圈。常见化工管路的颜色见表1-2，其他化工管路的颜色可参阅相关手册。

表1-2　化工管路的涂色（部分）

介质种类	基本识别色	介质种类	基本识别色
水	绿	酸或碱	紫
水蒸气	红	可燃液体	棕
空气	淡灰	其他液体	黑
气体	中黄	氧	淡蓝

化工管路的高寒防冻保温

在化工厂管道设计中，管道的保温和伴热虽然常见，但管道的防冻保温设计却容易忽略，尤其是在我国西北严寒地区，管道的防冻保温设计更是马虎不得。在恶劣的气候条件下，曾出现蒸汽管支管冻裂的情况，因此西北严寒地区的管道配管有其特殊的要求，不能按普通的要求设计。

在严寒地区，对于介质内含水的设备和管道，如果是连续操作且管道长而集中，则可以采用保温、伴热的方式防冻，也可以采用设置排液、吹扫或辅助管道的方式防冻。从工艺介质角度来说，有下列情况之一的管道必须进行防冻设计：

（1）气体冷凝时会产生腐蚀性的介质；

（2）气体含有水分，或是在压力下降时有可能生成冷凝水或结冰的介质。

在寒冷地区，所有易冻管道，如循环水管道、新鲜水管道、间断性用水管道、间断性用蒸汽管道、冷凝液管道、冲洗水管道及地漏排污管等，均要按照防冻要求配管，压缩机、水泵、安全阀、泄压阀、公用工程管道也有其特殊防冻措施，具体处理方法请查阅相关资料。

在寒冷地区的管壳式冷却器或其他冷却设备，在其进出口管道阀门处应设置防冻排液阀和防冻循环旁通管，以便在停工或检修时，将设备和管内的存水排净，以避免冻裂设备。防冻循环旁通管和防冻排液阀应尽量靠近阀门，而且也需保温防冻。

此外，在任何场所都不应有“盲肠”管段，以避免管内介质冻结、凝固、局部腐蚀及吹扫不净等。寒冷地区架空敷设的水管道应避免死端、盲肠、袋状管段，可以将有易冻管道的盲端改至最短，或将盲肠管段改造为假管支撑。对难以避免的袋状管段应考虑设置低点排液阀。

以往公用工程物料管道和水管道多是采用设置排液装置来达到防冻的目的，随着化工装置的规模越来越大，操作人性化要求间歇操作时间过长的公用工程管道也逐渐采用伴热保温的方式。

小练习

（下列练习题中，第1～5题为是非题，第6～13题为选择题）

1. 管路水平排列的一般原则是：大管靠里、小管靠外。(　)

2. 法兰连接是化工管路最常用的连接方式。(　)

3. 安全阀在设备正常工作时是处于关闭状态的。(　)

4. 管道的法兰连接属于可拆连接，焊接连接属于不可拆连接。(　)

5. 截止阀安装方向应遵守"低进高出"的原则。(　)

6. 疏水阀用于蒸汽管道上自动排除（　）。

A. 蒸汽　B. 冷凝水　C. 空气　D. 以上均不是

7. 用于泄压起保护作用的阀门是（　）。

A. 截止阀　B. 减压阀　C. 安全阀　D. 止逆阀

8. 化工企业中压力容器泄放压力的安全装置有：安全阀与（　）等。

A. 疏水阀　B. 止回阀　C. 防爆膜　D. 节流阀

9. 化工管件中，管件的作用是（　）。

A. 连接管子　B. 改变管路方向

C. 接出支管和封闭管路　D. A、B、C全部包括

10. 阀门的主要作用是（　）。

A. 启闭作用　B. 调节作用　C. 安全保护作用　D. 前三种作用均具备

11. 化工管路的连接方法，常用的有（　）。

A. 螺纹连接　B. 法兰连接　C. 轴承连接和焊接　D. 以上均可

12. 在化工管路中，对于要求强度高、密封性能好、能拆卸的管路，通常采用（　）。

A. 法兰连接　B. 承插连接　C. 焊接　D. 螺纹连接

13.（　）在管路上安装时，应特别注意介质出入阀口的方向，使其"低进高出"。

A. 闸阀　B. 截止阀　C. 蝶阀　D. 旋塞阀

2 流体输送机械

在化工生产过程中，流体输送是最常见的，甚至是不可缺少的单元操作。流体输送机械就是向流体做功以提高流体机械能的装置，因此流体通过流体输送机械后即可获得能量，以用于克服流体输送过程中的机械能损失，提高位能以及提高液体压力（或减压等）。

本单元共分七个部分，分别对流体输送机械的基本知识以及化工企业常见的离心泵、旋转泵、往复泵、往复式压缩机、水环式真空泵和流体作用泵的开停车进行理论实训一体化的介绍。

2.1 预备知识

化工生产中所处理的物料，大多为流体。为了满足工艺条件的要求，保证生产的连续进行，需要把流体从一个设备输送至另一个设备。流体输送方式主要有以下几种：高位槽送料、真空抽料、压缩空气送料、流体输送机械送料。

2.1.1 流体输送方式

高位槽送料

当要求将高位设备中的液体输送至低位设备中去时，只要两设备间的位差高度能满足流量要求，即可将两设备用管道直接连接，从而达到送料的目的，这就是高位槽送料。对要求流速特别稳定的场合，也常设置高位槽，先将液体送到高位槽内，再利用位差将液体送到目标设备，这样可以避免输送机械带来的波动。图2-1为高位水塔。

图2-1 高位水塔

真空抽料

真空抽料是通过真空系统造成的负压来实现液体从一个设备到另一个设备的操作（见图2-2）。真空抽料时，目标设备内的真空度必须要满足输送任务的流量、压力的要求。

真空抽料适用于对腐蚀性液体的输送，其结构简单没有动件，但流量调节不方便，主要用在间歇输送流体的场合。必须注意的是真空抽料不能用于易挥发液体的输送。

压缩空气送料

压缩空气送料是通过通入压缩气体，在压力的作用下将液体输送至目标设备（见图2-3）。压缩气体送料时，气体压力必须满足输送任务的工艺要求。

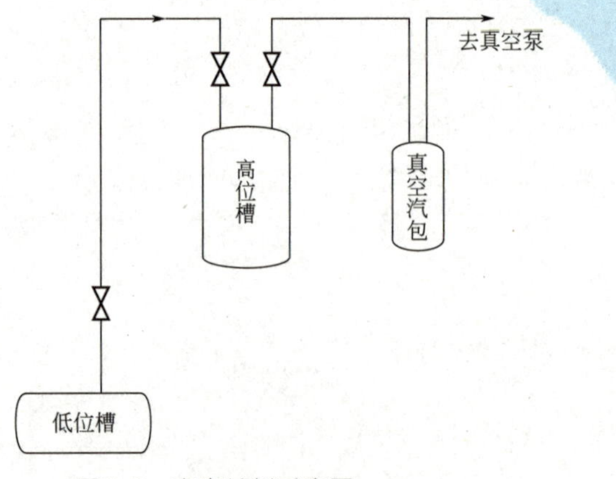

图2-2 真空抽料示意图

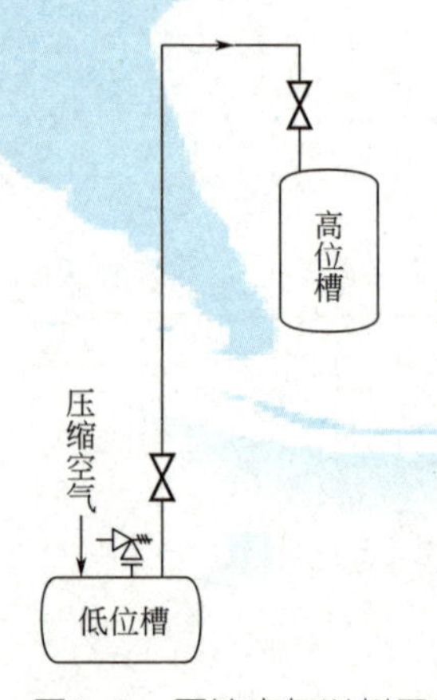

图2-3 压缩空气送料示意图

压缩空气送料方法适用于对腐蚀性液体的输送，其结构简单没有动件，但流量调节不方便，主要用在间歇输送液体的场合。

流体输送机械送料

流体输送机械是给流体增加机械能以完成输送任务的机械。流体输送机械送料是借助流体输送机械对流体做功，实现流体输送的操作，是化工生产中最常见的流体输送方式。下面重点介绍此种流体输送方式。

2.1.2　流体输送机械分类

由于输送任务不同、流体种类多样、工艺条件复杂，流体输送机械也是多种多样的。

流体输送机械按工作原理可按表2-1所述分类。

表2-1　流体输送机械的分类

类型	离心式	往复式	旋转式	流体作用式
液体	离心泵	往复泵	齿轮泵	喷射泵
气体	离心压缩机	往复压缩机	罗茨鼓风机	蒸汽喷射泵

此外，流体输送机械还可分为正位移泵和非正位移泵两类。常见的正位移泵有往复泵、旋转泵等，常见的非正位移泵有离心泵、旋涡泵等。

小练习

（下列练习题中，第1、2题为是非题，第3～5题为选择题）

1. 离心泵是正位移泵的一种。（　）

2. 流体输送方式主要有高位槽送料、真空抽料、压缩空气送料、流体输送机械送料四种。（　）

3. 根据泵的工作原理不同，泵可分四大类型，即（　）、往复式、旋转式和流体动力式。

A. 离心式　　B. 齿轮式　　C. 螺杆式　　D. 隔膜式

4. （　）是通过真空系统造成的负压来实现液体从一个设备到另一个设备的操作。

A. 高位槽送料　　B. 真空抽料

C. 压缩空气送料　　D. 流体输送机械送料

5. （　）是化工生产中最常见的流体输送方式。

A. 高位槽送料　　B. 真空抽料

C. 压缩空气送料　　D. 流体输送机械送料

2.2　离心泵的开停车

离心泵是依靠高速旋转的叶轮所产生的离心力对液体做功的流体输送机械，因其具有结构简单、操作方便、体积小、流量均匀、故障少、寿命长、适应性广等优势，在化工生产中应用非常广泛。

2.2.1 离心泵的结构

离心泵的实物图如图 2-4 所示，主要由泵壳、叶轮、轴封装置以及吸入管、底阀、排出管、调节阀等附件组成。离心泵安装在管路中的结构示意图及离心泵的基本结构示意图分别如图2-5及图2-6所示。

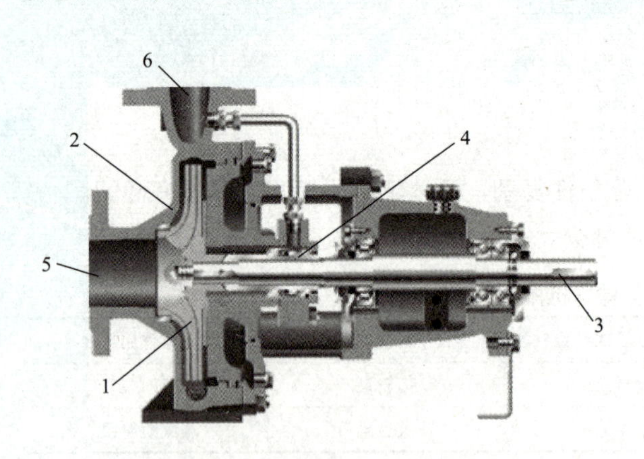

图2-4 离心泵的实物图

1—叶轮；2—泵壳；3—泵轴；4—轴封装置；5—吸入口；6—排出口

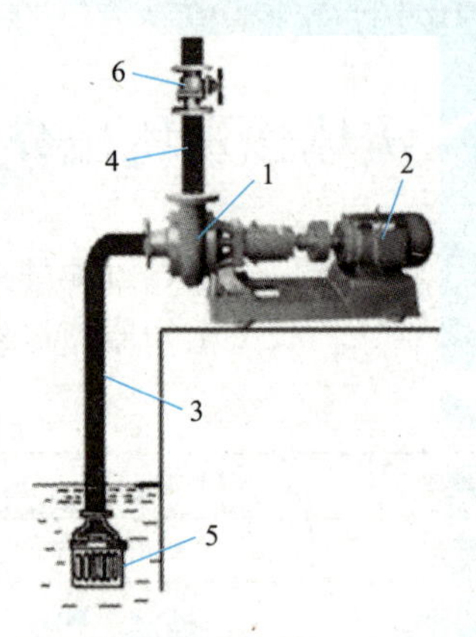

图2-5 离心泵安装在管路中的结构示意图

1—泵；2—电机；3—吸入管；4—排出管；5—底阀；6—调节阀

叶轮

叶轮是把能量传给液体的具有叶片的旋转体，一般有4～12片后弯叶片，其作用是将原动机械的机械能直接传给液体，以增加液体的静压能和动能，并在叶轮中心形成负压。根据叶轮是否有盖板可以将叶轮分为半开式（半闭式）、开式和闭式三种，如图 2-7所示。

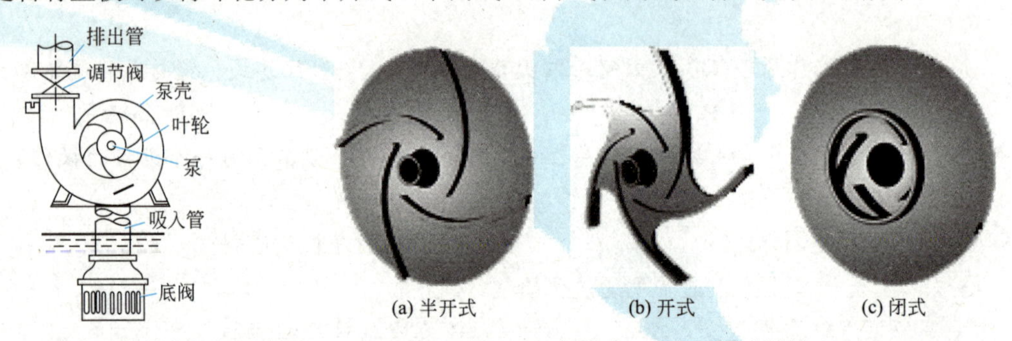

图2-6 离心泵的基本结构示意图

图2-7 半开式、开式、闭式叶轮

开式叶轮在叶片两侧无盖板，制造简单、清洗方便，适用于输送含有较大量悬浮物的物料，其效率较低，输送的液体压力不高。半开式叶轮在吸入口一侧无盖板，而在另一侧有盖板，适用于输送易沉淀或含有颗粒的物料，效率也较低。闭式叶轮在叶片两侧有前后盖板，效率高，适用于输送不含杂质的清洁液体，一般的离心泵叶轮多为此类。

闭式与半开式叶轮的后盖板上有若干小孔，这些小孔称为平衡孔。对于闭式与半开式叶轮，在输送液体时，离开叶轮周边的液体压力较高，部分液体会渗到叶轮后盖板后侧，而叶轮前侧液体入口处为低压，因而产生了将叶轮推向泵入口一侧的轴向推力。这容易引起叶轮与泵壳接触处的磨损，严重时还会产生振动。平衡孔使一部分高压液体回流至低压区，减小叶轮前后的压力差，但由此也会降低泵的效率。

根据叶轮的吸液方式可以将叶轮分为单吸式叶轮与双吸式叶轮两种，如图 2-8 所示。

单吸式叶轮只能从一侧吸入液体，其结构简单。双吸式叶轮是从叶轮两侧同时吸入液体，相当于将两个相同叶轮并联在一起工作，因而具有较大的吸液能力，且可以消除轴向推力，延长了轴承的使用寿命，但叶轮和泵壳结构比较复杂，常用于大流量的场合。

泵壳

泵壳（见图2-9）是截面积逐渐扩大，状似蜗牛的流体通道，故又称蜗壳，其作用是将叶轮封闭在一定的空间，以便通过叶轮的作用吸入和压出液体。由于流道截面积逐渐扩大，故从叶轮四周甩出的高速液体的流速逐渐降低，部分动能有效地转换为静压能。泵壳不仅汇集由叶轮甩出的液体，同时又是一个能量转换装置，可以将部分动能转换为静压能。

为了减少离开叶轮的液体直接进入泵壳时因冲击而引起的能量损失，在叶轮与泵壳之间有时装置一个固定不动而带有叶片的导轮（见图2-9）。导轮中的叶片使进入泵壳的液体逐渐转向而且流道连续扩大，使部分动能有效地转换为静压能。多级离心泵通常均安装导轮。

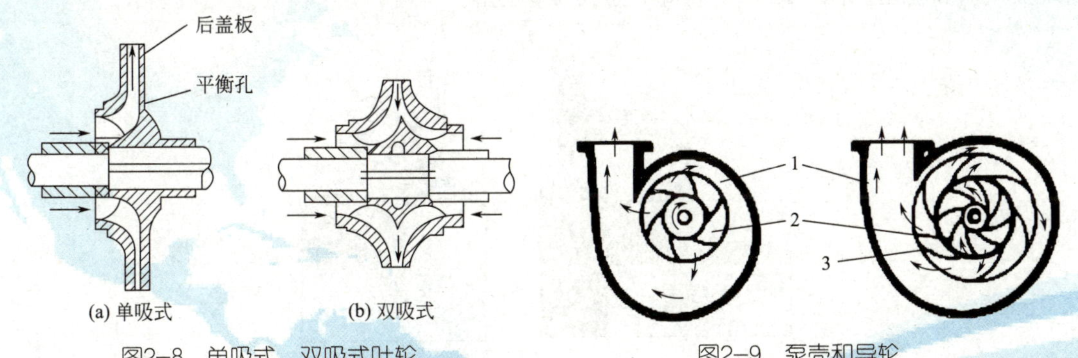

图2-8 单吸式、双吸式叶轮

图2-9 泵壳和导轮

1—泵壳；2—叶轮；3—导轮

轴封装置

轴封装置是实现泵轴与泵壳间密封的装置，其作用是防止泵壳内液体沿轴漏出或外界空气漏入泵壳内。常用轴封装置有填料密封和机械密封两种。

填料密封（见图2-10）一般使用浸油或涂有石墨的石棉绳，填料密封结构简单，价格低，但密封效果不良。机械密封（见图2-11）主要是靠装在轴上的动环与固定在泵壳上的静

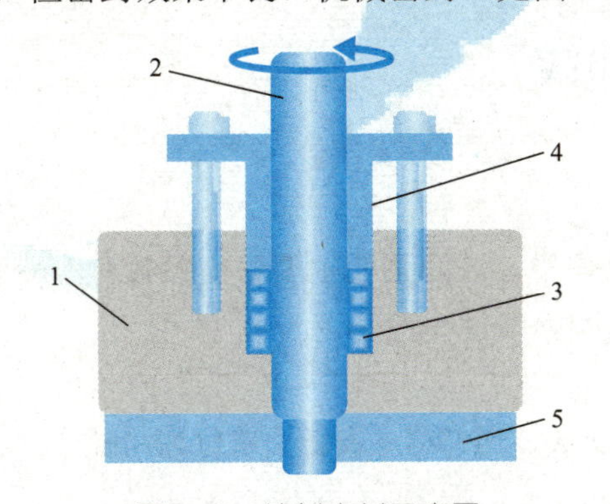

图2-10 填料密封示意图

1—泵壳；2—泵轴；3—填料；4—填料压盖；5—液体

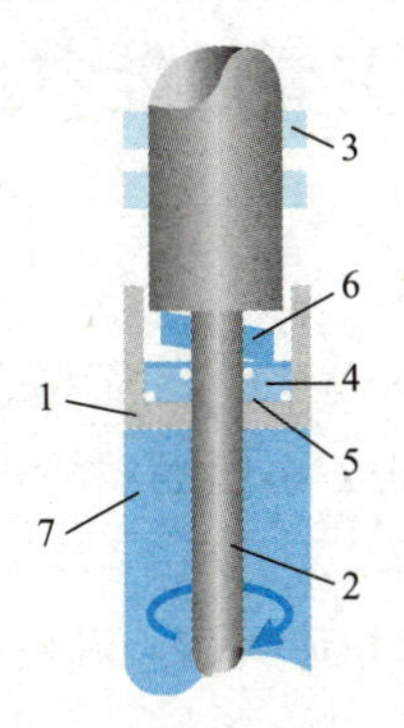

图2-11 机械密封示意图

1—泵壳；2—泵轴；3—轴承；4—动环；5—静环；6—弹簧；7—液体

环之间端面作相对运动而达到密封的目的，其结构复杂、精密，造价高，但密封效果好。因此，机械密封主要用在一些密封要求较高的场合，如输送酸和碱以及易燃、易爆、有毒、有害的液体等。

2.2.2 离心泵工作过程

离心泵启动前，泵壳内须灌满被输送的液体。离心泵启动后，泵轴带动叶轮高速转动，叶片间的液体也随之转动。在离心力的作用下，液体从叶轮中心向叶轮外缘运动，叶轮中心（吸入口）处因液体空出而呈负压状态，在吸入管的两端（吸液面与泵吸入口）形成了一定的压差，只要这一压差足够大，液体就会被吸入泵体内，这就是离心泵的吸液过程。同时，被叶轮甩出的液体，在从中心向外缘运动的过程中，动能和静压能均得以增加。液体进入泵壳后，由于蜗形通道的面积逐渐扩大而减速，又将部分动能转变为静压能，最后以较高的压力流入排出管道，这就是离心泵的排液过程。由此可见，只要叶轮不断地转动，液体便会不断地被吸入和排出。图2-12所示为离心泵的工作过程。

图2-12 离心泵工作过程

若离心泵启动前，泵内存有气体，叶轮旋转产生的离心力小，叶轮中心处真空度低，吸入管的两端的压差小，不足以克服阻力和位差，则无法吸入液体。这种由于泵内有气体，启动离心泵而不能输液的现象称为气缚现象。

为防止气缚现象的发生，离心泵启动前必须要用液体将泵壳内空间灌满，这一步操作称为灌泵。

2.2.3 离心泵主要性能参数及特性曲线

主要性能参数

离心泵的性能参数是用以描述离心泵性能的物理量。离心泵的主要性能参数有：转速、流量、扬程、功率和效率，这些参数均在泵的铭牌上标明。

- 转速

转速指的是在单位时间内，叶轮做圆周运动的次数，用符号n表示，单位为r/min。

- 流量

流量指的是离心泵在单位时间内排入到管路系统内液体的体积，用符号q_V表示，单位为

m^3/h或m^3/s，也称泵的送液能力。离心泵的流量与泵的结构、尺寸（如叶轮的直径与叶片的宽度）和叶轮的转速有关，离心泵的实际流量还与管路特性有关，操作中可以改变其大小。离心泵铭牌上的流量是指泵在最高效率下的流量，称为额定流量。

● 扬程

扬程指的是离心泵对单位重量液体提供的机械能，用符号H表示，单位为m。离心泵的扬程取决于泵的结构（如叶轮的直径、叶片的弯曲情况等）、叶轮的转速和离心泵的流量等。在指定的转速下，压头与流量之间具有确定的关系，其值是由实验测得。

● 功率

单位时间内泵对输出液体所做的功，称为离心泵的有效功率，用符号P_e表示，单位为W：

$$P_e=Hq_V\rho g \tag{2-1}$$

离心泵从原动机械那里所获得的能量称为离心泵的轴功率，用符号P表示，单位为W，主要与设备的尺寸、流体的黏度、流量等有关。

● 效率

效率指的是离心泵的有效功率与轴功率之比，用符号η表示，反映离心泵能量损失的大小，无量纲：

$$\eta=\frac{P_e}{P} \tag{2-2}$$

离心泵的效率与泵的大小、类型、制造精密程度和所输送液体的性质、流量等有关，一般小型泵的效率为50%～70%，大型泵可达到90%左右，此值是由实验测得。

特性曲线

理论及实验均表明，离心泵的扬程、功率及效率等主要性能均与流量有关。为了更好地了解和利用离心泵的性能，常把它们与流量之间的关系用图表示出来，这就是离心泵的特性曲线。

离心泵的特性曲线一般由离心泵的生产厂家提供，标绘于泵的产品说明书中，其测定条件一般是20℃清水，转速固定。典型的离心泵特性曲线如图2-13所示。

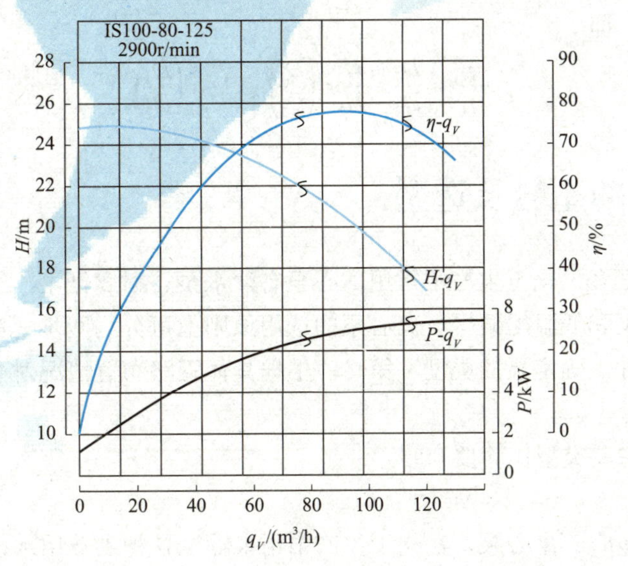

图2-13　离心泵特性曲线

H-q_V曲线表示泵的扬程与流量的关系，离心泵的扬程随流量的增大而下降（在流量极小时有例外）。

P-q_V曲线表示泵的轴功率与流量的关系，离心泵的轴功率随流量的增大而上升，流量为零时轴功率最小。故离心泵启动时，应先关闭泵的出口阀门，使电机的启动电流最小以保护电机。

η-q_V曲线表示泵的效率与流量的关系，当q_V=0时η=0；随着流量的增大，效率随之而上升达到一个最大值；而后随流量再增大，效率下降。可见，离心泵在一定转速下有一最高效率点，称为设计点。泵在与最高效率相对应的流量及扬程下工作最为经济，与最高效率点对应的q_V、H、P值为最佳工况参数。

离心泵的铭牌上标出的性能参数是指该泵在最高效率点运行时的工况参数。根据输送条件的要求，离心泵往往不可能正好在最佳工况下运转，因此一般只能规定一个工作范围，称为泵的高效率区，通常为最高效率的92%左右。选用离心泵时，应尽可能使泵在此范围内工作。

影响离心泵性能的因素

- **液体物理性质对特性曲线的影响**

生产厂商所提供的特性曲线是以清水作为工作介质测定的，当输送其他液体时，要考虑液体密度和黏度的影响。当输送液体的黏度大于实验条件下水的黏度时，泵内的能量损失增大，离心泵的流量、压头减小，效率下降，轴功率增大。液体密度的改变仅对轴功率有影响，轴功率随密度增大而增加。

- **转速对特性曲线的影响**

当效率变化不大时，转速变化引起流量、压头和功率的变化符合比例定律，即：

$$\frac{q_{V_1}}{q_{V_2}}=\frac{n_1}{n_2},\quad \frac{H_1}{H_2}=\left(\frac{n_1}{n_2}\right)^2,\quad \frac{P_1}{P_2}=\left(\frac{n_1}{n_2}\right)^3 \tag{2-3}$$

- **叶轮直径对特性曲线的影响**

在转速相同时，如果叶轮切削率不大于20%，则叶轮直径变化引起流量、压头和功率的变化符合切割定律，即：

$$\frac{q_{V_1}}{q_{V_2}}=\frac{D_1}{D_2},\quad \frac{H_1}{H_2}=\left(\frac{D_1}{D_2}\right)^2,\quad \frac{P_1}{P_2}=\left(\frac{D_1}{D_2}\right)^3 \tag{2-4}$$

2.2.4 离心泵的型号及选型

离心泵的种类很多，化工生产中常用离心泵有清水泵、耐腐蚀泵、油泵、磁力泵、液下泵、杂质泵、管道泵和低温用泵等。离心泵的选用原则上可分为两步：第一，根据被输送液体的性质和操作条件，确定泵的类型；第二，根据具体管路布置情况对泵提出的流量、压头要求，确定泵的型号。

以下仅对几种主要类型作简要介绍。

- **清水泵**

清水泵是应用最广的离心泵，在化工生产中用来输送各种工业用水以及物理、化学性质类似于水的其他液体。清水泵又包括以下几种：

- ➢ IS型泵——单级单吸离心水泵；
- ➢ D型泵——国产多级离心泵；
- ➢ S型泵——双吸离心泵（原SH型泵）。

● **耐腐蚀泵**

输送酸碱和浓氨水等腐蚀性液体时，必须用耐腐蚀泵。耐腐蚀泵中所有与腐蚀性液体接触的各种部件都须用耐腐蚀材料制造，如灰口铸铁、高硅铸铁、镍铬合金钢、聚四氟乙烯塑料等。其系列代号为“F”。但是用玻璃、橡胶、陶瓷等材料制造的耐腐蚀泵，多为小型泵，不属于“F”系列。

● **油泵**

输送石油产品的泵称为油泵。因油品易燃易爆，因此要求油泵必须有良好的密封性能。输送高温油品（200℃以上）的热油泵还应具有良好的冷却措施，其轴承和轴封装置都带有冷却水夹套，运转时通冷水冷却。其系列代号为“Y”。

● **磁力泵**

由泵、磁力传动器、电动机三部分组成。关键部件磁力传动器由外磁转子、内磁转子及不导磁的隔离套组成。当电动机带动外磁转子旋转时，磁场能穿透空气隙和非磁性物质，带动与叶轮相连的内磁转子作同步旋转，实现动力的无接触传递，将动密封转化为静密封。由于泵轴、内磁转子被泵体、隔离套完全封闭，从而彻底解决了“跑、冒、滴、漏”问题，消除了炼油化工行业易燃、易爆、有毒、有害介质通过泵密封泄漏的安全隐患。其系列代号为“C”。

2.2.5 离心泵的操作步骤

（1）灌泵

启动前，使泵体内充满被输送液体，避免发生气缚现象。

（2）预热

对输送高温液体的热油泵或高温水泵，在启动与备用时均需预热。因为泵是在设计温度下操作的，如果在低温工作，各构件间的间隙因为热胀冷缩的原因会发生变化，造成泵的磨损与破坏。预热时应使泵各部分均匀受热，并一边预热一边盘车。

（3）盘车

用手使泵轴绕运转方向转动的操作，每次以180°为宜，并不得反转。其目的是检查润滑情况，密封情况，是否有卡轴现象，是否有堵塞或冻结现象等。备用泵也要经常盘车。

（4）关闭出口阀，启动电机

为了防止启动电流过大，要在最小流量（此时功率最小）下启动，以免烧坏电机。但对耐腐蚀泵，为了减少腐蚀，常采用打开出口阀的办法启动。但要注意，关闭出口阀运转的时间应尽可能短，以免泵内液体因摩擦而发热，发生汽蚀。

（5）调节流量

缓慢打开出口阀，调节到指定流量。

（6）检查

要经常检查泵的运转情况，比如轴承温度、润滑情况、压力表及真空表读数等，发现问题应及时处理。在任何情况下都要避免泵内无液体的运转现象，以避免干摩擦，造成零部件损坏。

（7）停车

要先关闭出口阀，再关电机，避免高压液体倒灌，造成叶轮反转，引起事故。在寒冷地区，短时停车要采取保温措施，长期停车必须排净泵内及冷却系统内的液体，以免冻结胀坏系统。

2.2.6 汽蚀现象及允许安装高度

汽蚀现象

离心泵的吸液是靠吸入液面与吸入口间的压差完成的。吸入管路越高，吸上高度越大，则吸入口处的压力将越小。当吸入口处压力小于操作条件下被输送液体的饱和蒸气压时，液体将会汽化产生气泡，含有气泡的液体进入泵体后，在旋转叶轮的作用下，进入高压区。气泡在高压的作用下，又会凝结为液体，由于原气泡位置的空出造成局部真空，使周围液体在高压的作用下迅速填补原气泡所占空间。这种高速冲击频率很高，可以达到每秒几千次，冲击压力可以达到数百个大气压甚至更高，这种高强度高频率的冲击，轻则造成叶轮疲劳，重则可以将叶轮与泵壳破坏，甚至能把叶轮打成蜂窝状。这种由于被输送液体在泵体内汽化再凝结对叶轮产生剥蚀的现象叫离心泵的汽蚀现象（见图2-14）。

图2-14 汽蚀后的叶轮（局部）

汽蚀现象发生时，会产生噪声和引起振动，流量、扬程及效率均会迅速下降，严重时不能吸液。工程上规定，当泵的扬程下降3%时，进入了汽蚀状态。

允许安装高度

为防止离心泵的汽蚀现象的发生，需限制泵的安装高度，离心泵的实际安装高度应小于允许安装高度。

离心泵的吸入口与储槽液面间可允许达到的最大垂直距离，称为离心泵的允许吸上高度，记为H_g，单位为m。在储槽液面与泵入口处两截面间列伯努利方程，可得到离心泵允许安装高度计算式：

$$H_g=\frac{p_0-p}{\rho g}-\frac{u^2}{2g}-H_f \tag{2-5}$$

式中 p_0——大气压力，Pa；

p——泵吸入口处允许的最低绝对压力，Pa；

ρ——被输送液体的密度，kg/m^3；

u——吸入口处的流体速度，m/s；

H_f——液体流经吸入管路的压头损失，m。

此外，离心泵的允许吸上高度还可通过允许汽蚀余量求出，计算式为

$$H_g=\frac{p_1}{\rho g}-\frac{p_s}{\rho g}-\Delta h-H_f \tag{2-6}$$

式中 p_1——吸入槽内液面上方的压力，Pa，若储槽为敞口，取$p_1=p_0$；

p_s——操作温度下的液体饱和蒸气压，Pa；

Δh——离心泵的允许汽蚀余量，m。

此外，若输送液体温度较高或沸点较低时，由于p_s大，H_g很小或可能为负值，可采取以下措施：①尽量减少吸入管路的压头损失（可从增大吸入管管径、减少管长、管件及不必要的阀门等方面入手）；②将泵安装在液面以下的位置。另外，为安全起见，实际安装高度应比计算出的H_g少0.5～1m为宜。

从上面的计算式可知，允许安装高度与吸入液面上方的压力、吸入口最低压力、液体密度、吸入管内的动能及阻力有关。因此，增加吸入液面的压力、减小液体的密度、降低液体温度、增加吸入管直径和减小吸入管内流体阻力均有利于允许安装高度的提高。

任务目标

（1）初步学会识读离心泵操作流程图。

（2）能正确标识设备和阀门的位号及各测量仪表。

（3）学会离心泵的开、停车。

Step 2.2.1 识别主要设备

在本书附录20——流体输送综合实训装置流程图中找出下图空白处的主要设备位号，并填入下图相应位置。

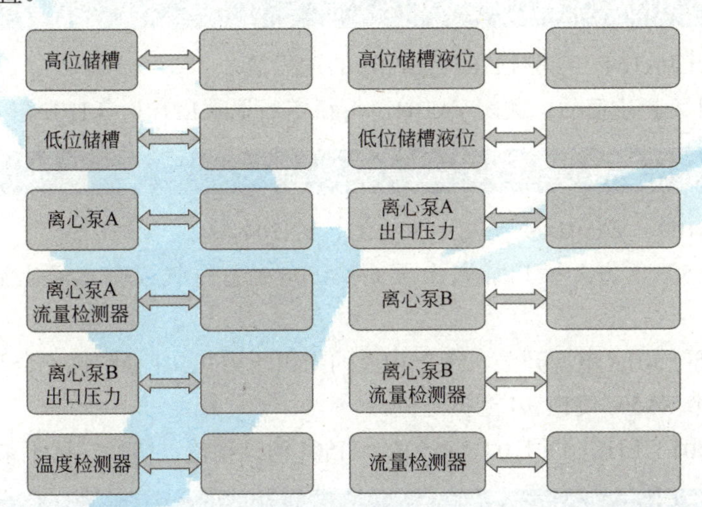

Step 2.2.2 认知各管线流程

- **流体由高位储槽自流至低位储槽流程**

下图为水由高位槽V101自流到低位槽V102的管路，将此管路上的主要设备、阀门及仪表的位号填入下图相应位置。

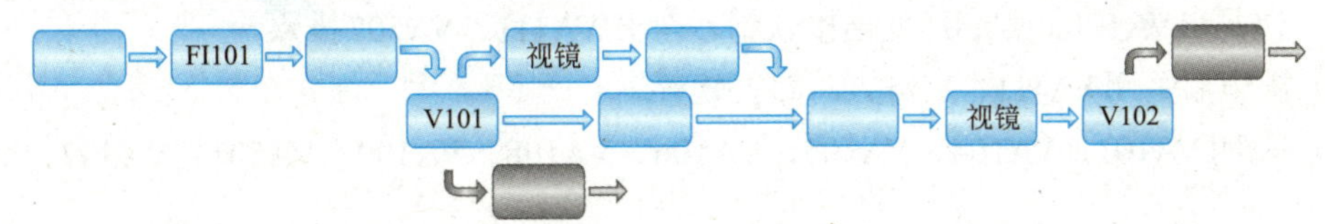

● **离心泵输送流程**

下图为离心泵将水从低位槽V102输送至高位槽V101的管路，将此管路上的主要设备、阀门及仪表的位号填入下图相应位置。

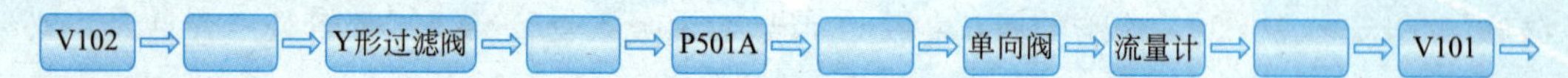

Step 2.2.3 开车准备

（1）确认所有设备、阀门的位号牌悬挂是否正确。

（2）检查公用工程系统，如电、水是否处于正常供应状态。

（3）开启总电源开关，检查各仪表，记录初始值。

Step 2.2.4 引水入高位储槽V101

（1）在阀门VA102处连接软管。

（2）全开高位储槽V101、低位储槽V202上的放空阀VA101、VA108，全开VA105、VA106。

（3）全开VA102、VA103，开启公用工程系统引水入高位储槽V101。

（4）待高位储槽V101的液位LI101达2/3，关闭VA102、VA103。

（5）记录FI101、LI101。

（6）关闭公用工程系统引水，卸去软管。

Step 2.2.5 引水入低位储槽V102

（1）缓慢全开VA104，观测LI101、LI102的过程值。

（2）至LI101为指定值后，关闭VA104，待稳定后记录LI101、LI102。

Step 2.2.6 开启离心泵P501A

（1）全开VA109、VA501、VA502、VA503、VA504。

（2）在阀VA503上方加液口加入水至阀VA504上方排气口有水溢出后，关闭VA503、VA504。

（3）开离心泵P501A电源开关，待P501A的出口压力PI501稳定后，全开VA506。

（4）缓慢调节VA505使FI501至指定值。

（5）观测FI501、LI101、LI102、PI501、TI501的过程值，待稳定后记录数据。

Step 2.2.7 关闭离心泵P501A

（1）待LI101达指定液位，迅速半开VA104。

（2）关离心泵P501A的电源开关。

Step 2.2.8 结束整理

（1）分别在VA111、VA507处连接软管，全开VA111、VA507排水。

（2）排毕后关闭VA111、VA507，卸去软管。

（3）关闭VA101、VA104、VA105、VA106、VA108、VA109、VA501、VA502、VA505、VA506。

小练习

（下列练习题中，第1～9题为是非题，第10～19题为选择题，第20～23题为简答题）

1. 离心泵的工作原理是利用叶轮高速运转产生的向心力输送液体。（ ）

2. 离心泵的泵壳只是汇集叶轮抛出液体的部件。（ ）

3. 离心泵轴封装置常用的有填料密封和机械密封两种。（ ）

4. 离心泵的送液能力是指单位时间内从泵内排出的液体质量。（ ）

5. 离心泵在单位时间内对流体所做的功称为离心泵的有效功率。（ ）

6. 离心泵的特性曲线中的扬程－流量曲线是在轴功率一定的情况下测定的。（ ）

7. 输送流体的密度越大，泵的流量越小。（ ）

8. 当液体的黏度增加时，离心泵的轴功率将增加。（ ）

9. 降低离心泵的安装高度就可以避免发生气缚现象。（ ）

10. 离心泵输送液体的过程是（ ）。

A. 膨胀、吸入 B. 压缩、排出 C. 膨胀、压缩 D. 吸入、排出

11. 轴封装置是指（ ）。

A. 泵轴与轴承之间的密封装置 B. 泵轴与叶轮之间的密封

C. 泵轴与泵壳之间的密封 D. 泵壳与叶轮之间的密封

12. 机械密封与填料密封相比较，具有的优点是（ ）。

A. 密封性能好、使用寿命长 B. 结构简单、使用寿命长

C. 密封性能好、价格低 D. 密封性能好、结构简单

13. 离心泵铭牌上标明的扬程是（ ）。

A. 功率最大时的扬程 B. 最大流量时的扬程

C. 泵的最大量程 D. 效率最高时的扬程

14. 离心泵的特性曲线不包括（ ）。

A. 流量扬程线 B. 流量功率线 C. 流量效率线 D. 功率扬程线

15. 泵的转速对离心泵的流量影响符合下列说法（ ）。

A. 转速大，流量大 B. 转速大，流量小 C. 转速小，流量大 D. 两者无关系

16. 离心泵的实际安装高度（ ）允许安装高度。

A. 大于 B. 小于 C. 等于 D. 近似于

17. 离心泵最常用的调节方法是（ ）。

A. 改变吸入管路中阀门开度 B. 改变压出管路中阀门的开度

C. 安置回流支路，改变循环量的大小 D. 车削离心泵的叶轮

18. 为了防止（ ）现象发生，启动离心泵时必须先关闭泵的出口阀。

A. 电机烧坏 B. 叶轮受损

C. 气缚 D. 汽蚀

19. “气缚”发生后，应（ ）。

A. 停泵，向泵内灌液 B. 降低泵的安装高度

C. 检查进口管路是否漏液 D. 检查出口管阻力是否过大

20. 离心泵在启动前为什么要引水灌泵?

21. 若灌泵后离心泵仍未正常启动，可能的原因是什么?

22. 本实训中，离心泵P501A的排出管路上单向阀有何作用?

23. 本实训中，如何使V102的液体输送至V101？

2.3 旋转泵的开停车

旋转泵是靠泵内一个或一个以上的转子旋转来吸入与排出液体的，又称转子泵。旋转泵的形式很多，但它们的操作原理都是相似的。化工厂中较为常用的有齿轮泵和螺杆泵。

2.3.1 齿轮泵

齿轮泵的泵壳内有两个齿轮：一个靠电机带动旋转，称为主动轮；另一个与主动轮相啮合而转动，称为从动轮。两齿轮与泵体间形成吸入和排出两个空间。当齿轮转动时，吸入空间内两轮的齿相互拨开，形成了低压而将液体吸入，然后分为两路沿泵内壁随齿轮转动到达排出空间。排出空间内两轮的齿相互合拢，于是形成高压将液体排出。图2-15为齿轮泵。

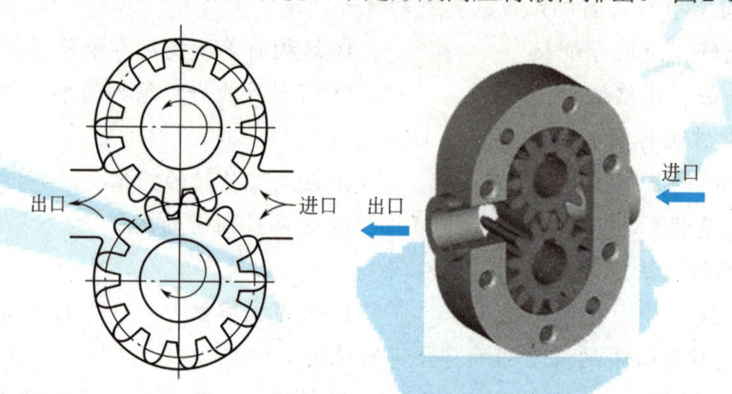

图2-15 齿轮泵

齿轮泵的压头高而流量小，适合于输送黏稠液体乃至膏状物，但不能输送含有固体粒子的悬浮液。

2.3.2 螺杆泵

螺杆泵是泵类产品中出现较晚、较为新型的泵。按螺杆的数目可分为单螺杆泵、双螺杆泵、三螺杆泵和五螺杆泵。螺杆泵主要由泵壳和一根或两根以上的螺杆构成（见图2-16）。螺杆泵实际上与齿轮泵十分相似，它利用两根相互啮合的螺杆来排送液体。当需要的压力较高时，可采用较长的螺杆。螺杆泵压头高、效率高、噪声低，适于在高压下输送黏稠液体。

在一定旋转速度下，螺杆泵的流量固定，且不随泵的压头而变。螺杆泵有自吸能力，故启动前无需“灌泵”，泵的流量调节也采用回路调节。旋转泵的压头一般比往复泵的低。

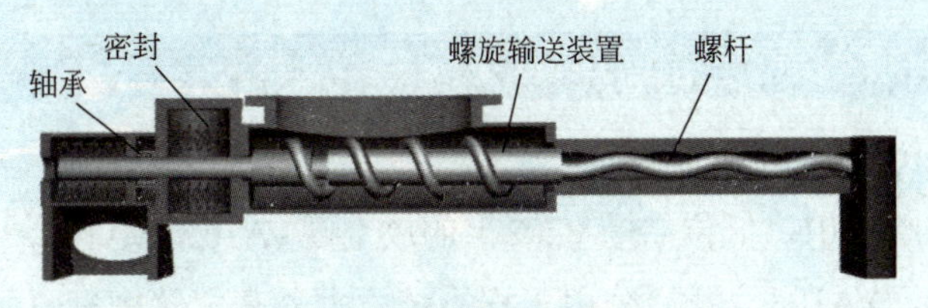

图2-16 螺杆泵示意图

任务目标

（1）初步学会识读单螺杆泵操作流程图。

（2）能正确标识设备和阀门的位号及各测量仪表。

（3）学会单螺杆泵的开停车。

Step 2.3.1 识别主要设备

在本书附录20——流体输送综合实训装置流程图中找出下图空白处的主要设备位号，并填入下图相应位置。

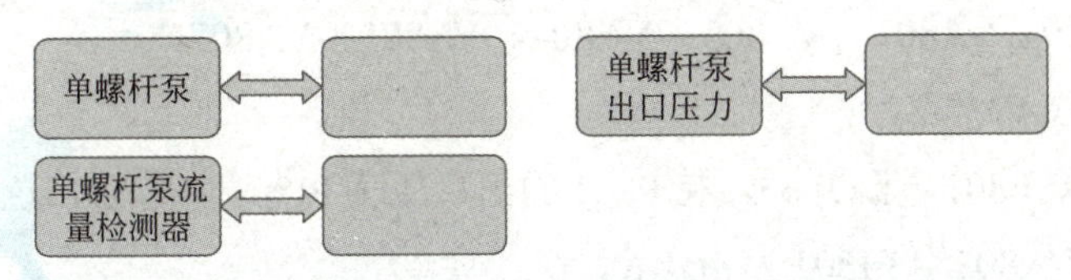

Step 2.3.2 认知管线流程

● **流体由高位储槽自流至低位储槽流程**

下图为自V101至V102的管路，将此管路上的主要设备、阀门及仪表的位号填入下图相应位置。

FI101
视镜
V101
视镜
V102

● **单螺杆泵输送流程**

下图为单螺杆泵P801将水从低位槽输送至高位槽的管路，将此管路上的主要设备、阀门及仪表的位号填入下图相应位置。

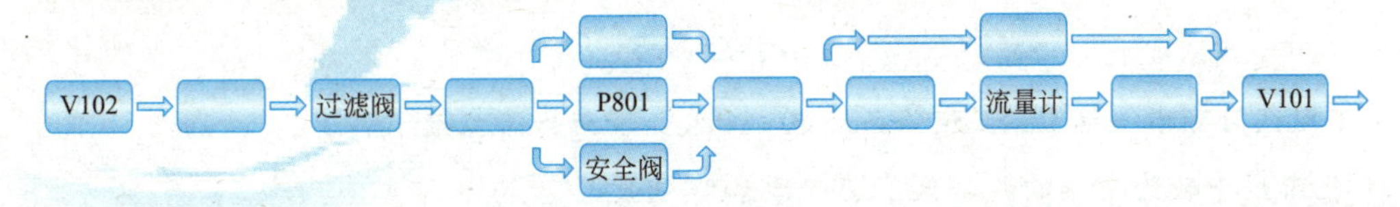

Step 2.3.3 开车准备

（1）确认所有设备、阀门的位号牌悬挂是否正确。

（2）检查公用工程系统，如电、水是否处于正常供应状态。

（3）开启总电源开关，检查各仪表，记录初始值。

Step 2.3.4 引水入高位储槽V101

（1）在阀门VA102处连接软管。

（2）全开高位储槽V101、低位储槽V202上的放空阀VA101、VA108，全开VA105、VA106。

（3）全开VA102、VA103，开启公用工程系统引水入高位储槽V101。

（4）待高位储槽V101的液位LI101达2/3，关闭VA102、VA103。

（5）记录FI101、LI101。

（6）关闭公用工程系统引水，卸去软管。

Step 2.3.5 引水入低位储槽V102

（1）缓慢全开VA104，观测LI101、LI102的过程值。

（2）待LI101达到指定值后，关闭VA104，待稳定后记录LI101、LI102。

Step 2.3.6 开单螺杆泵P801

（1）全开VA109、VA801、VA803、VA804、VA805、VA807。

（2）全开回路阀VA802。

（3）开单螺杆泵P801电源开关，待P801的出口压力PI801稳定后，逐渐关小VA802。

（4）缓慢调节VA802至FI801为指定值。

（5）观测FI801、LI101、LI102、PI801的过程值，待稳定后，记录数据。

Step 2.3.7 停单螺杆泵P801

（1）待LI101达指定值，迅速半开VA104。

（2）确认VA802处于全开状态后，关单螺杆泵P801电源开关，关闭VA804。

Step 2.3.8 结束整理

（1）分别在VA111、VA808处连接软管，全开VA111、VA808排水。

（2）排毕后关闭VA111、VA808，卸去软管。

（3）关闭VA101、VA104、VA105、VA106、VA108、VA109、VA801、VA802、VA803、VA805、VA807。

小练习

（下列练习题中，第1～4题为是非题，第5～8题为简答题）

1.化工厂中较为常用的旋转泵有齿轮泵和螺杆泵。(　)

2.齿轮泵具有压头高、流量小的特点，适合于输送黏稠液体乃至膏状物。(　)

3.螺杆泵按螺杆的数目可分为单螺杆泵、双螺杆泵、三螺杆泵和五螺杆泵。(　)

4.螺杆泵与离心泵相同，启动前需“灌泵”。(　)

5.若螺杆泵启动不起来，可能的原因是什么？

6.单螺杆泵的流量调节方法与离心泵有何不同？为什么？

7. 本实训中，为什么用回路阀调节单螺杆泵的流量？这种方法有什么优缺点？

8. 本实训中，VA805、VA806、VA807和VA808的作用是什么？

2.4　往复泵的开停车

往复泵是一种典型的正位移泵，是通过活塞或柱塞的往复运动来对液体做功的机械的总称，它利用工程室容积的周期性改变来增加液体的能量，使液体得以吸入并压出，属于容积式泵。主要包括活塞泵、柱塞泵、隔膜泵、计量泵等。

2.4.1　往复泵的结构与工作过程

往复泵的结构如图 2-17所示，主要部件有泵缸、活塞（包括活塞杆）及若干对单向阀。泵缸、活塞及阀门间的空间称作工作室。如图 2-18(a)，当活塞从左向右移动时，工作室容积增加而压力下降，吸入阀在内外压差的作用下打开，液体被吸入泵内，而排出阀则因内外压力的作用而紧紧关闭；如图 2-18(b)，当活塞从右向左移动时，工作室容积减小而压力增加，排出阀在内外压差的作用下打开，液体被排到泵外，而吸入阀则因内外压力的作用而紧紧关闭。如此周而复始，实现泵的吸液与排液。

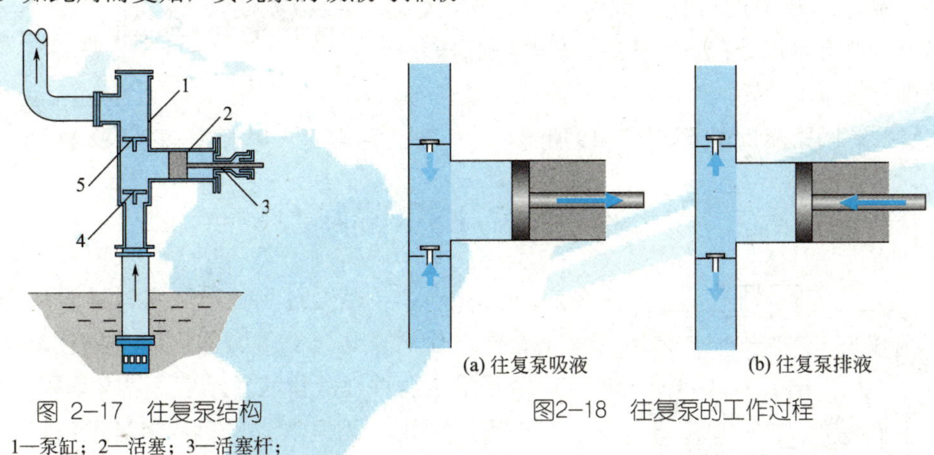

图 2-17　往复泵结构

1—泵缸；2—活塞；3—活塞杆；

4—单向阀（吸入阀）；5—单向阀（排出阀）

图2-18　往复泵的工作过程

活塞在泵内左右移动的极限点叫“死点”，两“死点”间的距离即活塞从左向右运动的最大距离称为冲程。在活塞往复运动的一个周期里，如果泵只吸液一次，排液一次，称作单动往复泵；如果各为两次，称作双动往复泵；此外还有三联泵，其实质是三台单动泵的组合，只是排液周期相差了三分之一。

2.4.2　往复泵的主要性能参数与操作要点

性能参数

与离心泵类似，往复泵的主要性能参数有流量、压头、功率以及效率。

（1）流量：往复泵的流量是不均匀的。只与泵本身的几何尺寸和活塞的往复次数有关。

（2）压头：往复泵的压头与泵的几何尺寸及流量均无关系。与泵的机械强度和原动机械的功率有关，适用于小流量高扬程的场合。

（3）功率与效率：定义与离心泵类似，一般效率在72%～93%。

往复泵与离心泵相比，具有如下特点：

（1）其流量较小且不均匀，但压头较高；

（2）有自吸作用，因此不需要灌泵；

（3）流量调节主要采用回路调节法，因其流量是固定的，绝不允许如离心泵那样直接用出口阀调节流量，否则会造成泵的损坏。

此外，两种泵都是靠压差来吸入，因此安装高度均受到限制。

往复泵操作要点

（1）检查压力表读数及润滑等情况是否正常；

（2）盘车检查有无异常；

（3）先打开放空阀、进口阀、出口阀及回路阀等，再启动电机，关放空阀；

（4）通过调节回路阀使流量符合任务要求；

（5）做好运行中的检查，确保压力、阀门、润滑、温度、声音等均处在正常状态。严禁在超压、超转速及排空状态下运转。

往复泵的回路流量调节如图2-19所示。

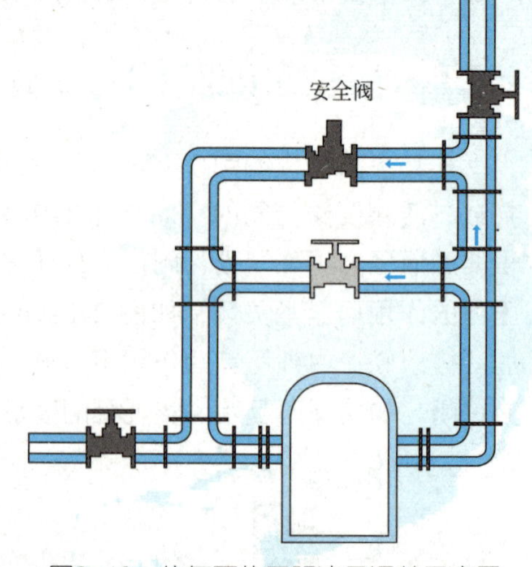

图2-19　往复泵的回路流量调节示意图

2.4.3　隔膜泵

隔膜泵是通过弹性薄膜将输送液体与活塞隔开，使活塞与泵缸得到保护的一种往复泵，可用于输送腐蚀性液体或悬浮液。以气动隔膜泵为例，它主要由压缩空气进出口、物料进出口、过流部分、球阀、隔膜等构件组成。如图2-20，隔膜泵内有两个对称的工作腔A与B，各装有一块弹性隔膜，中部的连杆轴将两块隔膜连接。当压缩空气由进口进入，经配气阀进入工作腔A推动隔膜，该腔进口球阀关闭，出口球阀打开，液体排出；同时，工作腔B的隔膜由连杆轴驱动背面排入大气，出口球阀关闭，进口球阀打开，液体被吸入。当行程到达终点，配气阀将气体导入工作腔B时，情况同前述相反，工作腔B排出液体，工作腔A吸入液体。如此反复，泵不断吸入排出液体。

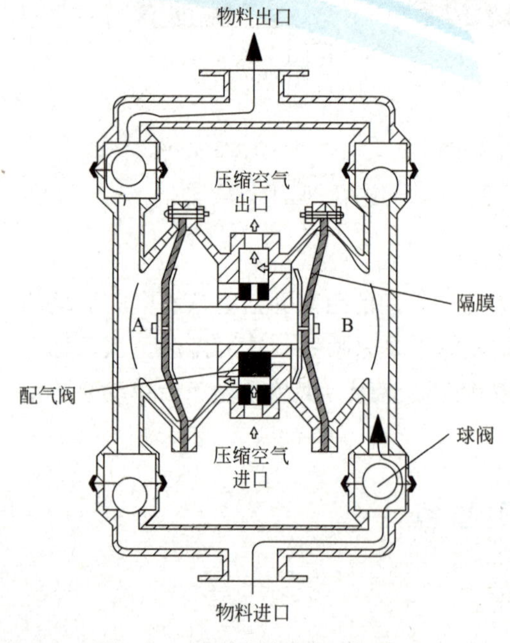

图2-20　隔膜泵的结构（气动）

隔膜泵的结构紧凑、体积小、重量轻、装拆方便、传动效率高，运转时平稳、噪声低，使用寿命长，并且可以无泄漏输送介质。此外隔膜泵还可以承受空载运行，启动前不需灌泵，能自吸。隔膜泵的通过性能也非常好，大颗粒杂质、泥浆等均可毫不费力地通过。根据不同的流体介质，可采用不同材质的隔膜，如氯丁橡胶、氟橡胶、丁腈橡胶、四氟乙烯等，完全可以满足不同场合的需要。

※ 任务目标

（1）初步学会识读气动隔膜泵操作流程图。

（2）能正确标识设备和阀门的位号及各测量仪表。

（3）学会气动隔膜泵的开、停车。

Step 2.4.1 识别主要设备

在本书附录20——流体输送综合实训装置流程图中找出下图空白处的主要设备位号，并填入下图相应位置。

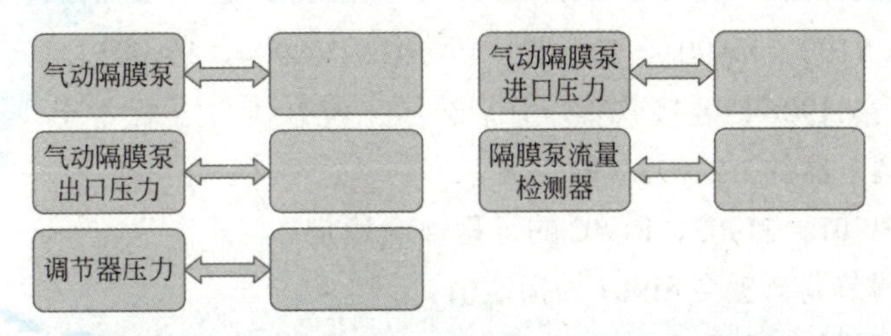

Step 2.4.2 认知管线流程

● **流体由高位储槽自流至低位储槽流程**

下图为自V101至V102的管路，将此管路上的设备、阀门及仪表的位号填入下图的相应位置。

FI101 视镜 V101 视镜 V102

● **气动隔膜泵输送流程**

下图为气动隔膜泵P901将水从低位槽输送至高位槽的管路，将此管路上的设备、阀门及仪表的位号填入下图的相应位置。

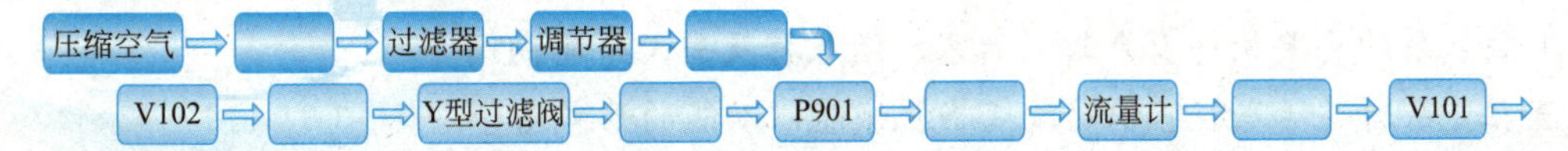

Step 2.4.3 开车准备

（1）确认所有设备、阀门的位号牌悬挂是否正确。

（2）检查公用工程系统，如电、水是否处于正常供应状态。

（3）开启总电源开关，检查各仪表，记录初始值。

Step 2.4.4 引水入高位储槽V101

（1）在阀门VA102处连接软管。

（2）全开高位储槽V101、低位储槽V202上的放空阀VA101、VA108，全开VA105、VA106。

（3）全开VA102、VA103，开启公用工程系统引水入高位储槽V101。

（4）待高位储槽V101的液位LI101达2/3，关闭VA102、VA103。

（5）记录FI101、LI101。

（6）关闭公用工程系统引水，卸去软管。

Step 2.4.5 引水入低位储槽V102

（1）缓慢全开VA104，观测LI101、LI102的过程值。

（2）待LI101达到指定值后，关闭VA104，待稳定后记录LI101、LI102。

Step 2.4.6 开气动隔膜泵P901

（1）全开VA109、VA901、VA902、VA903、VA904、VA905。

（2）在阀门VA906处连接软管，开启公用工程系统引压缩空气，全开VA906、VA907。

（3）开启调节器约1/2 ~ 3/4圈。

（4）观测PI901、PI902、PI903的过程值至稳定。

（5）缓慢调节调节器至FI901为指定值。

（6）观测LI101、LI102、PI901、PI902、PI903、FI901的过程值，待稳定后记录数据。

Step 2.4.7 停气动隔膜泵P901

（1）待LI101达2/3，关闭调节器。

（2）关闭VA906、VA907、VA902、VA903。

Step 2.4.8 结束整理

（1）在VA111处连接软管，全开VA111排水。

（2）排毕后关闭VA111，卸去软管。

（3）关闭VA101、VA104、VA105、VA106、VA108、VA109、VA901、VA904、VA905。

小练习

（下列练习题中，第1 ~ 5题为是非题，第6 ~ 10题为选择题，第11、12题为简答题）

1.往复泵的主要构件有泵缸、活塞、活塞杆及若干个单向阀。(　　)

2.往复泵通过活塞经容积的改变将机械能以动能的形式给予液体。(　　)

3.往复泵理论上扬程与流量无关，可以达到无限大。(　　)

4.往复泵有自吸作用，安装高度没有限制。(　　)

5.往复泵的流量一般用出口阀来调节。(　　)

6.下列不属于往复泵主要性能参数的是（　　）。

A.流量　　B.扬程　　C.功率　　D.电流

7. 离心泵与往复泵的相同之处在于（ ）。

A. 工作原理　　B. 流量的调节方法

C. 安装高度的限制　　D. 流量与扬程的关系

8. 往复泵适用于（ ）。

A. 大流量且要求流量均匀的场合　　B. 介质腐蚀性强的场合

C. 流量较小，压头较高的场合　　D. 投资较小的场合

9. 往复泵的流量调节采用（ ）。

A. 进口阀　　B. 出口阀　　C. 旁路阀　　D. 安全阀

10. 启动往复泵前其出口阀必须（ ）。

A. 关闭　　B. 打开　　C. 微开　　D. 无所谓

11. 气动隔膜泵的流量调节方法与离心泵、单螺杆泵有何不同？为什么？

12. 本实训中，是否还有其他方法调节泵的流量？

2.5 往复式压缩机的开停车

往复式压缩机属于容积式压缩机，是使一定容积的气体依次吸入和排出封闭空间提高静压力的压缩机。往复式压缩机结构与往复泵类似，主要部件有气缸（工作室）、活塞（包括活塞杆）及若干对单向阀，一般将压缩机内的单向阀称为活门。

往复式压缩机的工作过程

往复式压缩机的工作过程分为4个阶段，如图2-21所示。

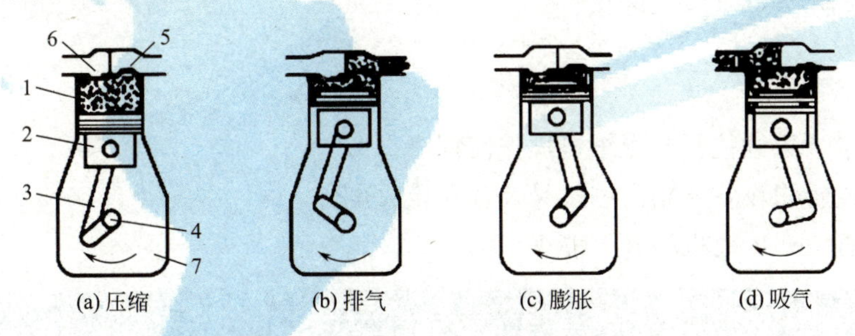

图2-21　往复式压缩机的工作过程

1—气缸；2—活塞；3—连杆；4—曲轴；5—排出口活门；6—吸入口活门；7—曲轴箱

（1）压缩阶段：活塞反向运行，工作室容积减小，工作室内压力增加，但排出口活门仍不打开，气体被压缩。

（2）排气阶段：当工作室内的压力等于或略大于排出管的压力时，排出口活门打开，气体被排出。

（3）膨胀阶段：当活塞运动造成工作室容积的增加时，残留在工作室内的高压气体将膨胀，但吸入口活门还不会打开，只有当工作室内的压力降低到等于或略小于吸入管路的压力时，活门才会打开。

（4）吸气阶段：吸入口活门在压力的作用下打开，活塞继续运行，工作室容积继续增

大，气体不断被吸入。

往复式压缩机的主要性能

（1）排气量：在单位时间内，压缩机排出的气体体积，以入口状态计算，也称压缩机的生产能力。用符号Q表示，单位是m^3/s。

（2）轴功率与效率：实际消耗的功率要比理论功率大，两者的差别同样用效率表示，其效率范围大约为0.7～0.9。

往复式压缩机的操作要点

（1）开车前应检查仪表、阀门、电气开关、联锁装置、安保系统是否齐全、灵敏、准确、可靠。

（2）启动润滑油泵和冷却水泵，控制在规定的压力与流量。

（3）盘车检查，确保转动构件正常运转。

（4）充氮置换。当被压缩气体易燃易爆时，必须用氮气置换气缸及系统内的介质，以防开车时发生爆炸事故。

（5）在统一指挥下，按开车步骤启动主机并操作相关阀门，不得有误。

（6）调节排气压力时，严格按操作规程进行操作，防止抽空和憋压现象。

（7）经常“看、听、摸、闻”，检查连接、润滑、压力、温度等情况，发现隐患及时处理。

（8）停车时，要按操作规程熟练操作，不得误操作。

在下列情况出现时，往复式压缩机应紧急停车：断水、断电和断润滑油时；填料函及轴承温度过高并冒烟时；电动机声音异常，有烧焦味或冒火星时；机身强烈振动而减振无效时；缸体、阀门及管路严重漏气时；有关岗位发生重大事故或调度命令停车时等。在紧急停车时，要严格按操作规程进行操作。

任务目标

（1）初步学会识读往复式压缩机操作流程图。

（2）能正确标识设备和阀门的位号及各测量仪表。

（3）学会往复式压缩机的开、停车。

Step 2.5.1 识别主要设备

在本书附录20——流体输送综合实训装置流程图中找出下图空白处的主要设备，并填入下图相应位置。

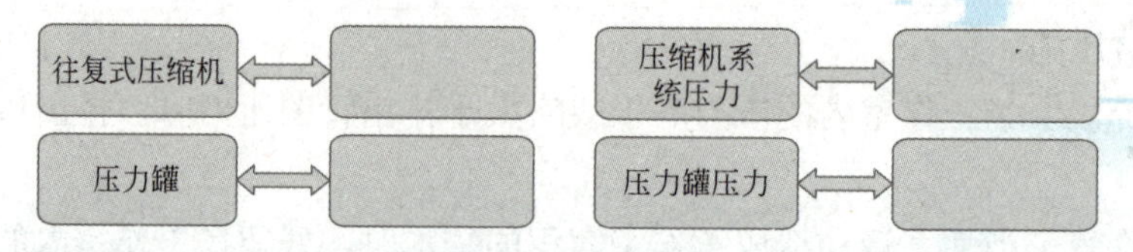

Step 2.5.2 认知管线流程

- **流体由高位储槽自流至低位储槽流程**

下图为水由高位槽V101自流到低位槽V102的管路，将此管路上的主要设备、阀门及仪

表的位号填入下图相应位置。

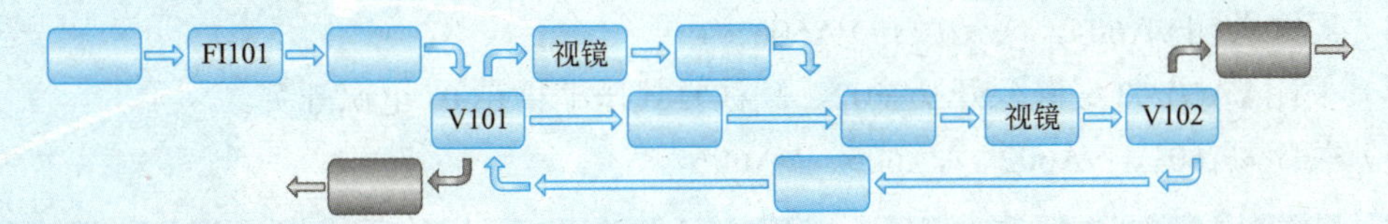

- **往复式压缩机输送流程**

下图为利用往复式压缩机C601将水从低位槽输送至高位槽的管路，将此管路上的主要设备、阀门及仪表填入下图相应位置。

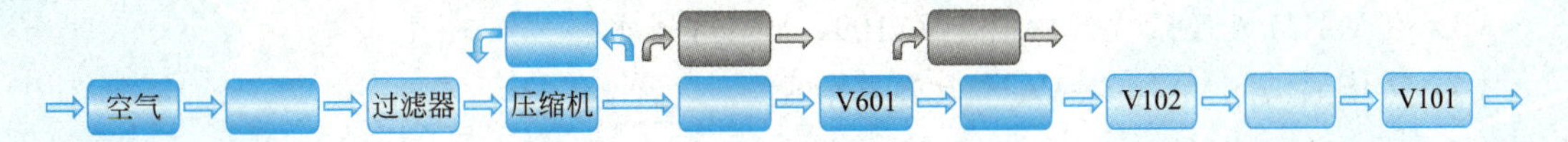

Step 2.5.3 开车准备

（1）确认所有设备、阀门的位号牌悬挂是否正确。

（2）检查公用工程系统，如电、水是否处于正常供应状态。

（3）开启总电源开关，检查各仪表，记录初始值。

Step 2.5.4 引水入高位储槽

（1）在阀门VA102处连接软管。

（2）全开高位储槽V101、低位储槽V202上的放空阀VA101、VA108，全开VA105、VA106。

（3）全开VA102、VA103，开启公用工程系统引水入高位储槽V101。

（4）待高位储槽V101的液位LI101达2/3，关闭VA102、VA103。

（5）记录FI101、LI101。

（6）关闭公用工程系统引水，卸去软管。

Step 2.5.5 引水入低位储槽

（1）缓慢全开VA104，观测LI101、LI102的过程值。

（2）待LI101达到指定值后，关闭VA104，待稳定后记录LI101、LI102。

Step 2.5.6 启动往复式压缩机

（1）全开回路阀VA601，全开VA602。

（2）开往复式压缩机C601电源开关，使压缩机处于空负荷状态运行5min。

（3）缓慢全开VA603，关闭VA602。

（4）缓慢调小VA601至PI601达指定值，全开VA604。

（5）待PI602达指定值后，全开VA605。

（6）缓慢调节VA107至FI103为指定值。

（7）观测PI601、PI602、PI101、FI103、LI101、LI102的过程值，待稳定后记录数据。

Step 2.5.7 关闭往复式压缩机

（1）待LI101达2/3，关闭VA107。记录LI101、LI102、PI601、PI602。

（2）缓慢全开回路阀VA601，缓慢微开VA602。

（3）同时关闭VA604，缓慢微开VA606。

（4）关闭VA603，缓慢全开VA602，关往复式压缩机C601电源开关。

（5）关闭VA601、VA602、VA605、VA606。

Step 2.5.8 结束整理

（1）全开VA101、VA108、VA104、VA106。

（2）待LI101为0后，关闭VA101、VA104、VA106。

（3）在VA111处连接软管，全开VA109、VA111排水。

（4）排毕后关闭VA109、VA111，卸去软管。

小练习

（下列练习题中，第1～6题为是非题，第7～9题为选择题）

1.往复式压缩机的主要构造与往复泵相似。（　）

2.往复式压缩机是依靠活塞在气缸内作往复运动来压缩气体的。（　）

3.往复式压缩机和往复泵一样，吸入与压出是间歇的且流量不均匀。（　）

4.实际气体的压缩过程包括吸气、压缩、排气、膨胀四个过程。（　）

5.往复式压缩机的排气量以入口状态计算称为压缩机的生产能力。（　）

6.往复式压缩机在断水、断电和断润滑油时应紧急停车。（　）

7.往复式压缩机主要是由（　）构成。

A.气缸、活塞、活门　　B.泵缸、活塞、单向阀

C.气缸、活塞、活塞杆　　D.泵缸、活塞、活塞杆

8.往复式压缩机与往复泵相同之处是（　）。

A.整个工作过程　　B.工作原理

C.工作过程　　D.压缩级数

9.下列不是往复式压缩机性能的选项是（　）。

A.排气量　　B.扬程　　C.轴功率　　D.效率

2.6 水环式真空泵的开停车

真空泵用于从设备内或系统中抽出气体，使其处于低于大气压下的状态。水环式真空泵是真空泵的一种，其结构如图2-22所示。泵壳内偏心地安装叶轮，叶轮上有许多径向叶片。运转前，泵内充有适量（约泵壳容积的一半）的水。

当叶轮旋转时，形成的水环3的内圆正好与叶轮在叶片根部相切，使泵内形成一个月牙形截面的空间，此空间被叶片分隔成许多大小不等的小室。当叶轮逆时针旋转时，左边的小室逐渐增大，气体由入口4进入泵内，右边的小室逐渐缩小，气体从出口5排出。

水环真空泵结构简单紧凑，没有活门，经久耐用。运转时必须不断地向泵内补充水，以

保持泵内水环的活塞作用。

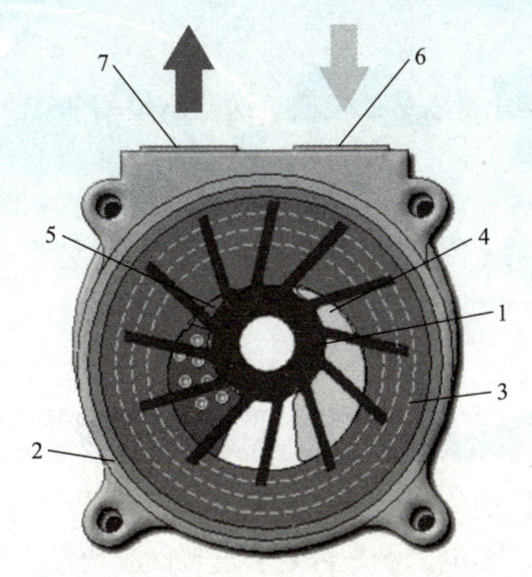

图2-22 水环式真空泵结构示意图

1—叶轮；2—泵体；3—水环；4—吸气口；5—排气口；6—吸气；7—排气

任务目标

（1）初步学会识读水环式真空泵操作流程图。

（2）能正确标识设备和阀门的位号及各测量仪表。

（3）熟练掌握化工常用阀门的操作。

Step 2.6.1 识别主要设备

在附录20——流体输送综合实训装置流程图中，找出下图空白处的主要设备位号，并填入下图相应位置。

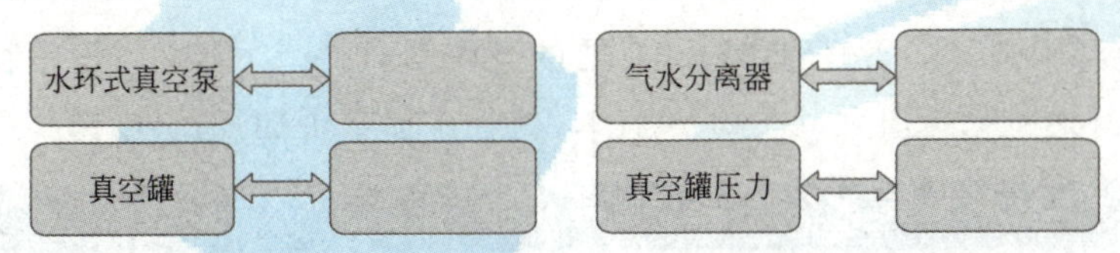

Step 2.6.2 认知管线流程

- **流体由高位储槽自流至低位储槽流程**

下图为水由高位槽V101自流到低位槽V102的管路，将此管路上的主要设备、阀门及仪表填入下图相应位置。

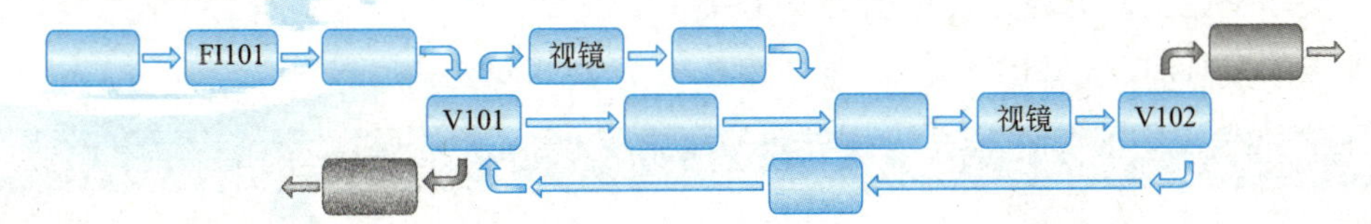

- **气水分离器供水流程**

下图为磁力泵P201将液体从低位槽V102输送至气水分离器V701的管路，将此管路上的主要设备、阀门及仪表填入下图相应位置。

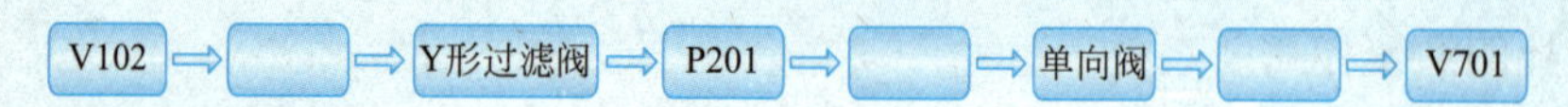

● **水环式真空泵输送流程**

下图为水环式真空泵C701将水从低位槽输送至高位槽的管路，将此管路上的主要设备、阀门及仪表填入下图相应位置。

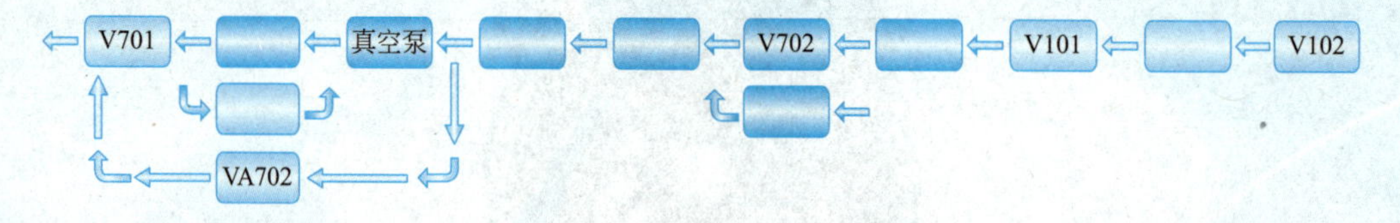

Step 2.6.3 开车准备

（1）确认所有设备、阀门的位号牌悬挂是否正确。

（2）检查公用工程系统，如电、水是否处于正常供应状态。

（3）开启总电源开关，检查各仪表，记录初始值。

Step 2.6.4 引水入高位储槽V101

（1）在阀门VA102处连接软管。

（2）全开高位储槽V101、低位储槽V202上的放空阀VA101、VA108，全开VA105、VA106。

（3）全开VA102、VA103，开启公用工程系统引水入高位储槽V101。

（4）待高位储槽V101的液位LI101达2/3，关闭VA102、VA103。

（5）记录FI101、LI101。

（6）关闭公用工程系统引水，卸去软管。

Step 2.6.5 引水入低位储槽V102

（1）缓慢全开VA104，观测LI101、LI102的过程值。

（2）待LI101达到指定值后，关闭VA104，待稳定后记录LI101、LI102。

Step 2.6.6 引水入气水分离器V701

（1）全开VA110、VA202、VA201、VA701。

（2）片刻后关闭VA202，开磁力泵P201电源开关。

（3）待磁力泵P201的出口压力PI201＞0.1MPa且稳定后，全开VA202。

（4）待气水分离器V701的液位LI701达指定值，关闭VA701。

（5）关闭VA202，关磁力泵P201电源开关。

（6）关闭VA110、VA201。

Step 2.6.7 开启水环式真空泵

（1）全开VA702、VA703、VA705、VA706、VA707。

（2）片刻后关闭VA702，开水环式真空泵C701电源开关。

（3）待PI701达到指定值且稳定后，记录PI701。

（4）全开VA708，逐渐调节VA107至FI103为指定值。

（5）观测PI701、FI103、LI101、LI102的过程值，待FI103稳定后记录数据。

Step 2.6.8 关水环式真空泵

（1）待LI101达最大量程的2/3后，关闭VA707，全开VA709。

（2）关水环式真空泵C701电源开关。

（3）关闭VA703、VA705、VA706、VA708、VA709、VA107。

Step 2.6.9 结束整理

（1）分别在VA704、VA710处连接软管，全开VA704、VA710排水。

（2）排毕后，关闭VA704、VA710，卸去软管。

（3）全开VA101、VA108、VA104、VA106。

（4）待LI101为0后，关闭VA101、VA104、VA106。

（5）分别在VA116、VA117处连接软管，全开VA110、VA116、VA117排水。

（6）排毕后，关闭VA108、VA110、VA116、VA117，卸去软管。

小练习

（下列练习题均为是非题）

1. 真空泵用于从设备内或系统中抽出气体，使其处于低于大气压下的状态。(　　)

2. 水环式真空泵是用于输送水的一种泵。(　　)

3. 水环式真空泵的泵壳内偏心地安装叶轮，叶轮上有许多径向叶片。(　　)

4. 水环真空泵运转时必须不断地向泵内补充水，以保持泵内水环的活塞作用。(　　)

2.7 流体作用泵

流体作用泵是利用一种流体的作用，使流动系统中局部的压力增高或降低，而达到输送另一种流体的目的。

流体作用泵有喷射泵和扬液器两种，下面分别介绍。

喷射泵

喷射泵可以用于输送液体，也可以输送气体。其工作流体可以为高压蒸汽，也可以是高压水，前者称为蒸汽喷射泵，后者称为水喷射泵。

喷射泵主要由喷嘴、混合室和扩大管等构成，如图2-23所示。喷射泵工作时，工作流体在高压下以很高的流速从喷嘴喷出，使混合室形成一定的负压，将被输送流体吸入混合室，与工作流体混合后一起进入扩大管。在经过扩大管时，速度逐渐降低，流体的压力逐渐升高，最终经排出口排出管外。由于工作流体连续喷射，吸入室得以维持真空，于是得以不断地抽吸和排出流体。

喷射泵的优点：构造简单，使用方便，因为无运动机械，所以故障少，易处理，且无需灌泵；其缺点：压头小、效率低，且被输送流体因与工作流体相混而被稀释，使其应用范围受到限制。

扬液器

扬液器是利用压缩空气使储槽液面的压力增高，将储存液体送至另一设备。

扬液器又称空气升液器，是利用压缩空气升举液体的装置（见图2-24）。它的结构简单，主要是由插入液体中的压缩空气管和升液管组成。操作时，压缩空气由压缩空气管进入，在充满液体的升液管的底部，借助混合器的作用，空气呈气泡状分配在液体内。在升液管内形成的气液混合物的密度比液体的密度小，因此气液混合物在升液管中上升至挡液罩，空气从气液混合物中逸出，液体则流入储槽内。

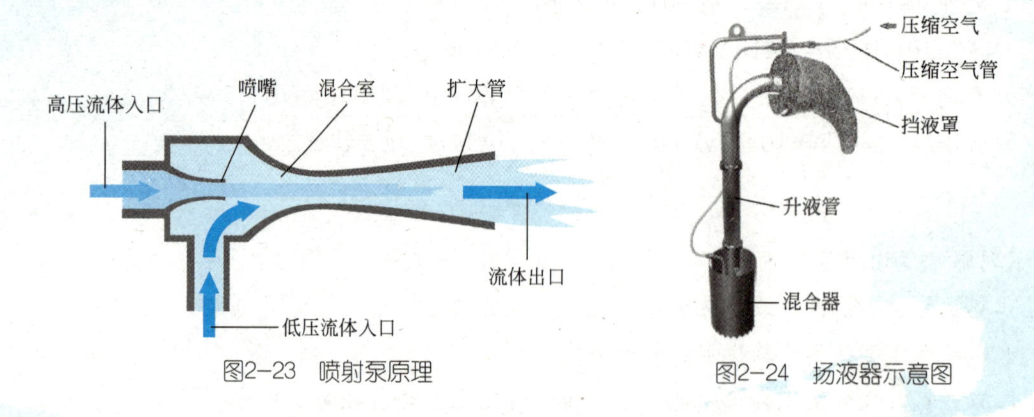

图2-23　喷射泵原理　　图2-24　扬液器示意图

3　传热

传热不仅是日常生活中常见的一种现象，而且是工程技术领域普遍存在的一种现象，化学工业与传热的关系尤为密切。例如化工生产中的化学反应通常是在一定的温度下进行的，为此需将反应物加热或冷却到适当的温度；而反应后的产物常需冷却以移去热量。在其他单元操作中，如精馏、吸收、干燥等，物料都有一定的温度要求，需要加入或排出热量。

在本单元中，将重点介绍列管式换热器的一般流程、开停车操作以及换热器切换等项目，并对化工企业中较常见的其他换热器进行介绍。

3.1 预备知识

3.1.1 概述

传热是生活、生产领域每天都在发生的一种物理现象。热量的传递是由于物体间或物体内温度不同而引起的。热量总是自动地从同一物体的高温部分传给低温部分，或是从较高温度的物体传给较低温度的物体（如图3-1、图3-2所示）。

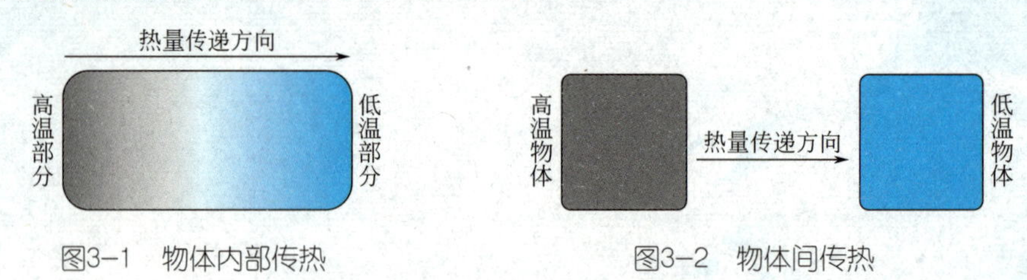

图3-1 物体内部传热　　图3-2 物体间传热

稳态传热与非稳态传热

按物体温度是否随时间变化，热量传递过程可分为稳态过程和非稳态过程两大类。物体中各点温度不随时间改变的传热过程称为稳态传热；反之则称为非稳态热传递。例如各种物体在持续不变的运行工况下经历的热传递过程属于稳态过程，而物体在加热、冷却、熔化、凝固情况下经历的热传递过程则为非稳态过程。

载热体

在化工生产中，物料往往需要被加热或冷却，此时需要用另一种流体来供给或取走热量，此类流体称为载热体（见图3-3）。其中，起加热作用的载热体称为热载热体（或称加热剂）；起冷却、冷凝作用的载热体称为冷载热体（或称冷却剂、冷凝剂）。

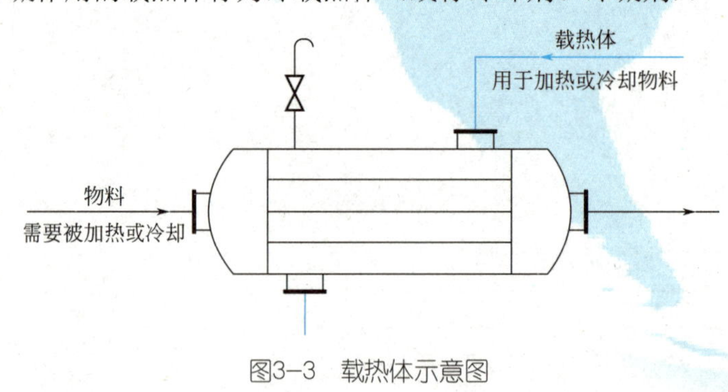

图3-3 载热体示意图

- 常用的加热剂与冷却剂

化工生产中加热剂与冷却剂的选择，主要取决于加热或冷却所要达到的温度，同时还要考虑温度调节的方便，以及载热体的热容、蒸气压、冰点、热稳定性、毒性、腐蚀性和价格等因素。

工业上常用的冷却剂和加热剂及使用温度范围如图3-4、图3-5所示。

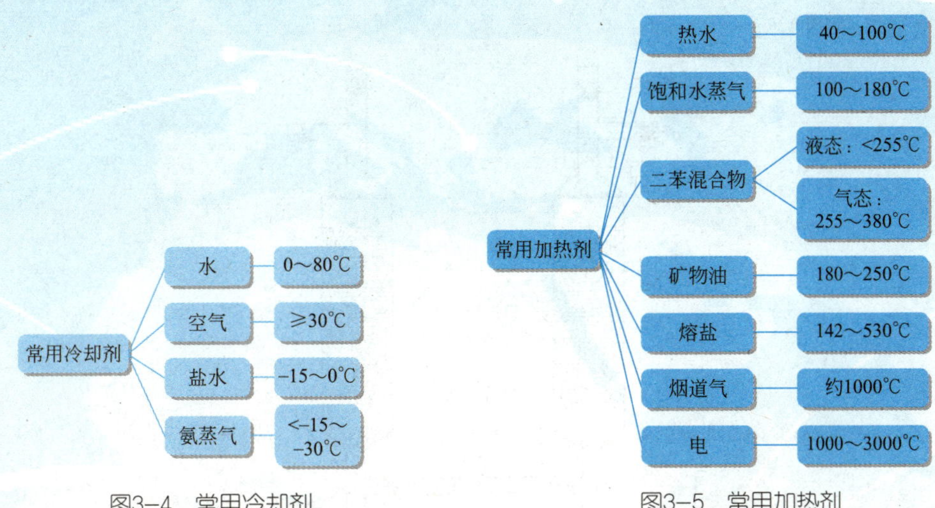

图3-4 常用冷却剂　　　　图3-5 常用加热剂

工业上常用饱和水蒸气进行加热，因为它有以下优点：饱和水蒸气的温度与压力一一对应，通过压力的调节就能很方便地控制加热温度；同时饱和水蒸气加热物料均匀，输送方便，且传热效果好。

工业换热方法

根据冷、热流体的接触情况，工业上的换热方法有直接接触式换热、间壁式换热以及蓄热式换热三种。

- **直接接触式换热**

冷、热流体直接接触，在混合过程中进行传热。这种换热方法适用于冷、热流体允许直接混合的场合，又称作混合式换热。化工厂中使用的凉水塔（见图3-6）、喷洒式冷却塔、混合冷凝器等都属于这类。

- **间壁式换热**

这是生产中使用最广泛的一种形式。在这类换热器中，冷、热流体被一个固体壁面隔开，热量由热流体通过设备壁面传递给冷流体。这种换热方法适用于冷、热流体不允许直接混合的场合。在各种间壁式换热器中，使用最多的是列管式换热器，见图3-7。

图3-6 凉水塔

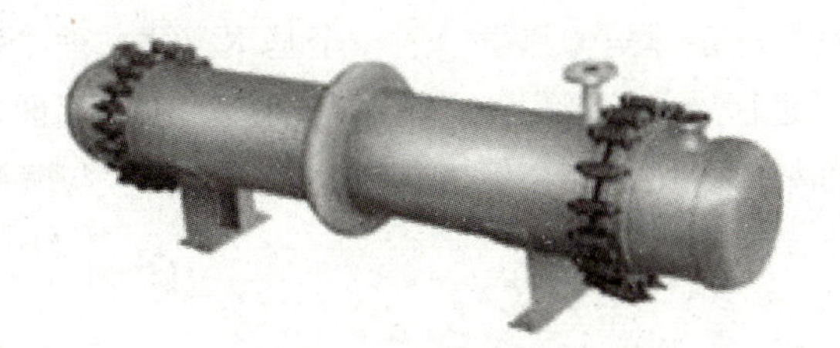

图3-7 列管式换热器

- **蓄热式换热**

这种换热方法通常是在蓄热式换热器中进行的，器内装有耐火砖之类的固体填充物，操作时首先通入热流体，将热量传递给蓄热式换热器中固体填充物储存；然后停止热流体，改通冷流体，填充物释放储存的热量加热冷流体，使冷流体的温度升高。这样，就利用了固体填充物来蓄积和释放热量而达到冷、热两股流体换热的目的。蓄热式换热器又称回流式换热器，见图3-8。

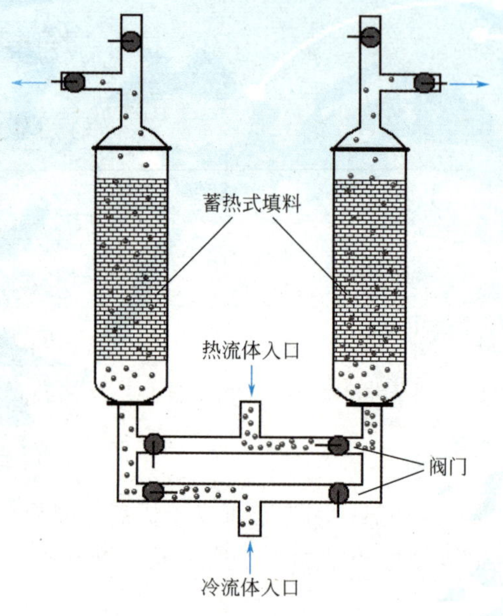

图3-8　蓄热式换热器示意图

3.1.2　传热基本方式

根据传热机理的不同，传热的基本方式有三种，即热传导、热对流和热辐射，如图3-9所示。

热传导

热传导又称导热，是由于物质的分子、原子或电子的热运动或振动，使热量从物体的高温部分向低温部分传递的过程。例如将一把金属舀子一端放在热水里，不一会儿，舀子的另一端也会随着热起来，这就是热传导的结果。一般来说热传导主要发生在固体、静止流体以及层流流体中。

图3-9　传热基本方式

● **傅里叶定律**

傅里叶定律是传热学中的一个基本定律。理论研究和实验证明，对由均匀固体物质组成的平壁进行导热的过程中，单位时间内，由高温面以热传导的方式传递给低温面的热量，与导热面积成正比，也与传热温度差成正比，但与壁厚成反比，即：

$$Q=\lambda A\frac{\Delta t}{b} \tag{3-1}$$

式中　Q——导热速率，W；

λ——热导率，W/(m·K)；

A——导热面积，m^2；

Δt——传热温度差，$\Delta t=t_1-t_2$，K；

b——壁厚，m。

上式即为傅里叶定律的表达式。

若将上式改写为如下形式：

$$\frac{Q}{A}=\frac{t_1-t_2}{\frac{b}{\lambda}} \tag{3-2}$$

则表明在此导热过程中，其导热热阻为：

$$R=\frac{b}{\lambda} \tag{3-3}$$

该热阻形式表明，平壁材料的热导率越小、厚度越厚，则导热热阻就越大。对于多层平壁导热，某层的热阻越大，则该层两侧的温度差（推动力）也越大；多层平壁导热的总推动力等于各分推动力之和，总热阻等于各分热阻之和，这一规律称为热阻叠加原理。

【例3-1】有一面耐火砖墙，厚度为230mm，面积为40m^2，墙内壁的温度为483K，外壁的温度为523K，试估算这面墙每小时向外散失的热量。

已知 b=230mm=0.23m，A=40m^2，t_1=523K，t_2=483K

求 Q=？

解 t_1=523K，t_2=483K，则平均温度$\frac{t_1+t_2}{2}$=503K=230℃，

查阅附录14得，耐火砖的热导率λ=0.8723W/(m·K)

$$Q=\lambda\frac{A}{b}(t_1-t_2)=0.8723\text{W/(m·K)}\times\frac{40\text{m}^2}{0.23\text{m}}(523-483)\text{K}=6068.17\text{W}=21845.43\text{kJ/h}$$

答：此耐火砖墙每小时向外散失的热量为21845.43kJ。

- **热导率**

热导率λ是物质的一种物理性质，反映物质导热能力的大小。其物理意义为：在单位温度梯度下，单位时间内通过单位导热面积所传导的热量。即在相同条件下，物质的热导率越大，传导的热量越多，其导热能力也越强。

物质的组成、结构、密度、温度及压力均会对热导率有影响。其中温度对气体热导率的影响如图3-10所示，温度对液体热导率的影响如图3-11所示。

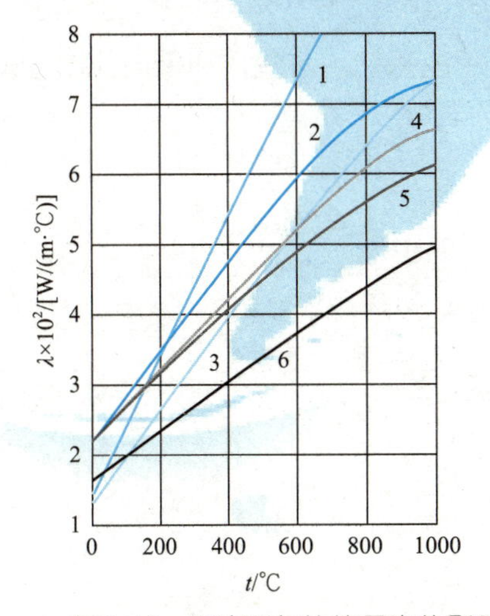

图3-10 温度对气体热导率的影响

1—水蒸气；2—氧气；3—二氧化碳；4—空气；5—氮气；6—氩气

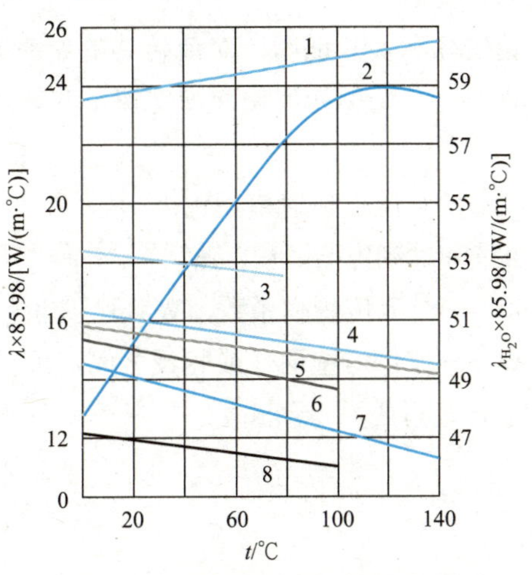

图3-11 温度对液体热导率的影响

1—无水甘油；2—水；3—甲醇；4—乙醇；5—蓖麻油；6—丙酮；7—苯；8—甲苯

温度对金属固体热导率的影响如表 3-1 所示。

表 3-1　部分金属的热导率随温度的变化　　单位：W/(m·K)

热导率	温度/°C				
	0	100	200	300	400
铜	383.79	379.14	372.16	367.51	362.86
铁	73.27	67.45	61.64	54.66	48.85
碳钢	52.34	48.85	44.19	41.87	34.89

由上述数据容易知道，不同状态下的物质其热导率随温度的变化规律不尽相同。气体的热导率随温度的升高而增大；除水和甘油外，大多数液体的热导率随温度的升高而减小；大多数纯金属的热导率随温度升高而减小。

一般而言，金属固体的执导率最大，液体的次之，而气体的最小。

此外，通过实验可以证明，大多数非金属的热导率随温度升高而增大。固态物料的热导率还与它的含湿量、结构和孔隙度有关，一般含湿量大的物料热导率大；物质的密度大，其热导率通常也较大。金属含杂质时热导率降低，合金的热导率比纯金属低。

在相当大的压力范围内，气体的热导率随压力变化很小，可以忽略不计，只有当压力很大或很低时，才须考虑压力的影响。而液体及固体的热导率基本与压力无关。

热对流

热对流是由于流体中各部分质点发生相对宏观位移而引起的热量传递过程。例如，用水壶烧水的过程中，水内部进行的热量传递主要就是热对流。

根据引起流体质点相对运动的原因不同，对流又可分为强制对流与自然对流。

自然对流是由于温度不均匀而自然引起的热对流，如风的产生。强制对流是由于外界的影响而形成的，如电扇产生的空气流动。加大液体或气体的流动速度，都能加快对流传热的速率。而由于强制对流传热速率快，故工业传热中的对流一般采用强制对流。

- **牛顿冷却定律**

理论研究和实验证明，对流传热的速率与传热面积成正比，与流体和壁面间的温差成正比，常将上述结论称为牛顿冷却定律，其表达式：

$$Q=\alpha A\Delta t \tag{3-4}$$

式中　Q——对流传热速率，W；

A——对流传热面积，m^2；

α——对流传热膜系数，$W/(m^2 \cdot K)$；

Δt——流体与壁面（或相反）间温度差的平均值，K。

把上式改写成如下形式：

$$\frac{Q}{A}=\frac{\Delta t}{\frac{1}{\alpha}} \tag{3-5}$$

则对流传热过程中的热阻大小为：

$$R=\frac{1}{\alpha} \tag{3-6}$$

对流传热是一个复杂的传热过程，影响因素众多，为了简化这个过程，我们将影响该传热过程的主要因素归入到一个变量——对流传热膜系数。

● **对流传热膜系数**

对流传热膜系数用α来表示，单位是W/(m^2·K)。它反映了对流传热的强度，对流传热膜系数越大，对流传热强度越大，对流传热的阻力越小，传热效果越好，其影响因素如图3-12表示。

对于对流传热，通过增大流速或者减小输送管径的方法都能增大对流传热膜系数，但以增大流速更为有效且更为方便。此外，不断改变流体的流动方向，也能使得对流传热膜系数得到提高。而对于在传热过程中有冷凝液产生的对流传热，可采用及时排除冷凝液、不凝性气体的方法以及加装金属网等方式来阻止液膜、不凝性气膜的生成，从而提高对流传热膜系数。

● **对流传热**

化工行业还经常提到对流传热的概念，其与热对流的概念是不同的。对流传热，又称给热，是发生在流体与固体壁面间的热量传递。对流传热包括固体壁面与紧靠固体壁面的流体层流内层的热传导和流体内湍流主体的对流等传热过程，具体如图3-13所示。化工生产中通常遇到的是对流传热。

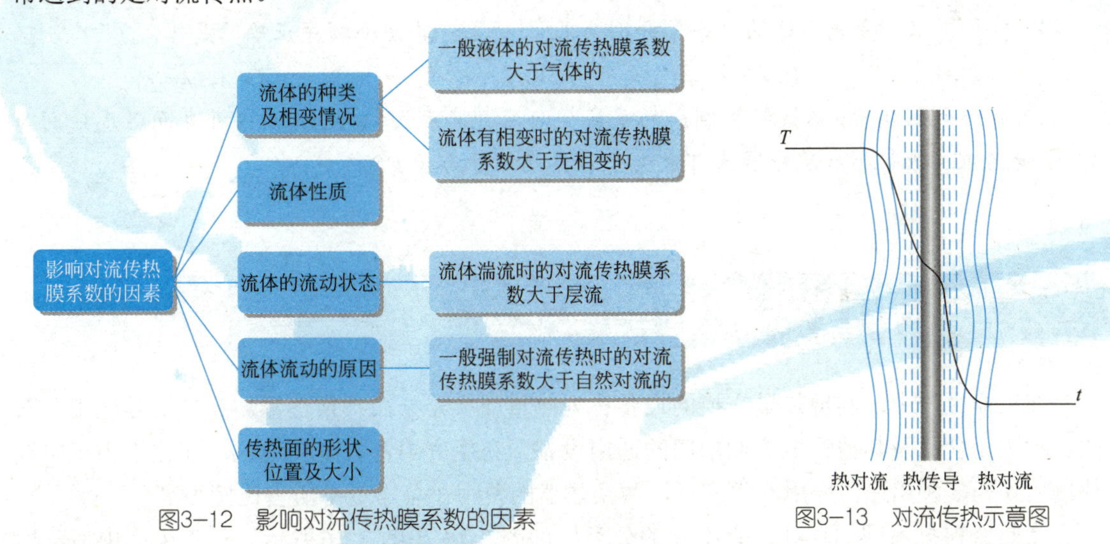

图3-12 影响对流传热膜系数的因素

图3-13 对流传热示意图

热辐射

热辐射是一种通过电磁波传递能量的过程方式。具体来讲，是物体将热能转变成辐射能，以电磁波的形式在空间传播，当被另一物体部分或全部接受后，又重新转变为热能的过程。

热辐射不需要任何媒介，可以在真空中传播，这是不同于其他传热方式的另一特点。这里应特别指出，只有物体的温度较高时，热辐射才能成为主要的传热方式。如要了解热辐射的更多内容，请参阅其他有关资料。

小练习

（下列练习题中，第1～4题为是非题，第5～11题为选择题，第12题为计算题）

1.热流体即加热剂，冷流体即冷却剂。（ ）

2.热传导主要在固体和静止流体中进行。（ ）

3. 热导率越大，说明物质的导热性能越好。(　)

4. 要提高对流系数，应尽量采用具有相变化的载热体。(　)

5. 冷热流体进行直接接触换热，此换热方法称为（　）。

A. 间壁式换热　B. 混合式换热

C. 蓄热式换热　D. 对流传热

6. 蓄热式换热器又称（　）。

A. 列管式换热器　B. 回流式换热器　C. 板式换热器　D. 夹套换热器

7. 化工厂的凉水塔属于（　）。

A. 混合式换热器　B. 蓄热式换热器　C. 间壁式换热器　D. 列管式换热器

8. 工业上对流传热，多数采用（　）。

A. 自然对流传热　B. 强制对流传热　C. 导热传热　D. 辐射传热

9. 金属的纯度对热导率的影响很大，一般合金的热导率比纯金属的热导率会（　）。

A. 增大　B. 减小　C. 相等　D. 不同金属不一样

10. 对流传热速率与传热面积（　）。

A. 成反比　B. 成正比　C. 没关系　D. 有关系

11. 空气、水、金属固体的热导率分别为λ_1、λ_2、λ_3，其大小顺序正确的是（　）。

A. $\lambda_1>\lambda_2>\lambda_3$　B. $\lambda_1<\lambda_2<\lambda_3$　C. $\lambda_2>\lambda_3>\lambda_1$　D. $\lambda_2<\lambda_3<\lambda_1$

12. 有一个用10mm不锈钢板制成的平底反应器，其底面积为2m^2，内外表面温度分别为378K和368K，求每秒从反应器底部散失于外界的热量为多少？

3.2 认知传热装置的工艺流程

在工业生产中，实现热量交换的设备称为热量交换器，简称换热器。换热器是化工、石油、动力、食品及其他许多工业部门的通用设备，在生产中占有重要地位。在化工生产中换热器可作为多种用途，应用非常广泛，故换热器的费用在总投资中所占比例很高。

换热器根据不同的标准，有不同的分类，如图3-14～图3-16所示。化工生产中最常用的换热器类型是列管式换热器。列管式换热器又称管壳式换热器，是一种通用的标准换热设备。它具有结构简单、坚固耐用、造价低廉、用材广泛、清洗方便、适应性强等优点，应用

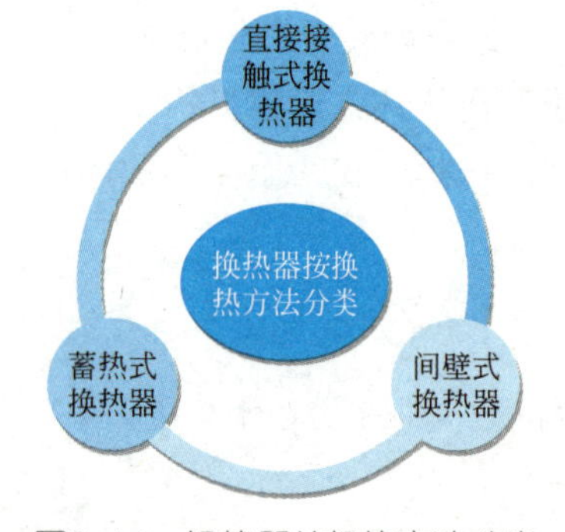

图3-14　换热器按换热方法分类

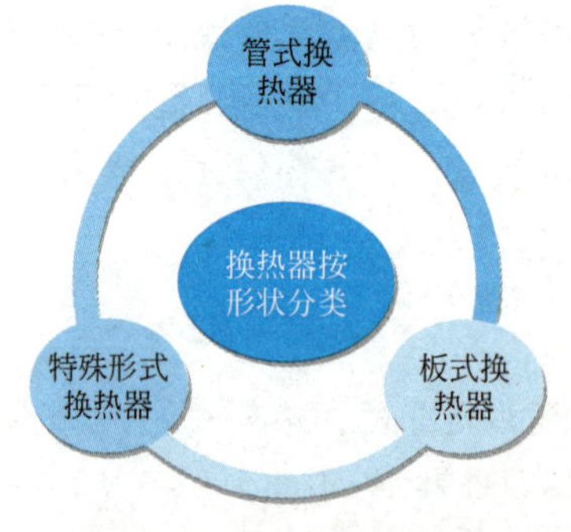

图3-15　换热器按形状分类

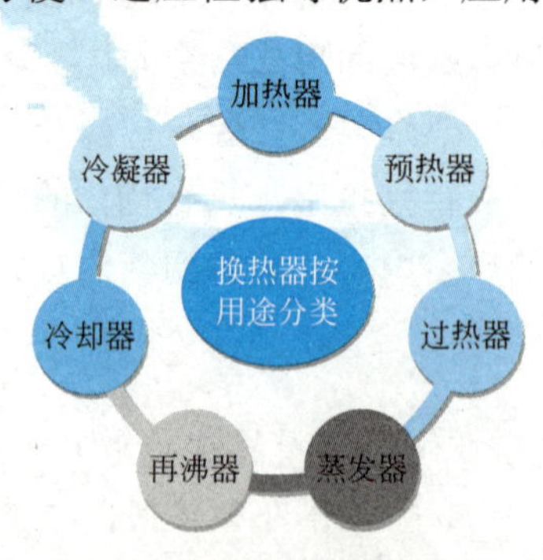

图3-16　换热器按用途分类

最为广泛，在换热设备中占据主导地位，本章中重点介绍的换热器即为列管式换热器。

列管式换热器

列管式换热器根据结构的不同，有多种类型，其分类见图 3-17。以固定管板式换热器为例，如图 3-18所示，其主要由壳体、管束、封头、管板、折流挡板等部件组成。

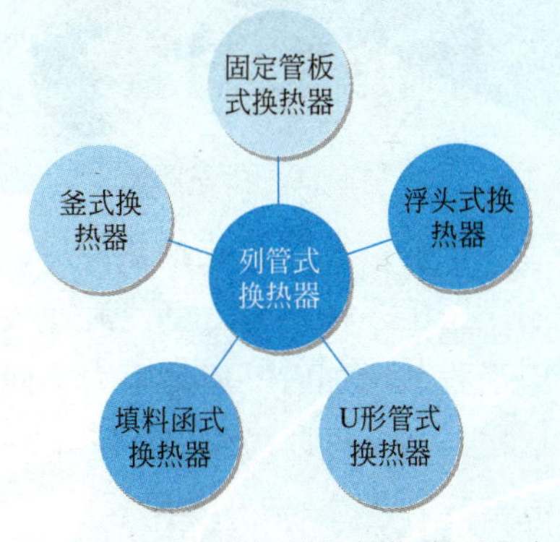

图3-17 列管式换热器结构类型分类

整个换热器分为两部分：换热管内的通道及与其两端相贯通处称为管程；换热管外的通道及与其相贯通处称为壳程。流经管程的流体称为管程流体，流经壳程的流体称为壳程流体。

列管式换热器具有如下优点：在相同的壳体直径内，排管数最多，旁路最少；每根换热管都可以进行更换，且管内清洗方便。结构简单，紧凑，使用方便，制造成本低。当换热管壁温与壳体壁温差较大（大于50℃）时产生温差应力，需在壳体上设置膨胀节。该类换热器适用于壳程流体清洁且不易结垢，两流体温差不大或温差较大但壳程流体压力不高的场合（因壳程压力受膨胀节强度的限制）。

换热器根据端部结构的不同，可采用一个或多个管程。若管程流体在管束内只流过一次，则称为单程管壳式换热器（如图 3-18）。若隔板将封头与管板的空间（分配室）等分为二，管程流体先流经一半管束，流到另一分配室后折回再流经另一半管束（如图 3-19所示），则为双程管壳式换热器。

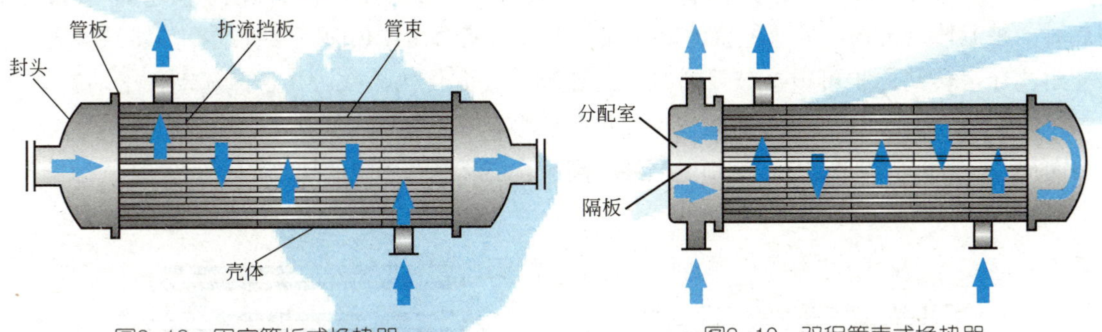

图3-18 固定管板式换热器　　图3-19 双程管壳式换热器

管程数可为2、4、6、8，此类换热器称为多管程换热器。管程数若太大，虽提高了管程流体的流速，增大了管内对流传热系数，但同时也将导致流动阻力增大。因此，管程数不宜过多，通常以双管程最为常见。

壳程流体一次通过壳程，称为单壳程。为提高壳程流体的流速，以形成较高的传热速率，也可在与管束轴线平行方向放置纵向挡板（隔板），使壳程分为多程。壳程数即为壳程流体在壳程内沿壳体轴向往、返的次数。分程可使壳程流体流速增大，流程增长，扰动加剧，有助于强化传热；然而壳程分程不仅使流动阻力增大，且制造、安装及维修较为困难，工程上较少使用。

换热器内安装折流挡板（见图3-20），不仅可以保证壳程流体能够横向流过管束（见图3-21），从而提高传热面积；而且可以提高壳程流体的流速，迫使流体多次改变流向，从而提高壳程流体的对流传热膜系数，提高传热速率。

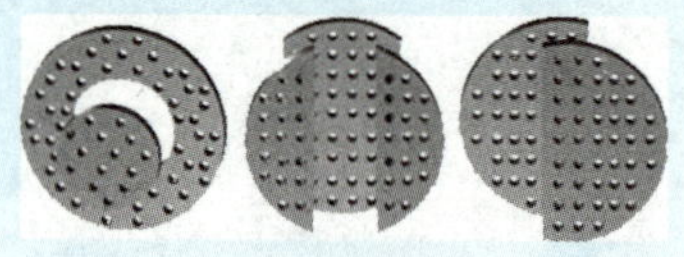

图3-20　折流挡板

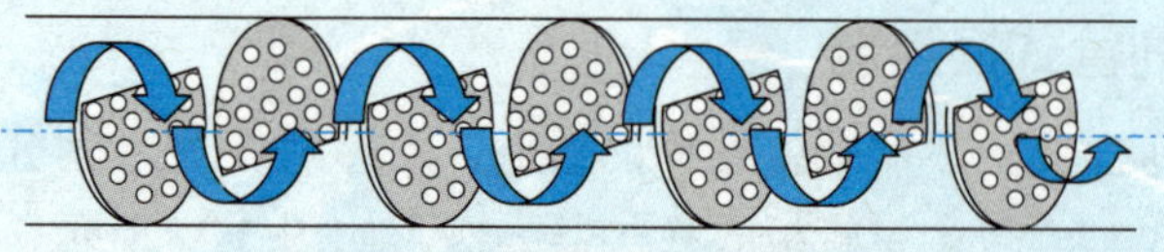

图3-21　流体通过折流挡板示意图

目前，在列管式换热器中，为提高对流传热膜系数通常采取如下具体措施：在管程方面，采用多程结构，可使流速成倍增加，流动方向不断改变，从而提高了对流传热膜系数。但当程数增加时，流动阻力会随之增大，故需全面权衡；在壳程方面，广泛采用折流挡板，这样，不仅可以局部提高流体在壳程内的流速，而且迫使流体多次改变流向，从而强化了对流传热。

列管式换热器操作时，若冷、热流体温差大于50℃，就可能引起设备变形，或使管子弯曲，从管板上松脱，甚至毁坏整个换热器。因此，必须从结构上考虑消除或减少热膨胀的影响，采用的补偿方法有补偿圈补偿、浮头补偿和U形管补偿等，对应的列管式换热器为固定管板式换热器、浮头式换热器以及U形管式换热器等。

补偿圈示意图如图3-22所示。

其他换热器

- **套管式换热器**

套管式换热器是由两种不同直径的直管套在一起组成的同心套管，其内管用U形肘管顺次连接，其构造如图3-23所示。每一段套管称为一程，程数可根据传热面积要求而增减。换热时一种流体走内管，另一种流体走环隙。内管的壁面为传热面。套管式换热器结构简单，能耐高压，传热面积可根据需要增减，流速高，表面传热系数大，逆流流动，平均温差最大，能承受高压，应用方便。但其单位传热面积的金属耗量大，管子接头多，阻力降较大，占地面积大，检修清洗不方便，适用于高温、高压及小流量流体间的换热。

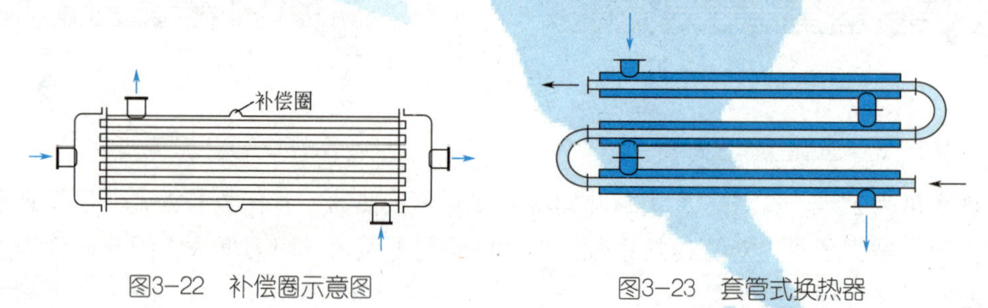

图3-22　补偿圈示意图　　图3-23　套管式换热器

- **浮头式换热器**

浮头式换热器的两端管板之一不与壳体固定连接，可在壳体内沿轴向自由伸缩，该端称为浮头。根据浮头的位置，又分为内浮头式换热器（见图3-24）与外浮头式换热器（见图3-25），其中内浮头式换热器应用较普遍。当换热管与壳体有温差存在，壳体或换热管膨胀时，互不约束，不会产生温差应力；管束可从壳体内抽出，便于管内和管间的清洗。但浮头式换热器的结构较复杂，用材量大，造价高；浮头盖与浮动管板之间若密封不严，发生内漏，容易造成两种介质的混合。适用于壳体和管束壁温差较大或壳程介质易结垢的场合。

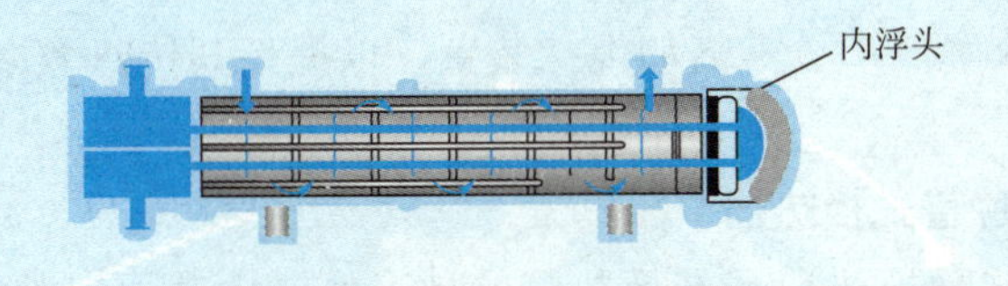

图3-24 内浮头式换热器

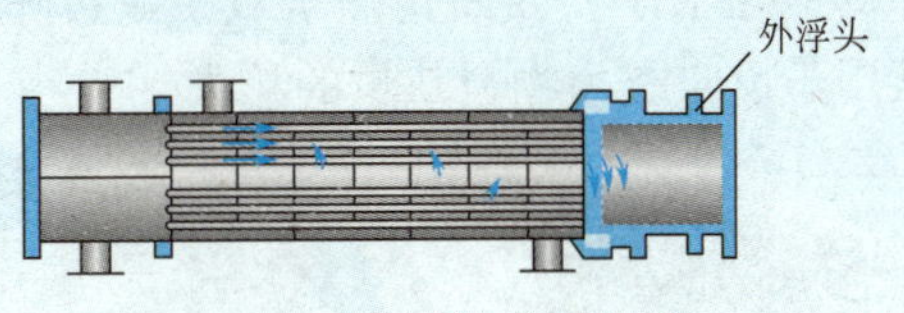

图3-25 外浮头式换热器

- **U形管式换热器**

这种换热器只有一个管板，换热管为U形，管子两端固定在同一管板上（见图3-26）。管束可以自由伸缩，当壳体与U形换热管有温差时，不会产生温差应力。其结构简单、只有一个管板、密封面少、运行可靠、造价低，管束可以抽出，管间清洗方便，但管内清洗比较困难。由于管子需要有一定的弯曲半径，故管板的利用率较低；管束最内层管间距大，壳程流体易短路；内层管子坏了不能更换，因而报废率较高。该类换热器适用于管、壳壁温差较大或壳程流体易结垢，而管程流体清洁不易结垢以及高温、高压、腐蚀性强的场合。一般高温、高压、腐蚀性强的流体走管内，可使高压空间减小，密封易解决，并可节约材料和减少热损失。

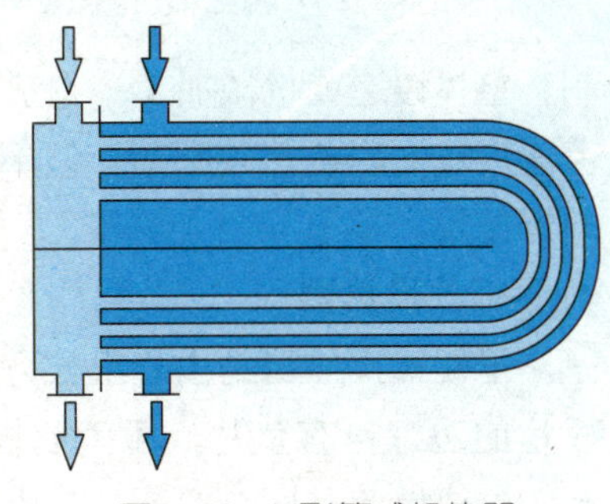

图3-26 U形管式换热器

- **夹套式换热器**

夹套式换热器（见图3-27）是在容器外壁安装夹套制成，为提高传热系数且使釜内液体受热均匀，可在釜内安装搅拌器。也可在釜内安装蛇管，其结构简单，造价低，占地面积小，但传热面受容器壁面限制，传热系数小，一般用于反应过程的加热或冷却。

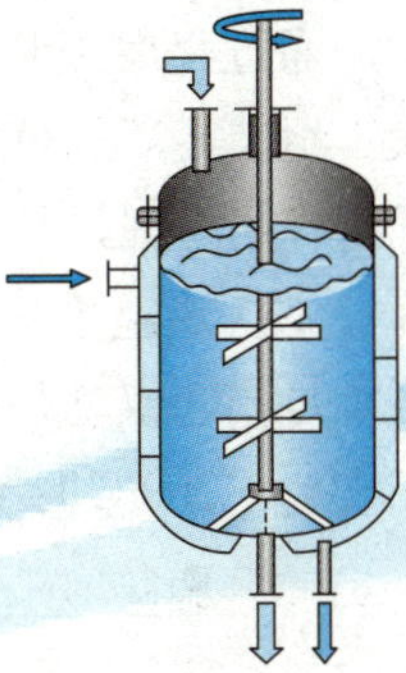

图3-27 夹套式换热器

- **沉浸式蛇管换热器**

沉浸式蛇管换热器（见图3-28）多以金属管弯绕而成，制成适应容器的形状，沉浸在容器内的液体中。两种流体分别在管内、管外进行换热。其结构简单、价格低廉、操作敏感性较小、便于防腐蚀、能承受高压。但由于管外

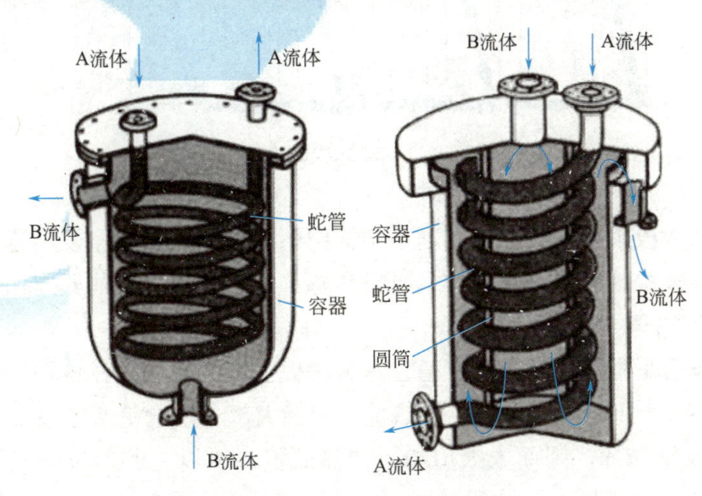

图3-28 沉浸式蛇管换热器

流体的流速很小，因而传热系数小，传热效率低，故常需加搅拌装置，以提高其传热效率。通常用于反应釜内物料热量的移去。

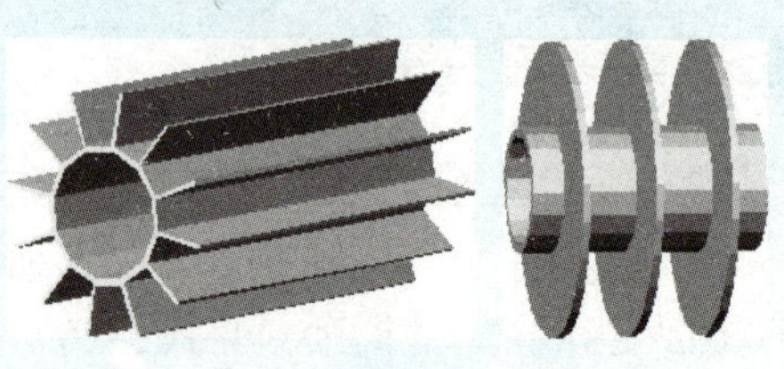
图3-29　翅片示意图

● **翅片管式换热器**

这种换热器是在换热管的外表面或内表面安装许多翅片，常用的翅片有纵向和横向两类（见图3-29）。翅片与管表面的连接应紧密无间，否则连接处的接触热阻很大，影响传热效果。常用的连接方法有热套、镶嵌、张力缠绕和焊接等。此外，翅片管也可采用整体轧制、整体铸造或机械加工等方法制造。由于增加了许多的翅片，其传热面积较大，气体的湍流速度较大，传热效率高，但不宜用于两载热体给热系数相差较小的场合，常常作为空气冷却器使用。

● **平板式换热器**

平板式换热器是由一组长方形的薄金属板平行排列，夹紧组装于支架上面构成。两相邻板片的边缘衬有垫片，压紧后板间形成密封的流体通道，且可用垫片的厚度调节通道的大小。每块板各开四个圆孔，其中有两个圆孔和板面上的流道相通，另两个圆孔则不相通。它们的位置在相邻板上是错开的，以分别形成两流体的通道。冷、热流体交替地在板片两侧流动，通过金属板片进行换热。平板式换热器的结构紧凑，单位体积设备所提供的换热面积大，组装灵活，可根据需要增减板数以调节传热面积。其板面波纹使截面变化复杂，流体的扰动作用增强，具有较高的传热效率，同时这种换热器拆装方便，有利于维修和清洗，能精确控制换热温度。但在使用中，平板式换热器易泄漏，流道小，易堵塞，操作压力和温度不宜过高。仅适用于需经常清洗、工作环境要求十分紧凑，工作压力在2.5MPa以下，温度在-35～200℃的场合。图3-30为平板式换热器工作过程。

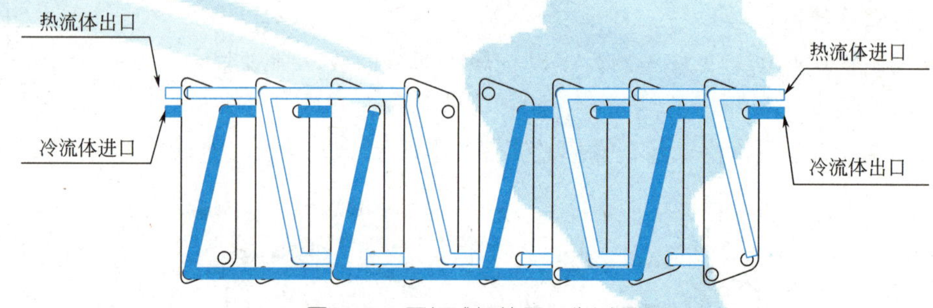

图3-30　平板式换热器工作过程

● **板翅式换热器**

板翅式换热器为板束叠加结构，其基本结构由翅片、隔板、封条及导流片组成，它是在数层金属平板之间紧密地放置波纹状的金属导热翅片，并在每一层的四周加上封条，于温度近600℃的盐溶液炉中整体铅焊而成。

翅片的主要作用是强化传热，也有增强两金属板强度的作用，在这种热交换器中相邻两通道之间的热交换，一部分通过平板传递热量，但绝大部分热量是通过波纹翅片传递的，因为平板之间均有波纹翅片，因而大大增加了传热面积，所以它的单位体积内的传热面积比一般管式热交换器大10倍以上，达到4000～5000m^2/m^3。通过各通道之间的不同组合，可得到逆流、错流等形式的热交换器。它具有单位体积传热面积大、传热效率高、流体阻力小、热容量小、结构紧凑及同时允许几种介质进行热交换等优点。其缺点是易堵塞，流动阻力大，清洗检修困难，适用于对铝不腐蚀、洁净的流体。由于其温度可控制在−273～200℃，压力可达5MPa，故广泛应用于航空、航天、电子、石油化工、天然气液化、气体分离等多个工业部门。

任务目标

（1）学会识读传热装置的流程图。

（2）能正确标识设备和阀门的位号。

（3）能正确识别各测量仪表。

Step 3.2.1 识别主要设备

在本书附录20——传热实训装置流程图中找出下图空白处的主要设备位号，并填入下图相应位置。

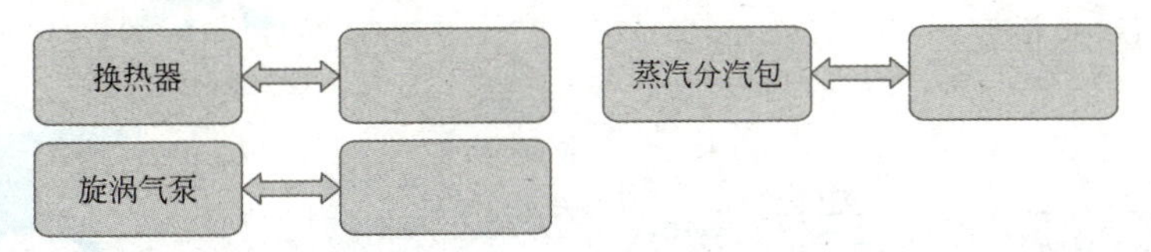

Step 3.2.2 识别调节仪表

根据流程图，找出传热实训装置中调节仪表的位号，并填入相应位置。

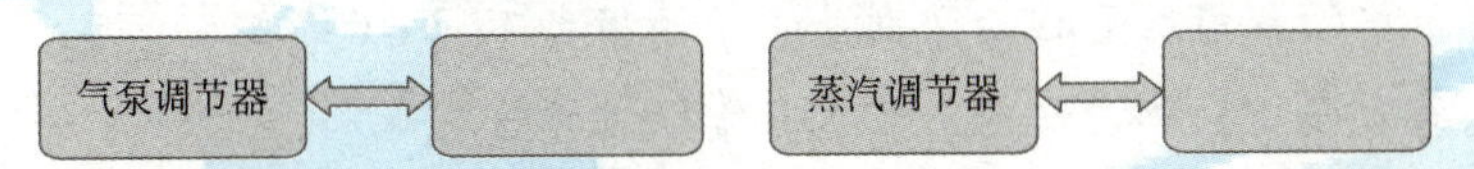

根据流程图，找出传热实训装置中温度检测器的位号，并填入相应位置。

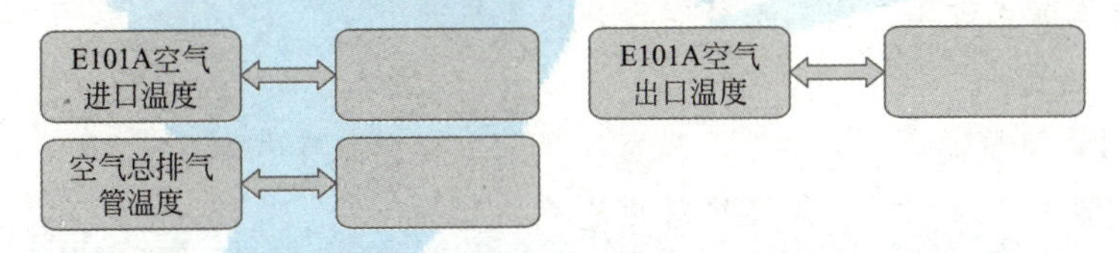

Step 3.2.3 识别空气流程

下图为旋涡气泵C101至换热器E101A的管路，将此管路上的主要设备、阀门及仪表的位号填入下图相应位置。

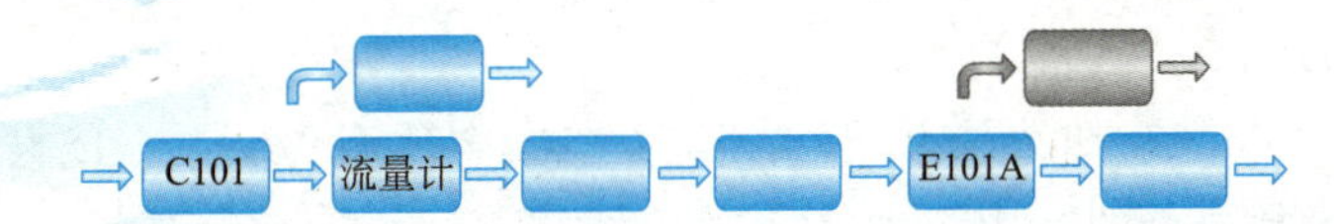

Step 3.2.4 识别水蒸气流程

下图为蒸汽由总管经蒸汽分汽包R101进入换热器E101A的管路，将此管路上的主要设备、阀门及仪表的位号填入下图相应位置。

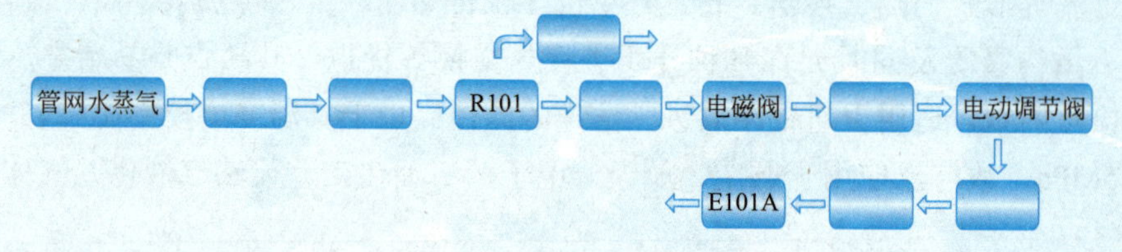

Step 3.2.5 识别换热器冷凝液流程

下图为换热器E101A下方用于排放冷凝液的管路，将此管路上的主要设备、阀门及仪表的位号填入下图相应位置。

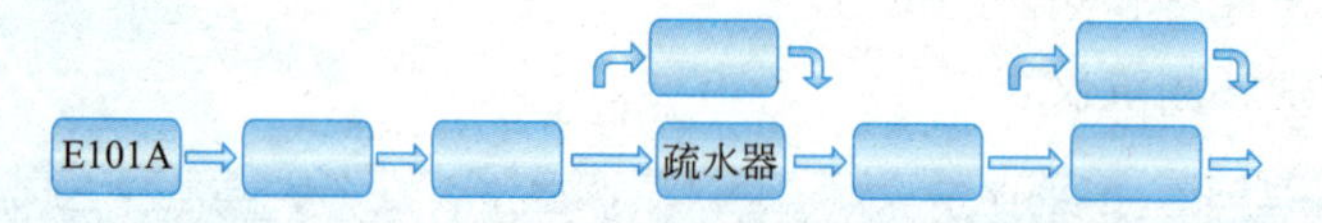

Step 3.2.6 识别分汽包冷凝液流程

下图为分汽包R101下方用于排放冷凝液的管路，将此管路上的主要设备、阀门及仪表的位号填入下图相应位置。

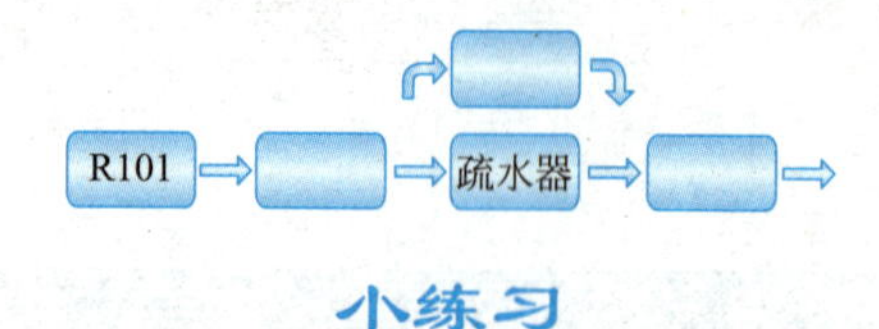

小练习

（下列练习题中，第1～3题为是非题，第4～9题为选择题）

1. 列管换热器单管程与双管程的区别是管子的根数不同。(　　)

2. 列管换热器主要由壳体、封头、管束、管板等部件构成。(　　)

3. U形管换热器适用于温差较大的冷热流体换热。(　　)

4. 当冷热流体温差过大，需采用补偿措施的换热器有（　　）。

A. U形管换热器　　B. 固定管板式换热器

C. 浮头式列管换热器　　D. 套管换热器

5. 下列换热器中，属于列管式换热器的是（　　）。

A. 套管换热器　　B. 沉浸式蛇管换热器　　C. U形管换热器　　D. 夹套换热器

6. 固定管板式换热器的缺点是（　　）。

A. 管内不便于清洗　　B. 壳层不能进行机械清洗

C. 壳层不能进行化学清洗　　D. 结构复杂

7. 套管换热器的优点是（　　）。

A. 流体阻力小　　B. 阻力较大　　C. 占地面积小　　D. 传热系数较大

8. 夹套换热器的优点是（　　）。

A. 传热系数大　　B. 造价低、占地面积小　　C. 夹套难清洗　　D. 能耐高压

9. 为了提高列管换热器管内流体的α值，可在器内设置（　　）。

A. 分程隔板　　B. U形管　　C. 多壳程　　D. 装折流挡板

3.3 传热装置的开停车

3.3.1 间壁传热

热、冷流体在间壁式换热器内被固体壁面（如列管式换热器的管壁）隔开，它们分别在管壁内外侧流动，热量由热流体通过管壁传给冷流体的过程，称为间壁传热（见图3-31）。

热、冷流体在壁内外两侧的流动形态主要是：流体主体是湍流，靠近管壁流体是层流。在热、冷流体主体中，热量主要以热对流方式进行传递，在靠近管壁的层流流体的热量的传递主要是热传导方式进行，工程上把固体壁面与流体间的传热过程合并在一起统称为对流传热（给热）。管壁内热量的传递方式是热传导。间壁传热的过程如图3-32所示。

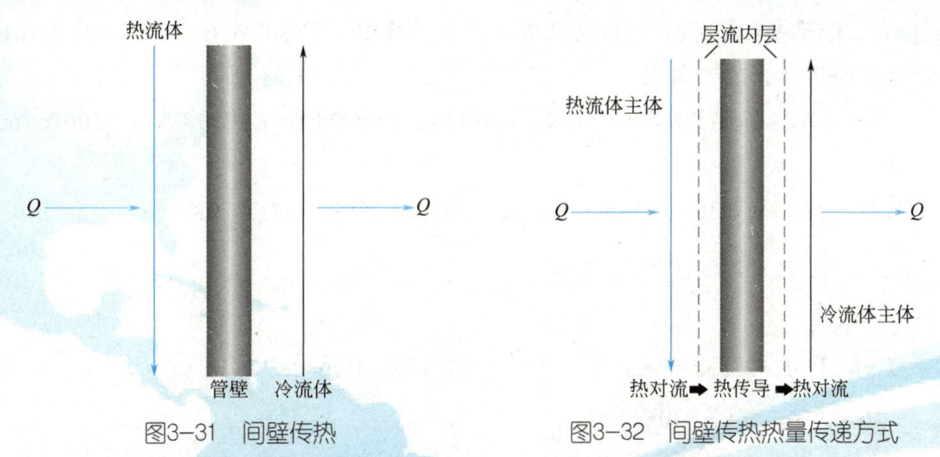

图3-31　间壁传热　　　　图3-32　间壁传热热量传递方式

与其他热量传递过程类似，换热器传热速率=传热推动力/传热热阻。理论证明，间壁式换热器的传热速率与传热面积、传热推动力（平均传热温度差）、总传热系数成正比，即传热速率方程（又称传热基本方程）可以表示为：

$$Q=KA\Delta t_m \tag{3-7}$$

式中　Q——传热速率，J/s或W；

K——总传热系数，$W/(m^2 \cdot K)$；

A——平均传热面积，m^2；

Δt_m——平均传热温度差，K。

该传热速率方程可用传热推动力与传热阻力的比值来表达，即：

$$q=\frac{Q}{A}=\frac{\Delta t_m}{1/K} \tag{3-8}$$

式中　q——热通量，指单位时间、单位面积传递的热量，W/m^2。

由上式可知，此传热过程中的热阻大小为$R=1/K$。

平均传热温度差

换热器在传热过程中各传热截面的传热温度差各不相同，需要取某个平均值作为整个换热器的传热推动力，此平均值称为平均传热温度差（平均传热推动力），用Δt_m表示。

当两流体在换热器中均只发生相变时，热流体温度T和冷流体温度t都始终保持不变，称为恒温传热。其计算公式如下：

$$\Delta t_m=T-t \tag{3-9}$$

通常情况下，间壁一侧或两侧的流体温度沿换热器管长而变化，称为变温传热。逆流和并流变温传热时的平均温度差其计算公式如下：

（见3.3.2中“物料流动方向”的相关知识）

$$\Delta t_m=\frac{\Delta t_1-\Delta t_2}{\ln\frac{\Delta t_1}{\Delta t_2}} \tag{3-10}$$

式中，Δt_1、Δt_2分别为换热器两端热、冷流体温度差，单位为K。

【例3-2】在套管换热器内，热流体温度由373K冷却到353K，冷流体温度由293K上升到343K。试分别计算：①两流体作并流和逆流时的平均传热温度差；②若操作条件下换热器的热负荷（见热量衡算部分）为600kW，其传热系数K为300W/(m^2·K)，两流体作并流和逆流时所需换热器的传热面积。

已知 T_1=373K，T_2=353K，t_1=293K，t_2=343K，Q=600kW=6×10^{5}W，K=300W/(m^2·K)

求 $\Delta t_{m并}$、$\Delta t_{m逆}$、$A_{并}$、$A_{逆}$。

解 ①$\Delta t_{1并}=T_1-t_1$=373K−293K=80K，$\Delta t_{2并}=T_2-t_2$=353K−343K=10K

$$\Delta t_{m并}=\frac{\Delta t_{1并}-\Delta t_{2并}}{\ln\frac{\Delta t_{1并}}{\Delta t_{2并}}}=\frac{80\text{K}-10\text{K}}{\ln\frac{80\text{K}}{10\text{K}}}=33.7\text{K}$$

$\Delta t_{1逆}=T_2-t_1$=353K−293K=60K，$\Delta t_{2逆}=T_1-t_2$=373K−343K=30K

$$\Delta t_{m逆}=\frac{\Delta t_{1逆}-\Delta t_{2逆}}{\ln\frac{\Delta t_{1逆}}{\Delta t_{2逆}}}=\frac{60\text{K}-30\text{K}}{\ln\frac{60\text{K}}{30\text{K}}}=43.3\text{K}$$

$$②A_{并}=\frac{Q}{K\Delta t_{m并}}=\frac{6\times10^5\text{W}}{300\text{W/(m}^2\cdot\text{K)}\times33.7\text{K}}=59.3\text{m}^2$$

$$A_{逆}=\frac{Q}{K\Delta t_{m逆}}=\frac{6\times10^5\text{W}}{300\text{W/(m}^2\cdot\text{K)}\times43.3\text{K}}=46.2\text{m}^2$$

答：两流体并流时的平均传热温度差为33.7K，两流体逆流时的平均传热温度差为43.3K，两流体并流时所需换热器的传热面积为59.3m^2，两流体逆流时所需换热器的传热面积为46.2m^2。

应予指出的是，在工程计算中，当$\Delta t_2/\Delta t_1\leqslant 2$时，可以用算术平均温度差［即$\Delta t_m=(\Delta t_1+\Delta t_2)/2$］代替对数平均温度差，其误差不超过4%。在应用公式时，通常将换热器两端温度差Δt中数值大者写成Δt_1，小者写成Δt_2。

两流体呈错流和折流流动时，平均温度差Δt_m的计算较为复杂，请参考相关资料。

在热、冷流体的进出口温度完全相同的情况下经计算可知，一侧恒温一侧变温传热的平均温度差的大小与流向无关，即$\Delta t_{m逆}=\Delta t_{m错、折}=\Delta t_{m并}$；当两侧都变温传热时，其平均温度差的大小关系为：$\Delta t_{m逆}>\Delta t_{m错、折}>\Delta t_{m并}$。所以生产中为了提高传热推动力，尽量采用逆流。

总传热速率

● 总传热系数

总传热系数（简称传热系数）表示单位传热面积，单位传热温差下的传热速率，用K表示，单位为$W/(m^2 \cdot K)$。它反映了传热过程的强度，是评价换热器性能的一个重要参数，也是对换热器进行传热计算的依据。

K的数值取决于两流体的物性、传热过程的操作条件及换热器的类型等，因而K值变化范围很大。对于K值的取得，除了现场测定外，一种是经验数据法；另一种是理论计算，较重要的公式是：

$$\frac{1}{K}=\frac{1}{\alpha_i}+R_i+\frac{b}{\lambda}+R_o+\frac{1}{\alpha_o} \tag{3-11}$$

式中 α_i——管内对流传热膜系数，$W/(m^2 \cdot K)$；

α_o——管外对流传热膜系数，$W/(m^2 \cdot K)$；

R_i——管内污垢热阻，$m^2 \cdot K/W$；

R_o——管外污垢热阻，$m^2 \cdot K/W$；

b——平壁厚度，m；

λ——平壁热导率，$W/(m \cdot K)$。

● 强化传热途径

所谓强化传热就是设法提高换热器在单位时间单位面积上的传热速率。其途径如图3-33所示。

实践证明，增大传热面积应该增加单位体积的传热面积，这样可以使设备紧凑、结构合理。如：螺旋板式换热器，带翅片或异形表面的传热管，它们不仅增加了传热表面，而且强化了流体的湍流程度，提高了对流传热系数，使传热效率显著提高。

提高传热推动力就是提高平均温度差。在化工生产中，物料的温度由工艺条件决定，不能随意变动，而加热剂或冷却剂的温度可以通过选择不同介质和流量加以改变。如用饱和水蒸气代替水作为加热剂，增加水蒸气压力可以提高其温度；用冷冻盐水代替水作为冷却剂，可降低冷却剂的温度。但在改变加热剂和冷却剂的同时，必须综合考虑经济成本和绿色环保问题。另外，采用逆流操作相比于并流操作，可得到较大的平均温度差。

提高传热系数具体措施如图3-34所示。

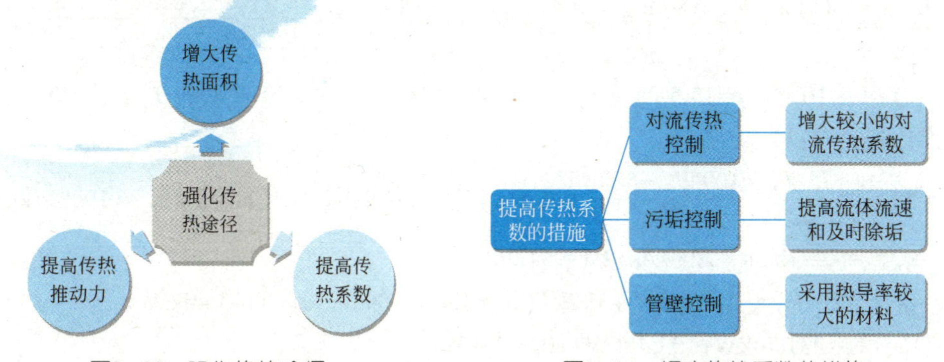

图3-33 强化传热途径　　图3-34 提高传热系数的措施

● 削弱传热途径

在化工生产中，只要设备（管道）与环境存在温度差，就会有热（冷）损失出现，温差越大，损失越大。为了提高能量的利用率，节约能源，减少能量损失，应设法降低设备与环境之间的传热速率，常将此措施称为削弱传热，即绝热（保温和保冷）。我国有关部门规定，当表面温度在50℃以上的设备（管道）以及制冷系统的设备（管道），都必须进行绝热。

对于热保温材料，当温度小于373K时，选用有机保温材料，如碳化软木、塑料等；当温度大于373K时，选用无机保温材料，如石棉制品、玻璃纤维制品等。对于冷保温材料，主要使用塑料，特别是泡沫塑料。在选择保温材料时，除了要考虑热导率、孔隙率、密度、吸湿性、机械强度、化学稳定性等特性，同时还要考虑它的经济、耐用及施工方便等特性。

热量衡算

换热器传热速率是指换热器在单位时间内能够传递的热量，为换热器自身的换热能力。生产上的热负荷是工艺要求的，它限制了换热器在单位时间内完成的传热量，是生产工艺要求换热器必须具有的换热能力。能满足工艺要求的换热器，其传热速率应大于等于生产要求的热负荷。

● 潜热与显热

在传热过程中，流体温度不变而相态发生变化的过程中吸收或放出的热量，称为潜热；流体在相态不变而温度发生变化的过程中吸收或放出的热量，称为显热。

若两流体在传热过程中均无相变，且流体的比热容不随温度变化或可取流体平均温度下的比热容时，显热的计算公式为：

$$Q=q_{mh}c_{ph}(T_1-T_2)=q_{mc}c_{pc}(t_2-t_1) \tag{3-12}$$

式中，下标h表示热流体，c表示冷流体，1、2分别表示流体的初、终温度，T、t表示热、冷流体的温度。

而对于两流体在传热过程中仅仅发生相变化而没有温度变化时产生的潜热，则可用下面的公式来计算：

$$Q=q_{mh}r_h=q_{mc}r_c \tag{3-13}$$

式中　r——流体的汽化潜热，kJ/kg。

【例3-3】试计算压力为140kPa，流量为1500kg/h的饱和水蒸气冷凝后并降温至50℃时所放出的热量。

已知　p=140kPa，q_{mh}=1500kg/h=0.417kg/s，T_2=50℃

求　Q=？

解　查附录10得，p=140kPa下水蒸气的温度109.2℃，即冷凝水的初温T_1=109.2℃，水蒸气的汽化热r_h=2234.4kJ/kg。

由平均温度$\frac{T_1+T_2}{2}=\frac{109.2℃+50℃}{2}$=79.6℃，查附录8得，水的比热容$c_{ph}$=4.192kJ/(kg·K)。

$Q_{潜}=q_{mh}r_h$=0.417kg/s×2234.4kJ/kg=931.74kW

$Q_{显}=q_{mh}c_{ph}(T_1-T_2)$=0.417kg/s×4.192kJ/(kg·K)×(109.2−50)K=103.49kW

$Q=Q_{潜}+Q_{显}$=931.74kW+103.49kW=1035.23kW

答：水蒸气放出的热量为1035.23kW。

设备（管道）的保温结构由保温层和保护层组成。其中保温层是由石棉、蛭石、膨胀珍珠岩、超细玻璃棉、海泡石等导热系数较小的材料构成，覆盖在设备或管道的表面，构成保温结构的主体。这样就可以防止热量传递，起到隔热的作用。其施工方法常见的有涂抹法保温、填充法保温、浇灌法保温、捆扎法保温、预制块保温、套筒式保温、缠绕法保温、粘贴法保温等方法。

保护层是由铁丝网加油毛毡和玻璃布或石棉水泥混浆而成的，其作用是为了防止外部的雨水及水蒸气进入保温层材料内，造成隔热材料变形、开裂、腐烂等，从而影响保温效果。对保温条件要求较高的设备，在主管的管壁旁要加设一至两条内通蒸汽的伴热管路。在做保温时需要将伴热管和主管道一起包住。

- **热量衡算**

假设换热器绝热良好，则在单位时间内换热器中热流体放出的热量等于冷流体吸收的热量，即：

$$Q=Q_h=Q_c \tag{3-14}$$

式中 Q——换热器的传热速率，W；

Q_h——单位时间内热流体放出的热量，W；

Q_c——单位时间内冷流体吸收的热量，W。

【例3-4】将0.417kg/s、353K的硝基苯通过一换热器冷却到313K，冷却水初温为298K，出口温度不超过308K。已知硝基苯的定压比热容c_{ph}=1.38kJ/(kg·K)，试求该换热器的热负荷及冷却水用量（此换热过程忽略热损）。

已知 q_{mh}=0.417kg/s，c_{ph}=1.38kJ/(kg·K)=1.38×10^{3}J/(kg·K)，T_1=353K，T_2=313K，t_1=298K，t_2=308K

求 Q、q_{mc}各为多少？

解 t_1=298K，t_2=308K，则平均温度$\frac{t_1+t_2}{2}$=303K=30℃，

查阅附录8得，水的定压比热容c_{pc}=4.174kJ/(kg·K)=4.174×10^{3}J/(kg·K)

$$Q=Q_c=Q_h=q_{mh}c_{ph}(T_1-T_2)=0.417\text{kg/s}\times1.38\times10^3\text{J/(kg·K)}\times(353-313)\text{K}=23018.4\text{W}$$

$$q_{mc}=\frac{Q_c}{c_{pc}(t_2-t_1)}=\frac{Q_h}{c_{pc}(t_2-t_1)}=\frac{23018.4\text{W}}{4.174\times10^3\text{J/(kg·K)}\times(308-298)\text{K}}=0.55\text{kg/s}$$

答：该换热器的热负荷为23018.4W，冷却水用量为0.55kg/s。

3.3.2 换热器操作

物料投入顺序

以蒸汽加热空气为例。在换热操作时，空气温度接近环境温度，蒸汽温度在100℃以上。大多数物体都有受热膨胀遇冷收缩的现象，如果先通入蒸汽，由于换热器管壁的温度接近环境温度，在骤热的情况下，管束和壳体会膨胀（普通钢材，每10m长度，温度由20℃变到100℃，长度就会增加12mm左右）。由于换热器不同部位的热膨胀程度不一样，就会引起换热器内焊接头过早断裂或使管束管壳变形开裂，严重的甚至会引起管束或管壳泄漏。因此，

换热器在投用时，应先通入接近环境温度的空气，再缓慢或数次通入蒸汽，做到先预热后加热。同样由于热胀冷缩现象，在换热器停用时，应先停蒸汽，待空气的出口温度降低到接近环境温度时，再停空气。

物料流程选择

流体流程的选择，受诸多方面因素的制约。下面以固定管板式换热器为例，介绍流体流程的选择（如图 3-35、图 3-36 所示）。

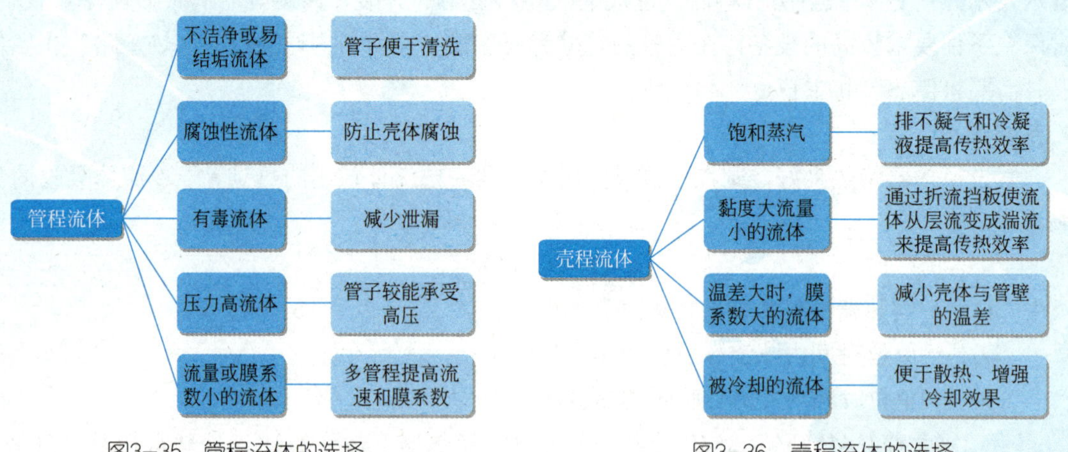

图3-35　管程流体的选择　　图3-36　壳程流体的选择

在选择流体流程时，应针对具体情况抓住主要矛盾，例如首先考虑流体的腐蚀性及管子的清洗等要求，然后再校核对流传热系数等，以便做出恰当的选择。

物料流动方向

在换热器中，冷热流体的流向常见的如图 3-37。

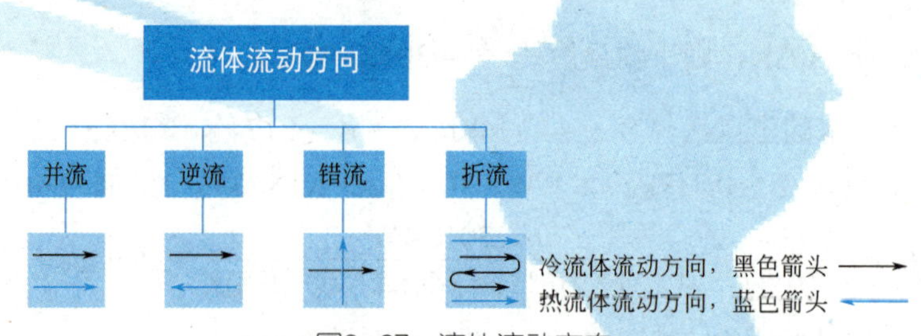

图3-37　流体流动方向

在进、出口温度相同的条件下，逆流的平均温度差最大，并流的平均温度差最小，其他形式流动的平均温度介于逆流和并流之间。逆流可以节省冷却介质或加热介质的用量。如要求冷流体被加热时不得超过某一温度或热流体冷却时不得低于某一温度，应采用并流操作。采用折流和其他复杂流动的目的是为了提高传热系数，其代价是平均温度差相应减小。具体选择何种，视具体情况而定。

※ 任务目标

（1）学会换热器的开车，使被加热后的空气达到指定温度。

（2）学会换热器的停车。

Step 3.3.1 开车前准备

（1）确认所有设备、阀门的位号牌悬挂是否正确。

（2）检查公用工程系统，如电、水蒸气、压缩空气是否处于正常供应状态。

（3）开启总电源开关，检查各仪表，记录初始值。

Step 3.3.2 投入空气

（1）半开VA101。全开VA102、VA103、VA104。

（2）在自动控制状态下，设置空气流量FIC01的设定值为40m^3/h。

（3）开旋涡气泵C101电源开关。

（4）将空气流量FIC01自动控制状态切换为手动输出状态，下调其输出值至小于20%。

（5）按下旋涡气泵C101变频器的“RUN”按钮。

（6）缓慢上调空气流量FIC01的输出值，使过程值接近于自动控制状态的设定值。

（7）迅速将空气流量FIC01切换为自动控制状态。

（8）观测PI01、FIC01的过程值，待稳定后，记录数据。

Step 3.3.3 投入蒸汽

在自动控制状态下，设置蒸汽压力PIC03的设定值为120kPa。

- **排蒸汽分汽包R101内的冷凝液**

（1）全开VA111。

（2）缓慢打开VA107至全开。

（3）缓慢调节VA108，控制蒸汽分汽包R101的压力PI02在0.1～0.2MPa。

（4）待冷凝液排出管出口有蒸汽排出后，关闭VA111。

（5）全开VA110、VA112。

- **排蒸汽分汽包R101内的不凝性气体**

微开VA109，待有蒸汽排出后，关闭VA109。

- **排换热器E101A内的冷凝液**

（1）全开VA122。

（2）全开VA113、VA115、VA117、VA118、VA120。

（3）待冷凝液排出管出口有蒸汽排出后，关闭VA122。

（4）全开VA121、VA123。

- **排换热器E101A内的不凝性气体**

微开VA119，待有蒸汽排出后，关闭VA119。

Step 3.3.4 稳定操作

（1）调节VA108，控制PI02在0.1～0.2MPa。

（2）VA119间歇打开以排放不凝性气体。

（3）观测FIC01、PIC03的过程值是否稳定在设定值。

（4）待E101A空气出口温度TI02的过程值稳定后，记录数据。

Step 3.3.5 正常停车

（1）关闭VA107。

（2）微开VA109，待PI02接近于0MPa，关闭VA109。

（3）微开VA119，待PIC03接近于0kPa，关闭VA119。

（4）关闭VA108、VA113、VA115、VA117、VA118、VA120。

（5）等待E101A降温后，关闭VA110、VA112、VA121、VA123。

（6）按下旋涡气泵C101变频器的“STOP”按钮，关旋涡气泵C101电源开关。

（7）关闭VA101、VA102 、VA103、VA104。

（8）记录数据，关闭总电源。

小练习

（下列练习题中，第1 ~ 7题为是非题，第8 ~ 12题为选择题，第13 ~ 16题为计算题）

1.间壁式换热器的传热过程实际上经历了对流—传导—对流三个阶段。(　)

2.从传热速率方程式可以看出，提高传热推动力，可以提高换热器的传热速率。(　)

3.生产中为提高传热推动力，尽量采用并流操作。(　)

4.传热系数K是衡量换热器传热性能好坏的重要参数。(　)

5.强化传热的最根本途径是增大传热系数K。(　)

6.为了提高热能的利用率，节约能源，必须减小热损 。(　)

7.削弱传热，就是要设法降低用热设备与环境之间的传热速率。(　)

8.要求换热器在单位时间内完成的传热量称为（　）。

A.换热器的传热速率　　B.导热传热速率

C.对流传热速率　　D.换热器的热负荷

9.当换热器的热损不能忽略时，热流体放出的热量（　）。

A.大于冷流体吸收的热量　　B.小于冷流体吸收的热量

C.等于冷流体吸收的热量　　D.小于等于冷流体吸收的热量

10.强化传热的途径是（　）。

A.降低流体流速　　B.增大传热平均温差

C.增大传热壁的厚度　　D.减小传热系数K

11.保温层选用的保温材料，应选热导率（　）。

A.大的材料　　B.小的材料　　C.一般的材料　　D.不大不小的材料

12.对保温材料的技术要求之一是（　）。

A.热导率大　　B.孔隙率大　　C.密度大　　D.易吸水

13.用一套管换热器冷却某物料，冷却剂在管内流动，进口温度为298K，出口温度为313K；热物料在套管的环隙中流动，进口温度为393K，出口温度为333K。试分别计算并流和逆流操作时的平均传热温度差。

14.求下列情况下载热体的换热量。

① 2000kg/h的硝基苯从308K冷却至298K；

② 压力为1000kPa的饱和水蒸气，流量为80kg/h，冷凝后又冷却至323K。

15. 某换热器中用120kPa的饱和水蒸气加热苯，苯的流量为8kg/h，由303K加热到363K。某设备的热损失估计为Q_c的8%，试求热负荷及水蒸气用量。

16. 一列管式换热器用热水来加热某溶液，拟定水走管程，溶液走壳程。已知溶液的平均比热容为3.05kJ/(kg·K)，进出口温度分别为303K和333K，其流量为500kg/h；水的进出口温度分别为363K和343K。若热损为热流体放出热量的8%，试求热水的消耗量和该换热器的热负荷。

3.4 换热器的切换

换热器的停车维护和清洗

换热器停车维护主要有如下任务：

（1）检查换热器管内外表面结垢的情况、有无异物堵塞和污染的程度。

（2）测定壁厚，检查管壁减薄和腐蚀情况。

（3）检查焊接部位的腐蚀和裂纹情况。因焊接部位较母材更易腐蚀，故应仔细检查。此外侧面入口管的管子表面、换热管管端入口部位、折流板和换热管接触部位以及流体拐弯部位都应予以重视。

（4）根据漏水情况，可检查出管子穿孔、破裂及管子与管板接头泄漏的位置。如果发现泄漏，应再进行胀管或焊接装配。

换热器解体后，可根据换热器的形状、污垢的种类和现有设备情况，选用下述的清洗方法。

（1）水力清洗，即利用高压泵喷出高压水以除去换热器管外侧的污垢。

（2）化学清洗，即采用化学药液、油品在换热器内部循环，将污垢溶解除去。

此方法的特点：一是可以在不解体换热器的情况下而除污，有利于大型换热设备的除垢；二是可以清洗其他方法难以清除的污垢；三是在清洗过程中，不损伤金属盒有色金属衬里。常用的化学清洗是酸洗法，即用盐酸作为酸洗溶液。由于酸能腐蚀钢铁基体，因此，在酸洗溶液中需加入一定量的缓蚀剂，以抑制基体的腐蚀。

（3）机械清洗，该法用于管子内部清洗，在一根圆棒或管子的前端上与管子内径相同的刷子、钻头、刀具，插入到管子中，一边旋转一边向前（或向下）推进以除去污垢。此法不仅适用于直管也可用于弯管，对于不锈钢管则可用尼龙刷代替钢丝刷。

常见故障及处理

在化工生产中，列管式换热器常见故障及处理方法如表3-2所示。

换热器切换

在化工生产中，当换热器发生列管堵塞、胀口渗漏、传热性能差等故障或设备运行时间过长须停车检修、保养时，需切换到备用换热器。在进行换热器切换时，应在安全、不干扰工艺条件的情况下停用换热器，同时稳步启动备用换热器，要做到物料流量稳定，流体出口温度、压力稳定，切换平稳，而且要先预热备用换热器。另外，备用换热器需要经常检修。

表 3-2　列管式换热器常见故障的原因及处理方法

故障	产生原因	处理方法
振动	壳程介质流动过快	调节流量
	管路振动所致	加固管路
	管束与折流挡板的结构不合理	改进设计
	机座刚度不够	加固机座
管板与壳体连接处开裂	焊接质量不好	清除补焊
	腐蚀严重，外壳壁厚减小	鉴定后切换修补
	外壳歪斜，连接管线拉力或推力过大	重新调整找正
管束胀口渗漏	管子被折流板磨破	堵管或换管
	壳体和管束温差过大	补胀、焊接或调节流体温度
	管口腐蚀或胀（焊）接质量差	换管或补胀（焊）
传热效率下降	列管结垢	清洗管子
	壳体内不凝气或冷凝液增多	排放不凝气和冷凝液
	折流挡板腐蚀	更换折流挡板
	列管、管路或阀门堵塞	检查清理

任务目标

学会将稳定运行中的换热器E101A切换为换热器E101B。

Step 3.4.1 切换准备

（1）检查换热器E101A在稳态工况下运行，并记录数据。

（2）将换热器E101B冷凝液的排出阀VA127全开。

（3）将换热器E101B蒸汽的入口阀VA125微开。

（4）微开换热器E101B的放空阀VA126，待有蒸汽排出后，关闭VA126。

Step 3.4.2 换热器切换

（1）等待换热器E101B空气的出口温度TI04升温后，全开换热器E101B空气的入口阀VA105，微开换热器E101B空气的出口阀VA106。

（2）微关换热器E101A空气的出口阀VA104，微关换热器E101A蒸汽的入口阀VA118。

（3）观测换热器E101A的空气出口温度TI02，观测换热器E101B的空气出口温度TI04，观测空气总排出管温度TI05。

Step 3.4.3 调整至稳定

（1）逐渐微开VA125，逐渐微关VA118。同时逐渐微开VA106，逐渐微关VA104。重复本步骤直至VA104、VA118全关，VA106、VA125全开。

（2）关VA120，全开VA119，关VA103。

（3）观测FIC01、PI02、PIC03、TI03、TI04、TI05，待TI04与TI05基本一致后，记录数据。

小练习

（下列练习题中，第1～4题为是非题，第5～9题为选择题）

1.列管换热器中，如漏管较多，应换管修复。(　)

2.换热器开车前应先检查压力表、温度计是否正常。(　)

3.列管换热器的振动是换热器故障现象之一。(　)

4.换热器壳体或管束温度过高，会引起管束、胀口渗漏。(　)

5.列管式换热器常见故障有（　）。

A.管子与管板连接处渗漏　　B.流体进口阀渗漏

C.密封垫处渗漏　　D.蒸汽压力波动

6.换热器的切换是因为发生了（　）。

A.流体进出口温度突然变化　　B.冷流体出口温度突然升高

C.管路上阀门渗漏　　D.管束胀口渗漏

7.换热器的切换操作过程，要求平衡过渡，不至于引起（　）。

A.流体的出口温度明显波动　　B.流体的进口温度明显波动

C.流体的进口压力波动　　D.流体的进口温度明显波动

8.个别管子胀口或焊口处发生渗漏时（　）。

A.换热器报废　　B.只需进行补胀或补焊

C.暂时不修复　　D.一定要换管修复

9.管束、胀口渗漏是因为（　）。

A.管口腐蚀　　B.流体流量过大　　C.流体压力变化过大　　D.流体温度过高

4 精馏

化工生产中常常要将混合物进行分离，以实现产品的提纯和回收或是原料的精制。对于均相液体混合物，最常用的分离方法是蒸馏。而精馏作为工业生产中用以获得高纯组分的一种蒸馏方式，应用极为广泛。本章重点介绍精馏操作。

在本单元中，通过对精馏基础知识、精馏装置的一般流程、开车准备、全回流开车、部分回流操作、异常处理以及停车操作等方面进行理论实训一体化的介绍。

4.1 预备知识

4.1.1 概述

白酒的主要成分是乙醇和水，其中乙醇的度数一般在38%～65%。白酒大多是以高粱、大米等粮食为原料，经酵母发酵后产生乙醇。发酵好的酒浆中乙醇的含量较低，一般不会超过20%。为了得到乙醇含量更高的白酒，还需对酒浆进行加工处理。传统的生产装置是由“蒸桶”和“锅”组成的（如图4-1所示）。

图4-1 传统白酒生产装置

在“蒸”酒的过程中，酒浆中含有乙醇和水，当混合液被加热时，沸点低的乙醇大量汽化出来，而沸点高的水只有少量汽化出来，从而得到较纯的乙醇蒸气，再经过冷凝得到较纯的白酒，这个过程一般称为蒸馏。

蒸馏是利用均相液体混合物中各组分挥发能力的不同，分离出较纯组分的单元操作。混合液中各组分的物理性质是不一样的，有的组分挥发能力强，容易从混合液中“逃逸”出来，称为易挥发组分；有的则挥发能力弱，不容易从混合液中“逃逸”出来，称为难挥发组分。

蒸馏在化工生产中的应用

化工生产中所处理的原料、中间产物、粗产品等几乎都是混合物，而且大部分是均相液体混合物。为了进一步加工和使用，常需要将这些混合物分离为较纯净或几乎纯态的物质。蒸馏是分离均相液体混合物的重要方法之一。在化工生产中，尤其在石油化工、有机化工、高分子化工、精细化工、医药、食品等领域更是广泛应用。例如，石油炼制中分离汽油、煤油、柴油，以及空气的液化分离制取氧气、氮气等，都是依靠蒸馏完成的。

蒸馏分类

蒸馏常见的分类如图4-2所示。

简单蒸馏和闪蒸一般适用于容易分离的或是分离要求不高的物系；精馏适用于分离各种物系以得到几乎纯净的产品，是工业应用最广的蒸馏方法；特殊精馏适用于较难分离的或普通精馏不能分离的物系。

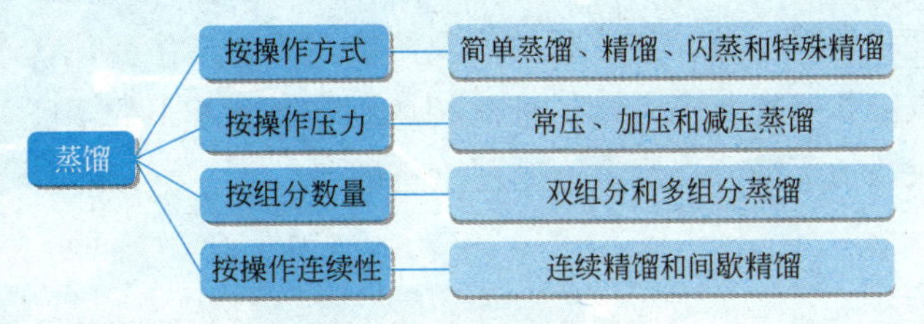

图4-2 蒸馏的分类

工业上常用的特殊精馏有萃取精馏、恒沸精馏等，它们均是通过在混合液中加入某种添加物来增大待分离组分间的相对挥发度，使难以用普通蒸馏分离的混合液变得易于进行分离。

在一般情况下，大多采用常压蒸馏。对于沸点较高且又是热敏性的混合液，则可采用减压蒸馏。对于沸点低的混合物系，常压、常温下呈气态，或者常压下的沸点甚低，冷凝较困难者，则应采用加压蒸馏，如空气分离等。

简单蒸馏装置如图 4-3 所示，主要的设备有蒸馏釜、加热蒸汽系统、冷凝器以及多个用于储存产品的容器，其操作方式通常采用间歇操作。

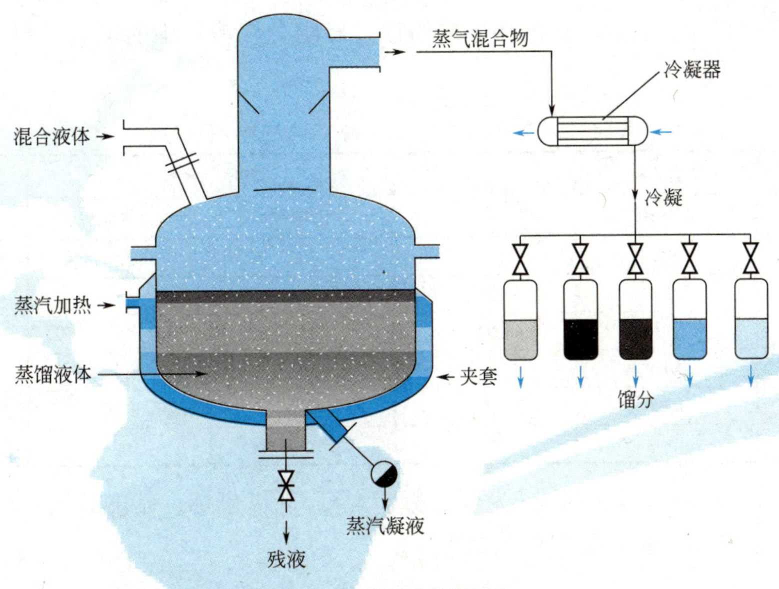

图4-3 简单蒸馏装置

操作时，将原料液放在一个密闭的蒸馏釜中加热，使溶液沸腾，将所产生的蒸气引入冷凝器冷凝后送入储槽。由于蒸气不断被移去，釜中的轻组分的浓度逐渐降低，使馏出液的浓度逐渐减小，因而需要多个储槽来储存不同浓度范围的馏出液。当釜中轻组分浓度下降至规定要求时，便停止蒸馏，将残液排出，然后重新将原料液加入釜中，进行下一次蒸馏。简单蒸馏只适用于沸点相差较大、容易分离或分离要求不高的场合。

精馏是利用均相液体混合物中各组分挥发能力的不同，经过多次且同时部分汽化和部分冷凝的过程，分离出较高纯度组分的单元操作。本章重点将介绍此种分离方式。

4.1.2 汽液平衡

汽液两相接触，液相中的分子不断地挥发到汽相，汽相中的分子不断地凝结到液相。当汽化速度和凝结速度相等时，液相和汽相的量及浓度均不再发生变化，汽液两相达到动态平衡，这种状态称为汽液相平衡状态。汽、液两相达到平衡状态下的浓度关系，称为汽液相平衡关系，它是精馏或其他蒸馏分离混合液的理论基础。

相对挥发度

挥发能力的大小，一般用挥发度来表示。常将溶液中易挥发组分的挥发度与难挥发组分的挥发度之比，称为相对挥发度，以α表示。

用相对挥发度可以判别混合液分离的难易程度。α值越大，说明两组分越容易分离；α值越接近1，则越难分离。非理想溶液的相对挥发度依赖于各纯组分的性质、温度和外压。而理想溶液的相对挥发度仅依赖于各纯组分的性质，α原则上随温度和外压而变化，但通常视其为常数。

汽液相平衡关系

通常，汽液相平衡关系的数据由实验测得。以苯-甲苯混合液为例，常压下苯-甲苯汽液两相达平衡状态时，轻组分在汽相中的组成、轻组分在液相中的组成、沸点的数据如表4-1所示。

表 4-1　苯-甲苯在101.3kPa下的汽液平衡组成

苯的摩尔分数/%		温度/℃	苯的摩尔分数/%		温度/℃
液相中	汽相中		液相中	汽相中	
0.0	0.0	110.6	59.2	78.9	89.4
8.8	21.2	106.1	70.0	85.3	86.8
20.0	37.0	102.2	80.3	91.4	84.4
30.0	50.0	98.6	90.3	95.7	82.3
39.7	61.8	95.2	95.5	97.0	81.2
48.9	71.0	92.1	100.0	100.0	80.2

如图4-4所示，是以液相组成x为横坐标，温度t为纵坐标，做出曲线1；以汽相组成y为横坐标，温度t为纵坐标，做出曲线2。

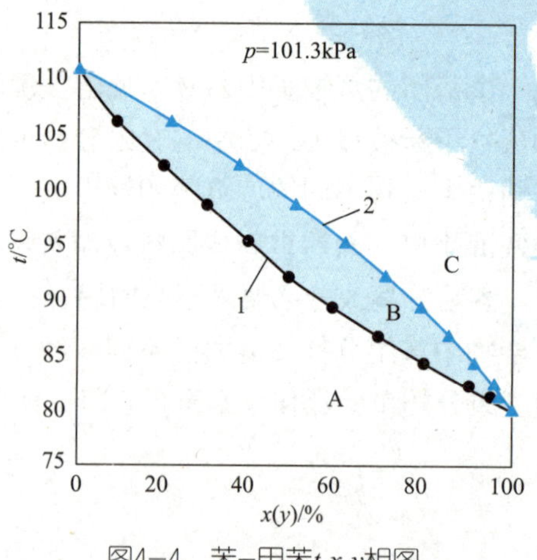

图4-4　苯-甲苯t-x-y相图

图中的曲线2为t-y线，表示混合液的温度和平衡汽相组成y之间的关系，称为饱和蒸气线，亦称汽相线；曲线1为t-x线，表示混合液的温度t和平衡液相组成x之间的关系，称为饱和液相线，亦称液相线。

上述两条曲线将t-x-y图分为三个区域。区域A代表未沸腾的液体，称为液相区；区域C代表过热蒸气，称为过热蒸气区或汽相区；区域B表示汽液同时存在，称为汽液共存区。

若将一定温度、一定组成的混合液加热，当温度升高到一定程度时，溶液开始沸腾，产生第一个气泡，相应的温度称为泡点温度，又称初馏点，因此，饱和液体线又称为泡点线；若将一定温度、一定组成的过热蒸气冷却，当温度降低到一定程度时，混合汽开始冷凝，产生第一个液滴，相应的温度称为露点温度，又称终馏点，因此，饱和蒸气线又称为露点线。

应用t-x-y图，可以求取任一温度t_0下的汽液相平衡组成，具体方法如下：在图4-5中，过t_0做一等温线与液相线交于A点，A点的横坐标即为平衡时的液相组成x_0；水平线与汽相线交于B点，B的横坐标即为平衡时的汽相组成y_0。

利用上述方法，可以获得不同温度下，汽液两相平衡时的组成数据。在图4-6中，以x为横坐标，y为纵坐标，可以绘制出液相组成和与之平衡的汽相组成之间的关系，图中曲线1即为平衡曲线，曲线2为参考线。

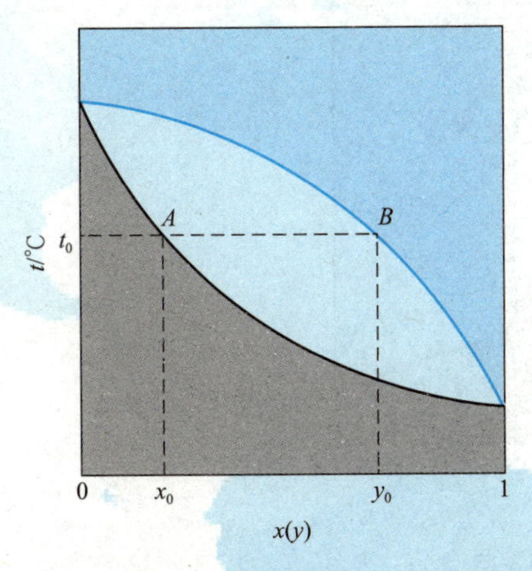

图4-5 平衡汽液组成在t-x-y图上的获取

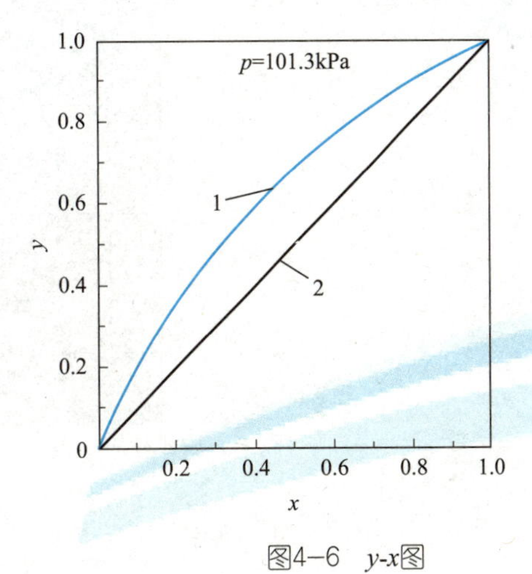

图4-6 y-x图

拉乌尔定律

在一定温度下，稀溶液上方蒸气中某一组分的分压p，等于该纯组分在当时温度下的饱和蒸气压p°乘以该组分在溶液中的摩尔分数x，即：

$$p=p^\circ x \tag{4-1}$$

式中 p——汽相中某组分的平衡分压，Pa；

p°——某组分的饱和蒸气压，Pa；

x——某组分在液相中的摩尔分数。

该规律通常称为拉乌尔定律。

4.1.3 精馏原理

简单蒸馏装置不能得到较高纯度的馏出液，工业上常使用精馏来解决这个问题。利用液相混合物中各组分的沸点不同，采用加热的方法使混合液汽化，由于重组分的沸点高，轻组分的沸点低，因而在汽化的过程中，轻组分汽化的多，而重组分汽化的少。将汽化后的蒸气采出后冷凝，得到的混合液中轻组分浓度就高于原来的混合液中轻组分的浓度。经过这样的多次汽化与多次冷凝，就可以实现轻组分和重组分的分离，从而获得纯度较高的产品。这就是精馏的原理。也可以通过汽液相平衡关系来解释精馏原理。

部分汽化

如图 4-7，将混合物自A点加热至汽、液共存区内的B点，使其在B点温度t_1下部分汽化。这时，混合液分成平衡的汽、液两相，汽相组成为y_1（$y_1>x_0$），液相组成为x_1（$x_1<x_0$），汽、液两相分开后，再将组成为x_1的饱和液体单独加热至C点，使其在C点温度t_2下部分汽化。这时，又出现新的平衡，获得组成为x_2（$x_2<x_1$）的液相及与之平衡的组成为y_2（$y_2>x_1$）的汽相。再将组成为x_2的饱和液体单独加热至D点进行部分汽化，又可得到组成为x_3（$x_3<x_2$）的液相及与之平衡的组成为y_3（$y_3>x_2$）的汽相。以此类推，最终可以得到易挥发组分含量很低的液相，即可获得近于纯净的难挥发组分。

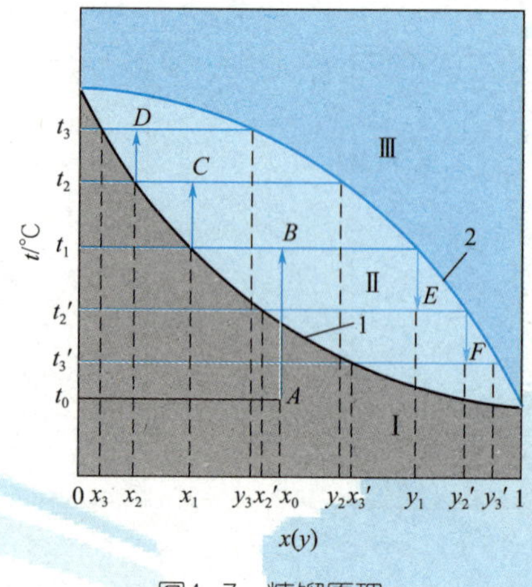

图4-7 精馏原理

部分冷凝

将上述过程中所得组成为y_1的蒸气分出，冷凝至t_2'，即经部分冷凝至E点，可以得到组成为y_2'的汽相及组成为x_2'的液相，y_2'与x_2'成平衡，而$y_2'>y_1$。再将汽、液两相分开，使浓度为y_2'的饱和蒸气冷凝至t_3'，即部分冷凝至F点，又得到平衡的汽、液两相，组成分别为y_3'及x_3'，而$y_3'>y_2'$。以此类推，最后可得到近于纯净的易挥发组分。

由此可以看出，液相多次部分汽化和汽相多次部分冷凝是精馏分离混合液必然途径。

小练习

（下列练习题中，第1～6题为是非题，第7～10题为选择题，第11题为作图题）

1. 按操作压力的不同，蒸馏可分为加压蒸馏和减压蒸馏两大类。（　）
2. 蒸馏过程按蒸馏方式分类可分为简单蒸馏、平衡蒸馏、精馏和特殊精馏。（　）
3. 蒸馏是以液体混合物中各组分挥发能力不同为依据，而进行分离的一种操作。（　）
4. 一定外压下，溶液的泡点、露点与混合液的组成有关。（　）

5. y–x图中对角线上任何一点，汽、液组成都相等。(　)

6. 精馏的原理是利用液体混合物中各组分溶解度的不同来分离各组分的。(　)

7. 两组分液体混合物，其相对挥发度α越大，表示用普通蒸馏方法进行分离（　）。

A. 较容易　　B. 较困难

C. 很困难　　D. 不能够

8. 某二元混合物，若常压下，x_A=0.4的混合液其泡点为温度为t_1，y_A=0.4的混合气其露点温度为t_2，则（　）。

A. $t_1<t_2$　　B. $t_1=t_2$

C. $t_1>t_2$　　D. 不能判断

9. 可用来分析精馏原理的相图是（　）。

A. p-y图　　B. y-x图

C. t-x-y图　　D. p-x图

10. 某精馏塔的塔顶表压为3atm，此精馏塔为（　）精馏。

A. 减压　　B. 常压

C. 加压　　D. 以上都不是

11. 根据表4–1苯–甲苯在101.3kPa下的汽液平衡组成作出t–x–y图和y–x图。

4.2　认知精馏装置工艺流程

精馏装置的主体设备是精馏塔，常见的类型有板式塔和填料塔两类。工业上常用板式塔，塔内沿塔高装有若干层塔板，相邻两板有一定的间隔距离。根据板间有无降液管沟通分为有降液管及无降液管两大类，用得最多的是有降液管板式塔，后面均介绍此种类型的板式塔（见图4-8）。

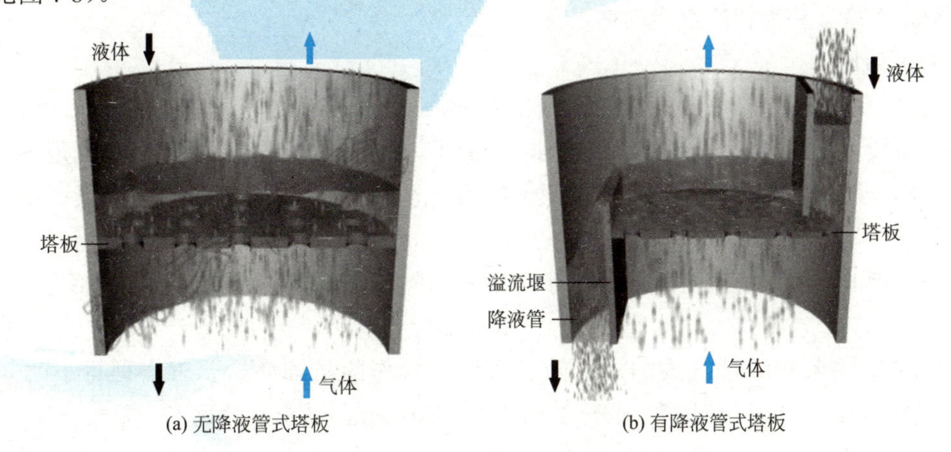

(a) 无降液管式塔板　　(b) 有降液管式塔板

图4–8　板式塔的降液管形式

精馏过程

如图 4-9，混合液经原料预热器预热后，从精馏塔的中部的某个适当位置进入精馏塔内。

原料液在塔釜中被再沸器加热，加热后产生的蒸气沿精馏塔逐板上升，经塔顶的冷凝器冷凝后，一部分液相回流至塔顶，称为塔顶液相回流，其余作为塔顶产品连续排出。回流液沿塔体向下流动，在加料口与原料液混合后流至塔釜再沸器，经再沸器加热产生蒸气，又回流至塔内，称为塔釜汽相回流。在保持塔釜一定液位的前提下，塔釜残液可连续排出，经冷却后作为塔底产品。

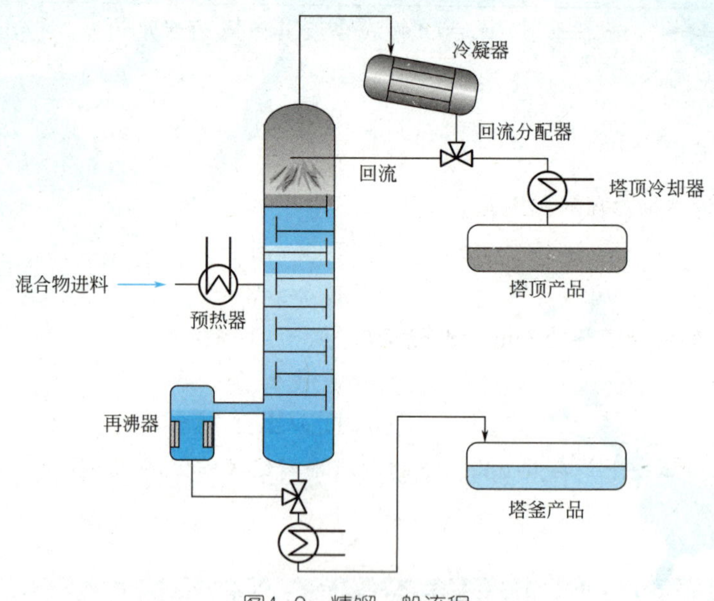

图4-9　精馏一般流程

塔内上升的蒸气与下降的液体在每块塔板上互相接触。其中某块塔板上进行的传热、传质过程如下：由下板上升的温度较高的蒸气与上板下降的温度较低的液体相互接触，蒸气加热液体使其发生部分汽化，液相中轻组分进入汽相，其浓度降低，重组分浓度提高；而蒸气则被部分冷凝，其重组分进入液相，其浓度提高，轻组分浓度降低。经过塔内若干塔板的气液接触，从而在精馏塔内实现了多次部分汽化和多次部分冷凝，其结果是在塔顶获得高纯度的轻组分，在塔釜获得较高纯度的重组分。

- **回流与回流比**

精馏塔内的回流包括塔顶的液相回流和塔釜的汽相回流两部分。由上文可知，塔顶回流液是各块塔板上使蒸气部分冷凝的冷凝剂，平衡了塔板上的各组分；塔釜回流汽是各块塔板上使液体部分汽化的加热剂，平衡了塔板上的各组分，故回流是维持精馏塔连续而稳定操作的必要条件。

回流比指的是塔顶回流的液体量L与馏出液流量D之比，用字母R表示，即：

$$R=L/D \tag{4-2}$$

【例4-1】将苯和甲苯组成的混合液送入连续操作的精馏塔。要求塔顶每小时能采出500kmol馏出液，而每小时精馏段上升蒸气量为1200kmol。试求回流比多少？

已知　D=500kmol/h，V=1200kmol/h

求　R=？

解　L=V+D=500kmol/h+1200kmol/h=1700kmol/h

R=L/D=1700kmol/h/1200kmol/h=1.42

答：回流比为1.42。

板式塔

板式塔结构如图 4-10所示，其主体是由塔体和塔盘组成。塔体通常为圆柱形，塔盘包括塔板和溢流装置（如图 4-11）。操作时，塔内液体依靠重力作用，自上而下流经各层塔板，并在每层塔板上保持一定的液层，最后由塔底排出。气体则在压力差的推动下，自下而上穿过各层塔板上的液层，在液层中汽液两相密切而充分地接触，进行传质传热，最后由塔顶排出。在塔中，使两相呈逆流流动，以提供最大的传质推动力。

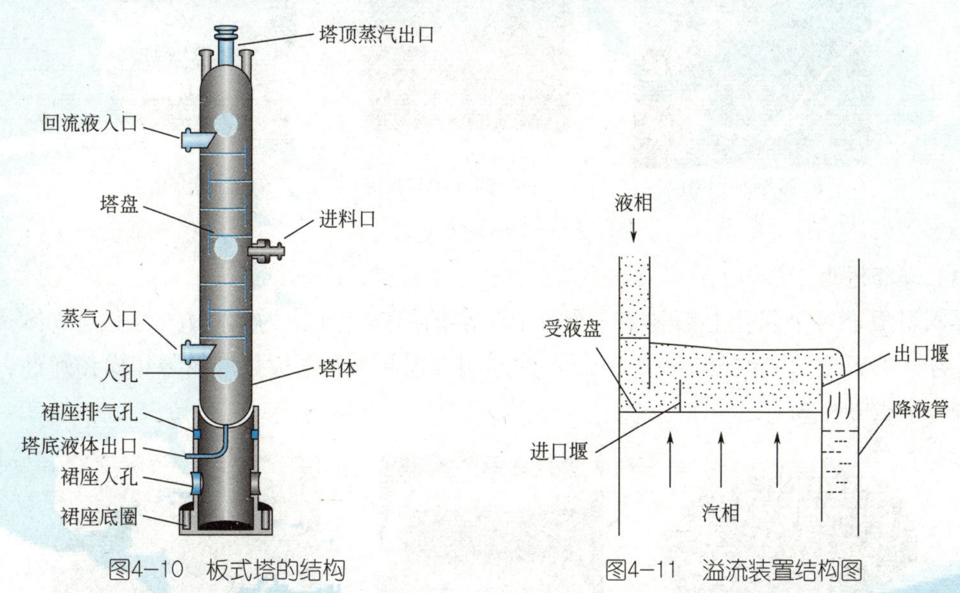

图4-10　板式塔的结构　　图4-11　溢流装置结构图

混合液从塔中间的某块塔板上引入塔内，此板称为加料板。加料板将塔分为上下两段，加料板以上称为精馏段，加料板以下（包括加料板）称为提馏段。

- **塔板**

塔板是板式塔的核心构件，其功能是提供汽、液两相充分接触的场所，使之能在良好的条件下进行传质和传热过程。塔板可分为泡罩塔板、筛孔塔板、浮阀塔板、斜孔塔板等不同类型。

（1）泡罩塔板

泡罩塔板是生产中应用最早的一种板型。塔板上有多个升汽管，由于升汽管高出液面，因此塔板上的液体不会从中漏下。升汽管上覆盖钟形泡罩，泡罩下部周边开有许多齿缝。操作状况下，齿缝浸没于板上液层之中，形成液封。上升气体经泡罩齿缝变成气泡喷出，气泡通过板上的液层，使汽、液接触面积增大，两相间的传热和传质过程得以有效地进行。图4-12所示为泡罩塔板。

泡罩塔板操作性能稳定、操作弹性大、塔板不易堵塞。但结构复杂、压降大、造价高、板上液层厚、生产能力及板效率较低，已逐渐被其他塔板取代。

（2）筛孔塔板

在塔板上开设大量均匀小孔（称为筛孔），即构成筛孔塔板（见图4-13）。操作时，从筛孔上升的气体压力必须大于塔板上液体的静压力，才能阻止液体从筛孔漏下来。筛板塔结构简单，造价低，生产能力大，板效率较高，压降低，但是操作弹性小。

(a) 泡罩塔板实物

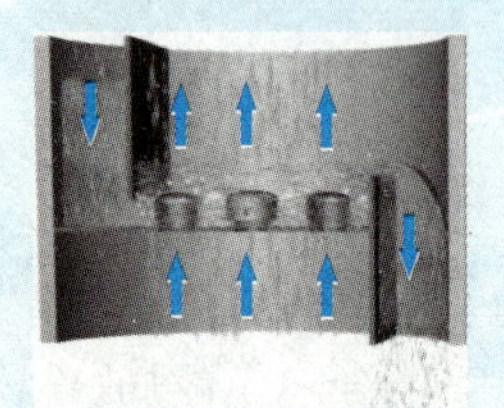
(b) 泡罩塔板操作示意图

(c) 泡罩

图4-12　泡罩塔板

(a) 筛孔塔板实物

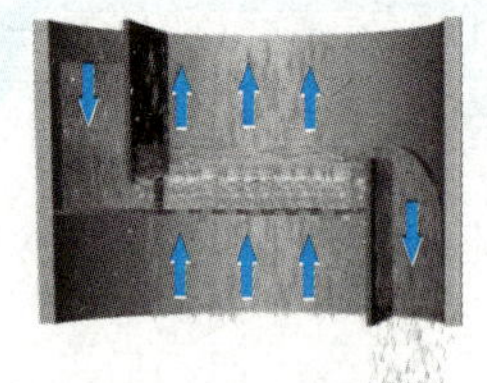
(b) 筛孔塔板操作示意图

(c) 筛孔塔板结构

图4-13　筛孔塔板

（3）浮阀塔板

浮阀塔板在每个阀孔上都装有一个可上下浮动的阀片（称为浮阀），当上升气体负荷改变时，浮阀的开度随之改变。图4-14所示为浮阀塔板。浮阀塔板生产能力和操作弹性大，且压力降小；板效率高。

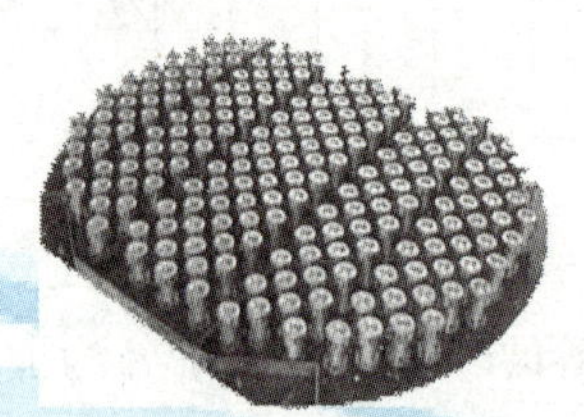
(a) 浮阀塔板实物

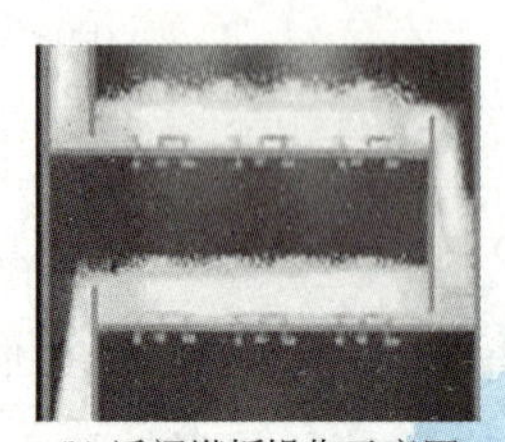
(b) 浮阀塔板操作示意图

(c) 各种类型的浮阀

图4-14　浮阀塔板

（4）斜孔塔板

斜孔塔板是清华大学发明的一种高效能塔板，它是一种斜孔交错排列的塔板，塔板上有合理的汽液流动，气体以水平方向喷出，相邻孔喷出的气体不互相对冲，气体分布均匀，也不彼此叠加而致使液体不断加速，塔板上保持适当的存液量，且始终保持有一定的液层，汽液接触充分，雾沫夹带少，允许汽液负荷高，且有一定的自清洗作用。它避免了气体垂直向上喷射以及气体相互干扰影响生产能力的问题，同时也避免了气体都向一个方向喷射，降低塔板效率的缺点。它有以下主要特点：

① 允许汽相负荷高，生产能力大，比浮阀塔板生产能力高约30%～40%。

② 塔板效率高，一般等于或稍高于浮阀塔板。

③ 结构简单，加工成本低廉。

④ 有自清洗作用，物料不易堵塞。

⑤ 阻力降小。

- **板式塔的溢流装置**

溢流装置包括出口堰、降液管、进口堰、受液盘等。

（1）出口堰

出口堰通常设在塔板的出口端，其主要作用是保证塔板上储有一定厚度的液体，从而使汽液两相在塔板上能充分传热传质。

（2）降液管

降液管是塔板间液体自上而下的通道，也是液体中所夹带气体与液体分离的场所。降液管有弓形和圆形两种（见图4-15）。弓形降液管具有较大的降液面积，降液能力大，汽液分离效果好，生产上广泛采用。圆形降液管常用于液通量较小的小塔中。

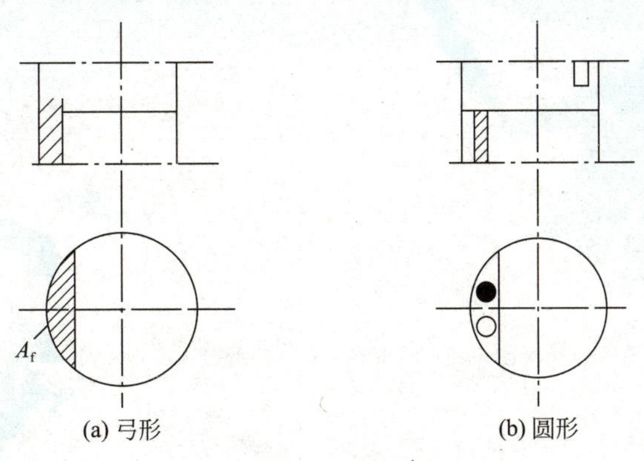

图4-15 降液管

降液管与下层塔板间应有一定的间距以保证液流能顺畅地流入下层塔板，同时为保持降液管内的液封，防止气体由下层塔板进入降液管，此间距应小于出口堰高度。

（3）受液盘

降液管下方部分不开孔的塔板通常称为受液盘，有平型及凹型两种（见图4-16），一般较大塔径的塔采用凹型受泛盘。

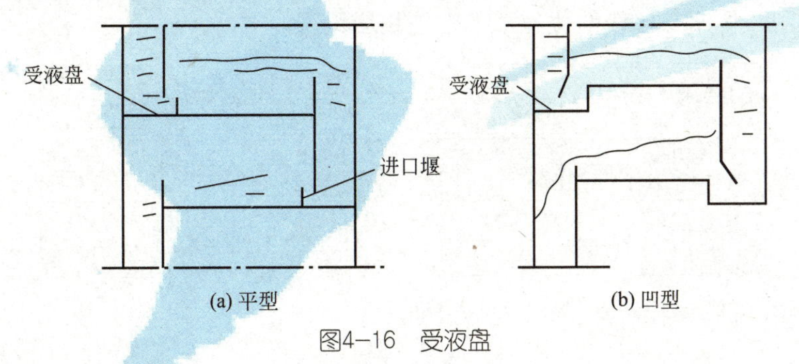

图4-16 受液盘

（4）进口堰

在塔径较大的塔内，为了减少液体自降液管下方流出的水平冲击，常在降液管附近设置进口堰。为保证液流畅通，进口堰与降液管间的水平距离不应小于降液管与塔板之间的距离。

❋ 任务目标

（1）学会识读精馏装置的流程图。

（2）能正确标识设备和阀门的位号。

（3）能正确标识各测量仪表。

本实训装置的主体设备为筛板式精馏塔，在塔的底部装有再沸器，以加热混合液产生蒸气。乙醇水溶液（原料液）从塔的中部某适当位置连续入塔。轻组分含量较高的蒸气上升至塔顶经冷凝器冷凝后，冷凝液一部分从塔顶连续回流入塔，而另一部分经冷却后连续采出为塔顶产品。塔釜则连续采出重组分含量较高的液体经冷却后为塔底产品。

Step 4.2.1 识别主要设备

在本书附录20——精馏实训装置流程图中找出下图空白处的主要设备位号，并填入下图相应位置。

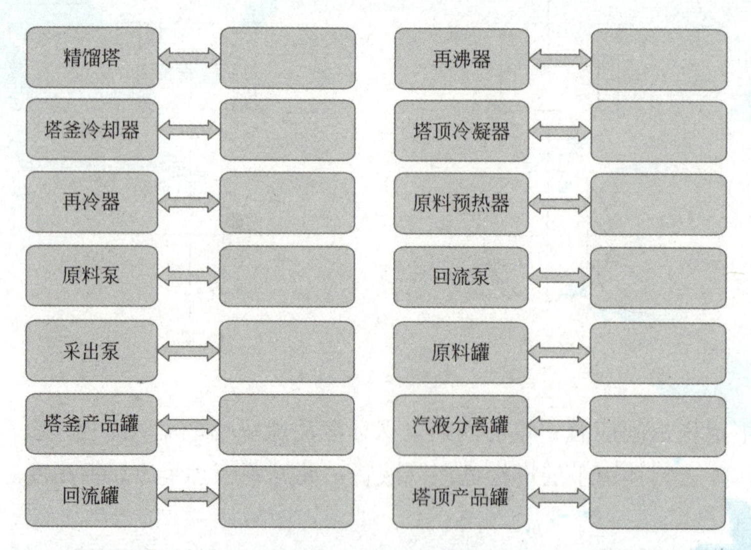

Step 4.2.2 识别调节仪表

根据流程图，将调节仪表的位号填入下图相应位置。

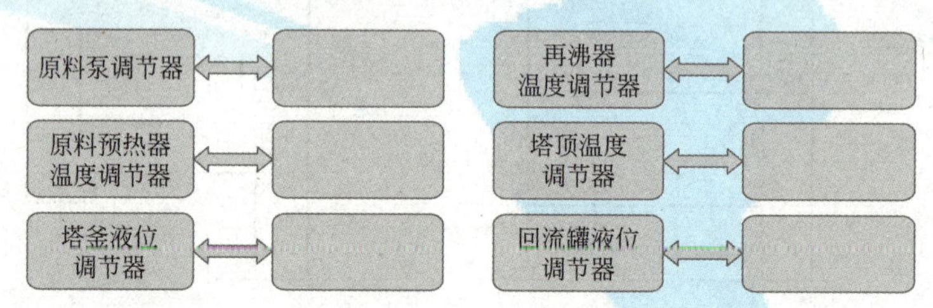

根据流程图，将检测器的位号填入空白处。

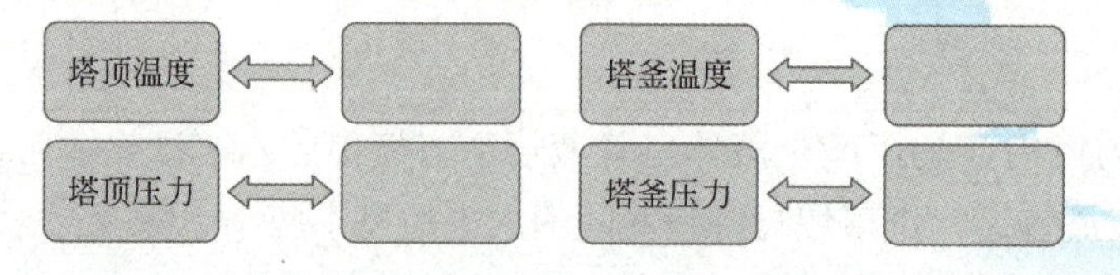

Step 4.2.3 识别各条管线流程

- **原料液流程**

下图为自原料罐V101至精馏塔T101的管路，将此管路中的主要设备、阀门及仪表的位号填入下图相应位置。

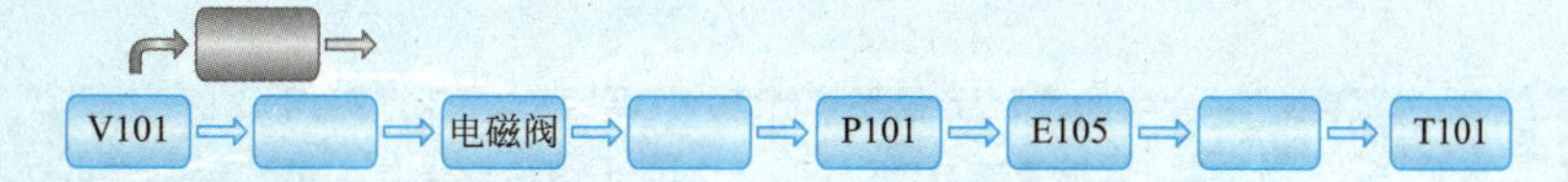

● **塔顶液相回流流程**

下图为精馏塔塔顶T101液相回流的管路，将此管路中的主要设备、阀门及仪表的位号填入下图相应位置。

T101 ⇒ E103 ⇒ V103 ⇒ V104 ⇒ ______ ⇒ P102 ⇒ ______ ⇒ 流量计 ⇒ T101

● **塔顶产品采出流程**

下图为自精馏塔塔顶T101至塔顶产品罐V105的管路，将此管路中的主要设备、阀门及仪表的位号填入下图相应位置。

T101 ⇒ E103 ⇒ V103 ⇒ V104 ⇒ ______ ⇒ P103 ⇒ ______ ⇒ 流量计 ⇒ V105

● **塔釜（汽相回流）产品采出流程**

下图为自精馏塔塔釜T101至塔釜产品罐V102的管路，将此管路中的主要设备、阀门及仪表的位号填入下图相应位置。

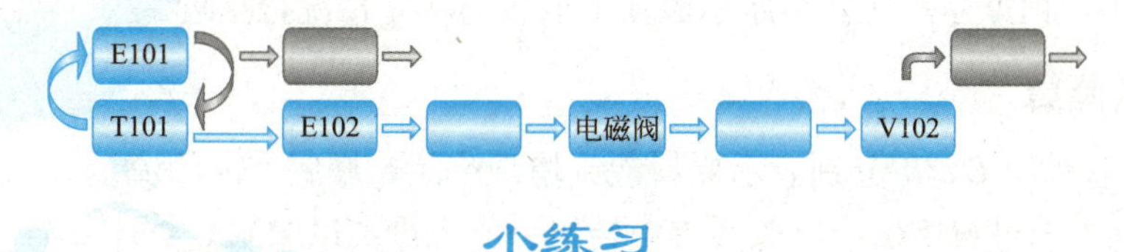

小练习

（下列练习题中，第1～4题为是非题，第5～7题为选择题，第8题为简答题，第9题为计算题）

1.蒸馏塔总是塔顶作为产品，塔底作为残液排放。（ ）

2.在精馏塔中从上到下，液体中的轻组分逐渐增大。（ ）

3.回流是精馏稳定连续进行的必要条件。（ ）

4.浮阀塔板的特点是造价较高、操作弹性小、传质性差。（ ）

5.下面（ ）不是精馏装置所包括的设备。

A.分离器　　B.再沸器

C.冷凝器　　D.精馏塔

6.精馏塔塔板的作用是（ ）。

A.热量传递　　B.质量传递　　C.热量和质量传递　　D.停留液体

7.在精馏塔中，加料板以上（不包括加料板）的塔部分称为（ ）。

A.精馏段　　B.提馏段　　C.进料段　　D.混合段

8.为什么精馏装置常用板式塔？能否用填料塔？为什么？

9.将乙醇和水组成的混合液送入连续操作的精馏塔。要求塔顶每小时能采出400kmol馏出液，而每小时精馏段上升蒸气量为1000kmol。试求回流比多少？

4.3 精馏装置的开车准备

4.3.1 物料衡算

连续精馏塔的物料衡算包括全塔物料衡算和精馏段、提馏段的物料衡算。

由于精馏过程比较复杂，影响因素很多，因此，在讨论连续精馏的计算时，须作适当的简化处理。为此，提出以下恒摩尔流假设：

（1）恒摩尔汽化。在精馏塔内，精馏段每层塔板上升蒸气摩尔流量相等，以V表示。提馏段也如此，蒸气流量以V'表示。但两段的蒸气流量不一定相等。

（2）恒摩尔溢流。在精馏塔内，精馏段每层塔板下降液体的摩尔流量相等，以L表示。提馏段也如此，液体流量以L'表示。但两段的液体流量不一定相等。

（3）从最上层塔板上升的蒸气进入冷凝器中全部冷凝，故馏出液的组成与此蒸气相同。

（4）蒸馏釜中系用间接蒸气将液体加热汽化。

很多情况下，恒摩尔汽化和恒摩尔溢流的假设与实际情况很接近。

全塔物料衡算

如图4-17中，F、D、W分别表示原料液、塔顶产品、塔底产品的流量（以摩尔流量计）；x_F、x_D、x_W分别表示进料馏出液、釜残液中轻组分的含量（以摩尔分数计）。

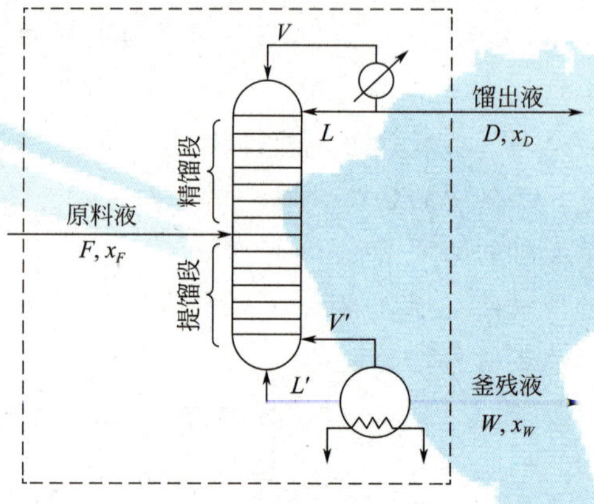

图 4-17　全塔物料衡算

对总物料与易挥发组分分别衡算可以得到：

$$F=D+W \tag{4-3}$$

$$Fx_F=Dx_D+Wx_W \tag{4-4}$$

- **采出率**

馏出产品的采出率是指塔顶馏出液占进料量的比率，即D/F，而塔釜产品的采出率则是指塔底产品的流量占进料量的比率，即W/F。

- **回收率**

精馏生产中还常用到回收率的概念。所谓回收率是指某组分通过精馏回收的量与其在原料中的总量之比。其中，轻组分的回收率为$\frac{Dx_D}{Fx_F}$，重组分的回收率为$\frac{W(1-x_W)}{F(1-x_F)}$。

【例4-2】将含苯0.45（摩尔分数，下同）和甲苯0.55的混合液以流量为14.0kmol/h在连续精馏塔中分离，要求馏出液含苯0.95，釜液含苯不高于0.1。求：①馏出液、釜残液的流量；②塔顶易挥发组分的回收率。

已知 F=14.0koml/h，x_F=0.45，x_D=0.95，x_W=0.1

求 ①D、W各为多少；②$\frac{Dx_D}{Fx_F}$=？

解 ① $\begin{cases} F=D+W \\ Fx_F=Dx_D+Wx_W \end{cases}$

联解得

$$D=\frac{F(x_F-x_W)}{x_D-x_W}=\frac{14.0\text{kmol/h}\times(0.45-0.1)}{0.95-0.1}=5.76\text{kmol/h}$$

$$W=F-D=14.0\text{kmol/h}-5.76\text{kmol/h}=8.24\text{kmol/h}$$

② $$\frac{Dx_D}{Fx_F}=\frac{5.76\text{kmol/h}\times0.95}{14\text{kmol/h}\times0.45}\times100\%=86.9\%$$

答：馏出液的流量5.76kmol/h；釜残液的流量8.24kmol/h；塔顶易挥发组分的回收率为86.9%。

精馏段物料衡算

对图 4-18 虚线范围作精馏段物料衡算可得精馏段操作线方程：

$$y=\frac{R}{R+1}x+\frac{x_D}{R+1} \tag{4-5}$$

式中，R为回流比。

精馏段操作线方程表示精馏段内任意两块相邻塔板之间下降液体组成与上升蒸气组成之间的关系，精馏段操作线在y-x图上是过$\left(0,\ \frac{x_D}{R+1}\right)$与（$x_D$，$x_D$）两点的一条直线。

提馏段物料衡算

对图 4-19 虚线范围作提馏段物料衡算可得提馏段操作线方程：

$$y=\frac{L'}{L'-W}x-\frac{W}{L'-W}x_W \tag{4-6}$$

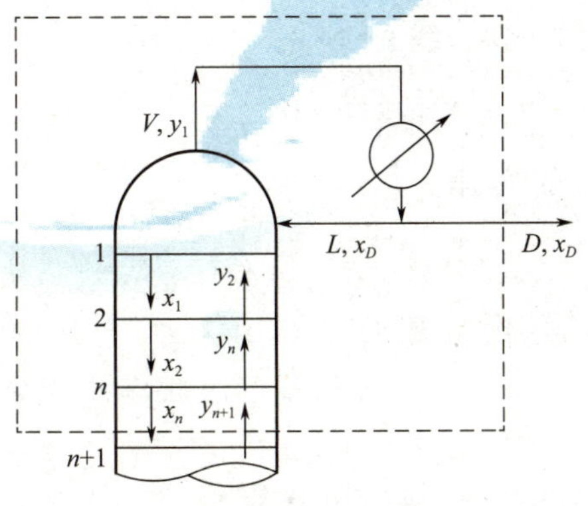

图4-18 精馏段物料衡算

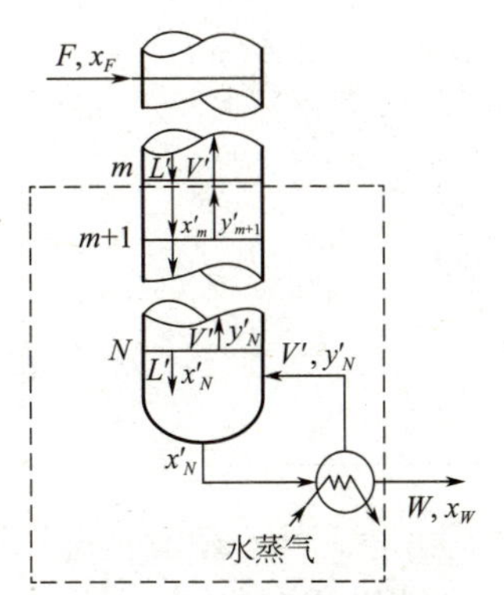

图4-19 提馏段物料衡算

提馏段操作线方程表示提馏段内任意两块相邻塔板之间下降液体组成与上升蒸气组成之间的关系，提馏段操作线在y-x图上是必过点（x_W，x_W）的一条直线。由于L'无法获知，提馏段操作线无法直接在y-x图上做出。

q线方程（进料热状态）

联立上述方程组，可以得到精馏段操作线和提馏段操作线交点的轨迹方程，此轨迹方程称为进料线方程，也称作q线方程：

$$y=\frac{q}{q-1}x-\frac{x_F}{q-1} \tag{4-7}$$

式中，q称为进料的液化分数，即原料液中液体所占的分数，是表示进料热状况的参数。由此可知：

$$L'=L+qF \tag{4-8}$$

$$V'=V-(1-q)F \tag{4-9}$$

以图4-7所示：

（1）区域Ⅰ为冷液体进料，此时$q>1$；

（2）曲线1为饱和液体进料，此时$q=1$；

（3）区域Ⅱ为汽液混合物进料，此时$0<q<1$；

（4）曲线2为饱和蒸气进料，此时$q=0$；

（5）区域Ⅲ为过热蒸气进料，此时$q<0$。

【例4-3】已知苯-甲苯原料液组成x_F=0.4505，F=100kmol/h，精馏段的V=179.3kmol/h，L=134.5kmol/h，试求：进料状况q=1.2时提馏段上升蒸汽和下降液体的流量。

已知　x_F=0.4505，F=100kmol/h，V=179.3kmol/h，L=134.5kmol/h，q=1.2

求　L'、V'各为多少？

解　$L'=L+qF$=134.5kmol/h+1.2×100kmol/h=254.5kmol/h

$V'=V-(1-q)F$=179.3kmol/h−(1−1.2)×100kmol/h=159.3kmol/h

答：进料状况q=1.2时提馏段上升蒸汽的流量为254.5kmol/h；下降液体的流量为159.3kmol/h。

在y-x图上绘制精馏段操作线、q线和提馏段操作线

（1）精馏段操作线的绘制法

连接点a（x_D，x_D）与b $\left(0, \frac{x_D}{R+1}\right)$ 即可。

（2）q线的绘制法

过点e（x_F，x_F），根据斜率$\frac{q}{q-1}$，作出q线。

（3）提馏段操作线的绘制法

过点c（x_W，x_W），q线与精馏段操作线的交点d，连接cd即可。

不同q值下的绘制结果见图4-20。

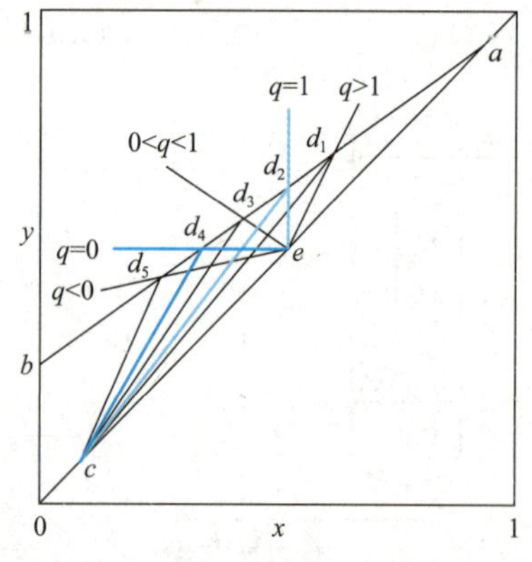

图4-20　不同q值下的精馏段操作线与提馏段操作线

4.3.2 理论板确定

理论塔板数的确定（图解法）

（1）绘出y-x平衡线以及参考线；

（2）绘出精馏段操作线、q线和提馏段操作线；

（3）从a点开始，在精馏段操作线和平衡线之间作直角梯级，当梯级跨过d点改在提馏段操作线和平衡线之间作直角梯级，直到跨过c点。梯级总数减1即为不包括再沸器的理论板层数。

每一级水平线表示应用一次汽液平衡关系，即代表一层理论板；每一根垂线表示应用一次操作线关系。越过两操作线交点d的那块理论板为适宜的加料板。

如图4-21所示，精馏塔的理论塔板数为8块（不包括再沸器），其中精馏段有4块，第5块为加料板，提馏段有4块。

实际塔板数

实际塔板数由下式确定：

$$N_P=\frac{N_T}{E_T} \tag{4-10}$$

式中 N_T——理论塔板数（不包括再沸器）；

N_P——实际塔板数；

E_T——总板效率（全塔效率）。

适宜回流比

操作过程中选取多大的回流比合适呢？要了解这个问题，先观察回流比的一种极限情况：最小回流比，随后看适宜回流比。

● **最小回流比**

如图4-22，在x_D、x_W、x_F以及q不变的前提下，减小回流比的大小，精馏段操作线与提馏段操作线逐渐靠近平衡线，当回流比减少到使两操作线交点正好落在平衡线上时，则表明点d区理论板的汽相组成和该区理论板上回流的液相组成互成平衡，此时若在平衡线与操作

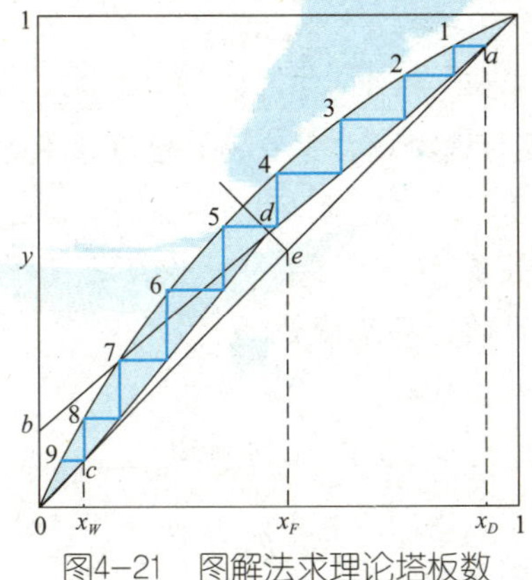

图4-21 图解法求理论塔板数

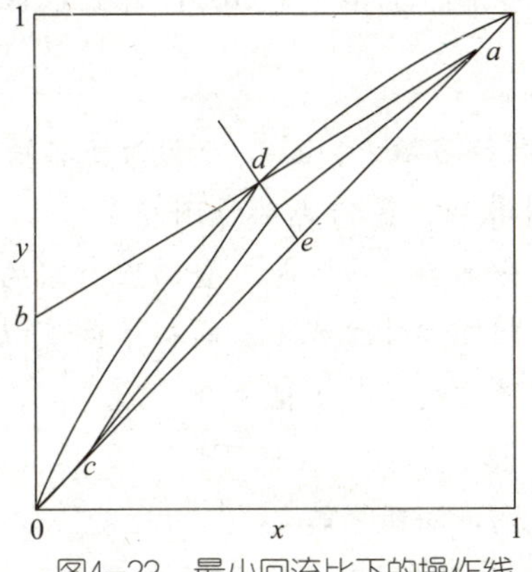

图4-22 最小回流比下的操作线

线之间作梯级就无法通过点d，而且需要无限多的梯级才能到达点d，这种情况下的回流比称之为最小回流比，以R_{min}表示。此时为获得合格产品所需的塔板数为无限多。

- **适宜回流比**

最小回流比的情况下，无法正常生产，实际操作时的回流比R必须大于R_{min}，但回流比的增大会引起塔底再沸器中加热蒸汽耗量以及塔顶冷凝器中冷却水耗量的增加，所以提高回流比固然能提高分离效果，却是以牺牲能耗为代价的。适宜回流比的选择应根据要求使操作费及设备折旧费的总和为最小的原则来确定。根据经验，适宜的回流比通常取$R=(1.1\sim2.0)R_{min}$。

任务目标

（1）能正确识别悬挂精馏装置的设备、阀门位号牌。

（2）学会配制原料液。

Step 4.3.1 准备工作

（1）根据流程图，在现场正确悬挂设备、阀门位号牌。

（2）检查公用工程系统，如水、电是否处于正常供应状态。

（3）开启总电源开关，检查各仪表。

Step 4.3.2 配制原料液

（1）在配料桶内配制约15%（体积分数）的乙醇水溶液。

（2）用乙醇比重计测定原料液的浓度，用温度计测定其温度，从附录17中查得原料液的质量分数，并记录数据。

（3）在VA102处连接软管，软管的另一端插入配料桶内。

（4）设置原料泵P101变频器的频率为50Hz。

（5）全开VA101、VA102、VA103。

（6）开原料泵P101电源开关，按下P101变频器的“RUN”按钮。

（7）待原料罐V101的液位LI01上升至380mm时，按下P101变频器“STOP”按钮，关P101电源开关。

（8）关闭VA102、VA103，卸去软管。

小练习

（下列练习题中，第1、2题为是非题，第3～5题为选择题，第6～8题为简答题，第9、10题为计算题，第11题为作图题）

1. 当分离要求一定时，全回流所需的理论塔板数最多。（　）

2. 在精馏操作过程中，同样条件下以全回流操作时的产品浓度最高。（　）

3. 回流比的（　）值为全回流。

A. 上限　　B. 下限　　C. 算术平均　　D. 几何平均

4. 下列说法错误的是（　）。

A. 回流比增大时，操作线偏离平衡线越远越接近对角线

B. 全回流时所需理论板数最小，生产中最好选用全回流操作

C. 全回流有一定的实用价值

D. 实际回流比应在全回流和最小回流比之间

5. 精馏塔在全回流操作下（　）。

A. 塔顶产品量为零，塔底必须取出产品

B. 塔顶、塔底产品量为零，必须不断加料

C. 塔顶、塔底产品量及进料量均为零

D. 进料量与塔底产品量均为零，但必须从塔顶取出产品

6. 如何准确配制乙醇原料液？

7. 如何根据体积浓度和温度查得摩尔浓度？

8. 本实训中，为什么在启动原料泵P101之前，需全开VA102、VA103？

9. 用连续精馏的方法分离乙烯和乙烷的混合物。已知进料中含乙烯0.88（摩尔分数，下同），进料量为200kmol/h，今要求馏出液中乙烯的回收率为99.5%，釜液中乙烷的回收率为99.4%，试求：所得馏出液、釜残液的摩尔流量和组成。

10. 常压的连续精馏塔中分离甲醇-水混合液，原料液流量为100kmol/h，原料液组成为x_F=0.4，泡点进料。若要求馏出液组成为0.95，釜液组成为0.04（以上均为摩尔分数），回流比为2.5，试求产品的流量、精馏段的回流液体量及提馏段上升蒸汽量。

11. 某连续精馏塔处理氯仿-苯混合液，蒸馏后，馏出液中含有0.95易挥发组分，原料液中含易挥发组分0.4，残液中含易挥发组分0.1（以上均为质量分数），泡点进料。假如操作回流比为最小回流比的2倍，试用图解法求所需理论板数和加料板的位置。氯仿-苯平衡数据见附表。

附表

氯仿的摩尔分数		氯仿的摩尔分数	
液相中	气相中	液相中	气相中
0.068	0.093	0.495	0.662
0.14	0.196	0.60	0.76
0.218	0.308	0.72	0.855
0.303	0.424	0.855	0.941
0.395	0.548	1.0	1.0

4.4 精馏装置全回流开车

在精馏操作中，若塔顶上升蒸气经冷凝后全部回流至塔内，则这种操作状态称为全回流。全回流时的回流比R趋于无穷大。此时塔顶产品为零，通常进料和塔底产品也为零，即既不进料也不从塔内取出产品，此时，操作线与对角线重合，所得理论塔板数最少，如图4-23。

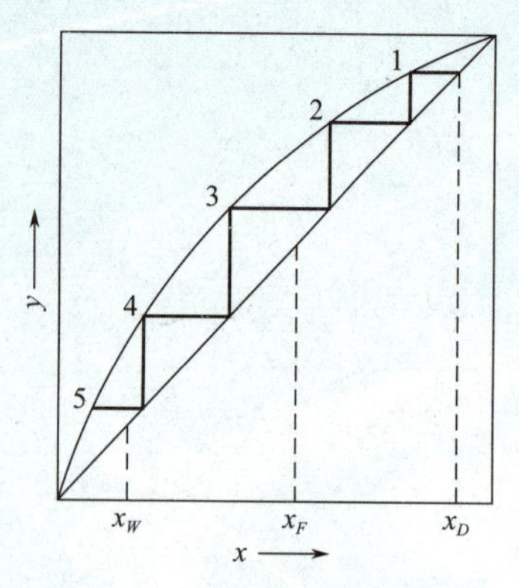

图4-23 全回流时的操作线

显然全回流操作对实际生产是无意义的。但是全回流可以在塔内各板上快速建立汽液平衡便于控制，且分离效果最佳。因此在精馏塔的开工调试阶段以及实验精馏塔中，常采用全回流操作。

任务目标

能根据操作步骤，进行常温常压下的精馏装置全回流操作

Step 4.4.1 塔釜（再沸器）进原料液

（1）记录初始值

（2）在自动控制状态下，设置塔釜液位LIC02的上限设定值为360mm，下限设定值为280mm。

（3）全开VA108、VA106、VA110。

（4）开原料泵P101电源开关，按下P101变频器的“RUN”按钮。

（5）待LIC02上升至360mm时，按下P101变频器“STOP”按钮，关P101电源开关。

（6）关闭VA108、VA106、VA110。

Step 4.4.2 再沸器（塔釜）加热

（1）在自动控制状态下，设置再沸器E101的加热电压DIC01的设定值为200V。

（2）在自动控制状态下，设置塔顶温度TIC01的设定值为78.2℃。

（3）在自动控制状态下，设置回流罐V104液位LIC04的设定值为150mm。

（4）全开VA111、VA113、VA115。

（5）开再沸器E101加热电源开关。

（6）待塔釜温度TI09接近55℃时，全开VA117、VA119、VA120，调节VA118至冷却水流量FI02为250L/h。

（7）待下视镜有较薄泡沫层时，将再沸器加热电压DIC01的设定值下调至150V左右。

（8）待上视镜有较薄泡沫层时，将再沸器加热电压DIC01的设定值下调至120V左右。

（9）观测塔顶温度TIC01、压力PI01、塔釜温度TI09、塔釜压力PI02、回流罐液位LIC04的过程值和塔内汽液两相鼓泡状况，并及时记录数据和现象。

Step 4.4.3 建立全回流

（1）待塔釜温度TI09接近60℃时，全开VA122、VA123。

（2）开回流泵P102电源开关，按下P102变频器的“RUN”按钮。

（3）待LIC04大于150mm时，将再沸器加热电压DIC01的设定值下调至100V左右。

（4）观测回流罐液位LIC04、塔顶温度TIC01、塔釜温度TI09的过程值，并注意塔内汽液两相鼓泡状况，及时记录数据和现象。

Step 4.4.4 全回流调节至稳定

（1）视实际操作状况及时调整再沸器加热电压DIC01的设定值。

要求塔顶温度TIC01的过程值严格稳定在设定值，回流量FI03的过程值稳定，塔顶压力

PI01、塔釜压力PI02的过程值稳定，塔釜温度TI09的过程值稳定。

（2）待塔顶温度TIC01、回流量FI03和塔釜温度TI09的过程值稳定，且回流量LIC04的过程值大于150mm，并保持恒定一段时间后。记录数据及上、下视镜塔内现象。

Step 4.4.5 取样分析

（1）在塔顶取样点AI02取样分析塔顶样品浓度。

（2）微开VA121取约100mL样品，用乙醇比重计测定其浓度，用温度计测定其温度。查表获得塔顶样品的质量分数。及时记录测量值和查得值。

（3）在塔釜取样点AI03取样分析塔釜样品浓度。

（4）微开VA112取约100mL样品，用乙醇比重计测定其浓度，用温度计测定其温度。查表获得塔釜样品的质量分数。及时记录测量值和查得值。

小练习

（下列练习题均为简答题）

1. 本实训中，为什么需设定LIC02的上、下限设定值？
2. 本实训中，在塔釜进原料液时，为何先全开VA108，后又关闭？
3. 本实训中，DIC01为什么不能大幅度调节？
4. 本实训中，第一次取出的样品是否是真实样品？为什么？

4.5 精馏装置部分回流操作

4.5.1 影响精馏操作的因素

进料状况对精馏操作的影响

进料状况包括进料的热状况、组成和流量等方面。生产上，进料状况通常由前一工序决定，但进料状况的变化会影响塔内汽液两相流量，进而影响塔的分离效果。

- **进料热状况对精馏操作的影响**

相比较而言，冷液进料由于对塔内上升蒸气的冷凝效果好，可以使更多的重组分从汽相进入液相，有利于汽相中轻组分浓度的提升，故分离效果好，完成相同分离任务所需的塔板数少。但是，进料温度愈低，为维持全塔热量平衡，要求塔釜输入更多的热量，势必增大蒸馏釜或再沸器的传热面积，使设备费用增加。因此，工程上通常先对冷液进行预加热，以降低再沸器的负荷，之后再送入精馏塔。从进料对塔内汽液量的影响程度分析，饱和液体进料最适宜。

另外，进料状态不同，为保证较好的分离效果，加料位置也应有所不同。若饱和液体的进料在塔的中间位置，则冷液的进料位置选择在中间位置偏上，而汽液混合物、饱和蒸气的进料位置则应选择在中间位置偏下。

- **进料流量对精馏操作的影响**

进料流量发生变化，不仅会使塔内的汽液相负荷发生变化，而且会影响全塔的总物料平衡和易挥发组分的平衡。若总物料不平衡，例如，当进料量大于出料量，会引起淹塔；当进料量小于出料量，会引起塔釜蒸干，从而严重破坏塔的正常操作。精馏操作在满足总物料平衡的前提下，还应同时满足各个组分的物料平衡。例如，当进料量减少时，如不及时调低塔顶馏出液的采出，将使塔顶不能获得纯度较高的合格产品。

- **进料组成对精馏操作的影响**

若进料组成发生波动，例如x_F下降，在回流比、塔板数不变的情况下，塔顶产品组成x_D和塔釜产品组成x_W必然下降。欲维持塔顶产品组成和产量不变，在Fx_F减小、过程处于$Dx_D>(Fx_F-Wx_W)$的状态下，塔内轻组分大量提出，重组分逐步累积，塔顶温度迅速上升，则产品质量将很快下降。为此，应及时增加回流比，降低进料位置来维持塔的正常操作。

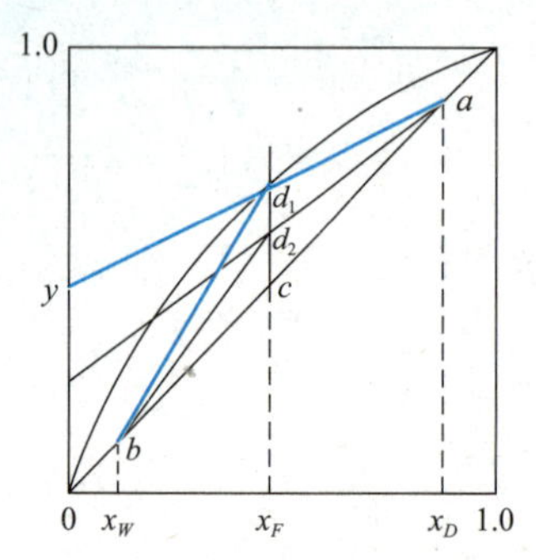

图4-24 回流比对操作线的影响

回流比对精馏操作的影响

回流比对精馏操作有很大的影响。在进料热状态q、x_F以及x_D、x_W确定的情况下，q线确定不变，而精馏段操作线、q线与精馏段操作线的交点以及提馏段操作线的位置都随回流比R的变化而变化，如图4-24所示。

当R增大时，两操作线偏离相平衡曲线，接近对角线，平衡曲线与操作线之间的空间增大，所得直角梯级数减少，说明完成一定分离任务所需的理论塔板数越少，分离效果越好。反之，所需理论塔板数越多，分离效果越差。

温度对精馏操作的影响

在总压一定的条件下，精馏塔内各塔板上的汽液相组成与温度一一对应。当塔板温度发生变化时，板上汽、液相组成必然随之变化。

对精馏操作而言，塔釜温度、塔顶温度和某些重要塔板的温度都要保持平稳，否则必然会引起产品质量的变化。

压力对精馏操作的影响

精馏塔的操作压力也是影响精馏操作的重要因素，一般由设计者确定后在生产运行中不能随意变动。若塔压发生变化，将使全塔汽液平衡重新构建，将改变温度与组成之间的对应关系。

压力升高，各组分的挥发能力减小，组分间的相对挥发度也减小，分离较为困难。同时，压力升高后由于汽化困难，轻组分在汽液两相中的浓度将增加，而且液相量增加，汽相量减少，塔内汽、液相负荷产生变化。最终使得塔顶馏出液中的轻组分浓度增加，但产量减少；釜液中轻组分浓度增加，釜液量增加。压力波动严重时会造成塔内物料平衡破坏，影响塔正常运行。

灵敏板

当操作条件发生变化时，某些塔板上的温度将发生显著变化，这种塔板称为灵敏板。通过灵敏板的温度变化，可及早发出信号使调节系统能及时调节，以保证精馏产品的合格。

汽液接触状态

精馏过程中各塔板上的汽液接触状态有三种：鼓泡接触状态、泡沫接触状态和喷射接触状态（见图4-25）。

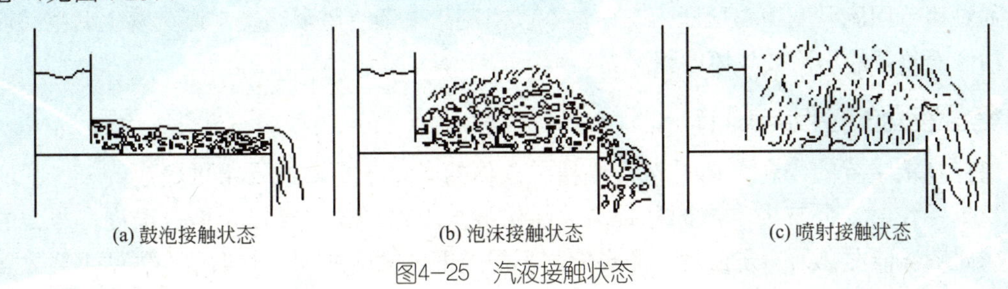

(a) 鼓泡接触状态　(b) 泡沫接触状态　(c) 喷射接触状态

图4-25　汽液接触状态

- **鼓泡接触状态**

当上升蒸气流量较小时，气体在液层中以鼓泡的形式自由浮升，汽液相接触传热传质面积小，且塔板上有大量的返混液，分离效率低。

- **泡沫接触状态**

当上升蒸气流量较大时，气泡数量急剧增加，气泡间不断发生碰撞和破裂。此时，板上液体大部分均以液膜的形式存在于直径较小、搅动十分剧烈的动态泡沫之间，传热传质效果好，是一种较理想的汽液接触状态。

- **喷射接触状态**

当上升蒸气流量继续增大时，由于气体动能很大，把板上的液体向上喷成大小不等的液滴，大液滴受重力作用回落至塔板，而小液滴则被气体带走形成液沫夹带，造成一定程度的液相返混。在喷射状态下，液滴的多次形成与合并使传质表面不断更新，为两相传质创造了良好的条件。

工业上经常采用的两相接触不是泡沫接触状态就是喷射接触状态，很少采用鼓泡接触状态。

4.5.2　精馏塔的控制方法

生产上，精馏操作主要通过压力、温度、塔釜液位和回流比的控制来实现稳定运行。

塔压的控制与调节

精馏操作时，影响塔压的主要因素有：冷凝器中冷却剂的温度和流量大小。冷却剂温度降低或流量过大会造成塔顶压力降低；如果加料量、釜温、冷凝器冷量都无变化，塔压升高通常是因为采出量太少，塔压降低通常是采出量过大所致。

塔压的调节方法因塔而异。加压精馏塔塔顶若是分凝器，一般靠调整汽相采出量来调节压力；若是全凝器，则通常调节冷剂量来调节塔顶压力。对于常压精馏塔，可以采用塔顶冷凝液储罐上的放空阀来调节塔压，通常不必过多地调节，但要注意观察压力参数有无大的波动，若波动的范围超出要求，可采取加压塔的调节方法来控制压力。而对于减压精馏塔，如果采用真空泵抽真空，则通常调节真空调节阀的开度大小来控制塔压。

塔温的控制与调节

由于影响塔温的因素较多，当塔温出现波动时，必须对各种因素综合分析，准确地判断和调节。

通常，塔釜温度出现异常，一般要调节塔底再沸器的加热蒸汽量；塔顶温度出现异常，一般通过调节回流温度和塔顶压力，尽量不以回流比来调节塔顶温度，避免发生调整回流比后塔内汽液负荷的均衡被破坏的情况。

塔釜液面的控制与调节

保持精馏装置的物料平衡是精馏塔稳态操作的必要条件，通常由塔底液位来控制或调节。精馏操作时，只有塔釜液面稳定，才能保持全塔物料的平衡以及塔内温度、压力的稳定，因此塔釜液面必须稳定在规定的高度，不能上下大幅度波动。其调节的方法主要靠釜液的排出量来调节，当精馏塔处理量较小时，也可间歇排液。当然，釜液采出量不能超出允许的采出量。

回流比的控制与调节

精馏塔设计时确定了适宜的回流比范围，操作时要将回流比控制在规定的范围内，保持稳定。只有当塔内正常生产条件受到影响(如产品质量严重不合格时)必须用回流比调节时，才能适当调整回流比。

回流比的调节方法，一是增减冷凝器中冷剂的量，增减时要注意不要影响塔压变化和全塔的平衡；二是调节回流量和塔顶采出量。

4.5.3 精馏操作的节能

石油化工行业中的分离过程能耗最大，其中又以精馏过程的能耗居首，因此，降低精馏过程的能耗一直是工业实践和科学研究的热门课题。

分析精馏装置的能耗，主要由两部分构成：塔底再沸器中加热剂的消耗量和塔顶冷凝器中冷凝介质的消耗量。但是，精馏装置中的塔器和这些换热器是一个有机的整体，塔内某个参数的变化必然会反映到再沸器和冷凝器中。因此，应用高效换热器以及高效率、低压降的新型塔板和填料，选择最适宜的回流比和进料状态，利用精馏塔的馏出液和釜液冷却时放出的热量预热原料液，均能有效实现节能的目标。

除此之外，目前有多种节能方法，下面作简要介绍。

中间冷凝器和中间再沸器

在塔顶、塔底温差较大的精馏塔中，如能在精馏段设置中间冷凝器，就可用温度稍高而价格较低的冷剂作为冷源，替代一部分塔顶所用的价格较高的低温冷剂来提供冷量，从而降低能耗。同理，如果在提馏段设置中间再沸器，就可用温度稍低而价格较廉的热剂作为热源，达到节能的目的。

多股进料

在实际生产中，常有组分相同而组成不同的几宗物料都需要分离。如果把这些物料混合以后进行分离，则能耗较大。为此可在塔体适当位置设置多个进料口，将各种物料分别加入塔内。

多效精馏

在多效精馏中，一个精馏塔被分成了多个压力不同的塔，每个塔称为一效，前一效的压力高于后一效，并且维持相邻两效之间的压力差，使前一效塔顶蒸气冷凝温度略高于后一效塔釜液体沸腾温度。前一塔的冷凝器与后一塔的再沸器耦合成一个换热器，各效分别进料。第一效用外来热剂加热，塔顶蒸气进入第二效的塔釜作为热剂并同时冷凝成产品，依此类推，直至最后一效，塔顶蒸气才用外来冷剂冷凝成产品。

多效精馏可节省能耗，但需要增加设备投资和更高级的控制系统，经济上是否可行需经过核算确定。

任务目标

能根据操作步骤，进行常温常压下的精馏装置部分回流操作

Step 4.5.1 精馏塔连续进料

（1）设置原料泵P101变频器的频率为20Hz。

（2）全开VA105、VA107、VA110；开原料泵P101电源开关，按下P101变频器的“RUN”按钮。

（3）待回流罐液位LIC04上升至250mm以上，并保持一段时间后，全开VA124、VA125，开采出泵P103电源开关，按下P103变频器的“RUN”按钮。

（4）观测进料量FIC01、塔顶温度TIC01、塔釜温度TI09、塔顶压力PI01、塔釜压力PI02、回流罐液位LIC04、回流量FI03、塔顶采出流量FI04及上、下视镜塔内汽液两相鼓泡状况。及时记录数据和现象。

Step 4.5.2 部分回流调节至稳定

（1）视实际操作状况及时调整再沸器加热电压DIC01的设定值，或根据塔顶温度TIC01适当调整冷凝水流量FI02。

（2）要求塔顶温度TIC01的过程值严格稳定在设定值。要求上、下视镜内汽液两相泡沫层的厚度为相邻两塔板高度的1/3高。要求回流罐液位LIC04、回流量FI03、塔顶采出流量FI04、塔顶压力PI01、塔釜压力PI02和塔釜温度TI09的过程值稳定。

（3）待塔顶温度TIC01、塔釜温度TI09、回流量FI03、塔顶采出流量FI04的过程值稳定，且上、下视镜内汽液两相泡沫层的厚度稳定在相邻两塔板高度的1/3厚度，并保持恒定30min后，及时记录数据和现象。

Step 4.5.3 取样分析

（1）在塔顶取样点AI02取样分析塔顶样品浓度。

（2）微开VA121取约100mL样品；用乙醇比重计测定浓度，用温度计测定其温度；并查得塔顶样品的质量分数。及时记录测量值和查得值。

（3）在塔釜取样点AI03取样分析塔釜样品浓度。

（4）微开VA112取约100mL样品；用乙醇比重计测定浓度，用温度计测定其温度；并查得塔釜样品的质量分数，及时记录测量值和查得值。

小练习

（下列练习题为选择题）

1.已知精馏q线如下：$y=2x-5$，则原料液的进料状况为（　　）。

A.过冷液体　　B.饱和液体　　C.气液混合物　　D.饱和蒸气

2.分离某二元混合物，进料量为100kmol/h，$x_F=0.6$，要求馏出液组成x_D不小于0.9，则塔顶最大产量为（　　）。

A. 60kmol/h　　B. 66.7kmol/h　　C. 90kmol/h　　D.不确定

3.某精馏塔的馏出液量是50kmol/h，回流比是2，则精馏段的回流量是（　　）。

A. 100kmol/h　　B. 50kmol/h　　C. 25kmol/h　　D. 125kmol/h

4.某连续精馏操作的精馏塔，每小时蒸馏5000kg含乙醇15%（质量分数，下同）的水溶液，可获得745kg含乙醇95%的馏出液和4255kg含乙醇1%的残液，则乙醇的回收率是（　　）。

A. 0.06　　B. 0.15　　C. 0.85　　D. 0.94

5.精馏塔提馏段每块塔板上升的蒸气量是20kmol/h，则精馏段的每块塔板上升的蒸气量是（　　）。

A. 25kmol/h　　B. 20kmol/h　　C. 15kmol/h　　D.以上都有可能

6.某精馏塔的理论板数为17块（包括塔釜），全塔效率为0.5，则实际塔板数为（　　）块。

A. 34　　B. 33

C. 32　　D. 31

7.从节能观点出发，适宜回流比R应取（　　）倍最小回流比R_{min}。

A. 1.1　　B. 1.3

C. 1.7　　D. 2.0

8.最小回流比（　　）。

A.回流量接近于零　　B.在生产中有一定应用价值

C.不能用公式计算　　D.是一种极限状态，可用来计算实际回流比

9.精馏操作中，当F、x_F、x_D、x_W及回流比R一定时，仅将进料状态由饱和液体改为饱和蒸气进料，则完成分离任务所需的理论塔板数将（　　）。

A.减少　　B.不变　　C.增加　　D.以上答案都不正确

10.精馏塔温度控制最关键的是（　　）。

A.塔顶温度　　B.塔底温度　　C.灵敏板温度　　D.进料温度

4.6　精馏塔异常现象的处理

塔板上的不正常现象有以下几种。

漏液

当上升蒸气流量较小时，液体从塔板开孔处落下，这种现象称为漏液。严重漏液会使塔板上建立不起液层，形成“干板”，导致分离效率急剧下降。

液沫夹带和夹带液泛

当汽速增大时，某些液滴被带到上一层塔板的现象称为液沫夹带。液沫夹带使部分液体流动违背逆流原则，属于返混现象，对传质不利。

当液体流量较大、上升气体的速度很高时，液体被气体夹带进入上层塔板的量猛增，上下塔板的液体连在一起，最终整个塔都充满液体，这种现象称为夹带液泛。

气泡夹带和溢流液泛

塔板上的液体经与气体充分接触后，翻越溢流出口堰进入降液管时含有大量的气泡。若液体在降液管内的停留时间太短，所含气泡来不及脱除，将被卷入下层塔板，这种现象称为气泡夹带。气泡夹带使气体由高浓度区进入低浓度区，也是一种返混现象，对传质不利，更重要的是它还降低了降液管的通过能力，严重时会破坏塔的正常操作。

如果液体流量较大，而降液管通道较小或降液管局部堵塞，则液体流动阻力增大，液体不能顺利通过降液管流到下层塔板，使液体在塔板上逐步累积直至充满整个板间，这种现象称为溢流液泛。操作时，如果发生液泛，应快速降低上升蒸气流量，必要时应减小原料进料量。

任务目标

（1）能及时发现识别精馏塔的异常现象，并判断产生的原因。

（2）能根据具体的情况，作出相应的调控措施，使装置运行稳定。

Step 4.6.1 液泛

- **现象**

塔顶温度TIC01、塔釜温度TI09的过程值迅速升高；上、下视镜内汽液两相泡沫层的厚度迅速增厚至引起液泛；塔釜压力PI02增大。

- **原因**

塔釜加热量过大导致塔内上升蒸气量增大。

- **措施**

（1）及时降低再沸器E101加热电压DIC01的设定值。

（2）观测TIC01、TI09、LIC04、FI03、FI04和上、下视镜内汽液两相鼓泡状况。

（3）待塔顶温度TIC01、塔釜温度TI09、回流量FI03、塔釜压力PI02的过程值稳定；且上、下视镜内汽液两相泡沫层的厚度稳定在相邻两塔板高度的1/3高，并保持恒定30min后。及时记录过程值和现象。

（4）取样分析塔顶、塔釜产品的浓度。及时记录数据。

（5）如果产品浓度尚未达到指定的要求，继续重复步骤（1）～（4）的过程，直至满足要求。

Step 4.6.2 原料组分偏低

- **现象**

塔顶温度TIC01的过程值迅速升高，塔釜温度TI09的过程值基本不变；上视镜内汽液两相泡沫层的厚度逐渐增厚、下视镜内汽液两相泡沫层的厚度逐渐变薄至消失。

- **原因**

原料液的浓度较原浓度低，物料不平衡$\left(即\frac{D}{F}>\frac{x_F-x_W}{x_D-x_W}\right)$。

- **措施**

（1）在备用原料罐V106的取样点AI04取样分析原料液浓度，微开VA131取约100mL样品，用乙醇比重计测定浓度，用温度计测定其温度，查得样品的质量分数。及时记录测量值和查得值。

（2）根据测得的样品的质量分数大小，尝试以下3种方法，控制塔顶温度TIC01的过程值稳定在设定值。

① 增加进料量，调大VA110。

② 增大回流量，增大VA123。

③ 将加料口的位置下移，迅速全开VA128，同时关闭VA110。

（3）视实际操作状况及时调整再沸器E101加热电压DIC01的设定值。

（4）观测TIC01、TI09、LIC04、FI03、FI04和上、下视镜内汽液两相鼓泡状况。

（5）待塔顶温度TIC01、塔釜温度TI09、回流量FI03的过程值稳定；且上、下视镜内汽液两相泡沫层的厚度稳定在相邻两塔板高度的1/3，并保持恒定30min后。及时记录过程值和现象。

（6）取样分析塔顶、塔釜产品的浓度。及时记录测量值。

（7）如果产品浓度尚未达到指定的要求，继续重复步骤（3）～（6）的过程，直至满足要求。

Step 4.6.3 原料温度过高

- **现象**

塔顶温度TIC01的过程值逐渐上升，塔釜温度TI09的过程值变化不大，上视镜塔内汽液两相泡沫层的厚度基本不变，下视镜塔内汽液两相泡沫层的厚度变薄。

- **原因**

原料液的温度较原温度高。

- **措施**

（1）全开VA127，迅速关闭VA110。

（2）视实际操作状况调整再沸器E101加热电压DIC01的设定值，控制塔顶温度TIC01的过程值稳定在设定值。

（3）待塔顶温度TIC01、塔釜温度TI09、回流量FI03的过程值稳定；且上、下视镜内汽液两相泡沫层的厚度稳定在相邻两塔板高度的1/3高，并保持恒定30min后。及时记录过程值和现象。

（4）取样分析塔顶、塔釜产品的浓度。及时记录测量值。

（5）如果产品浓度尚未达到指定的要求，继续重复步骤（2）～（4）的过程，直至满足要求。

小练习

（下列练习题中，第1～7题为选择题，第8题为简答题）

1.下面原因不会引起降液管液泛的是（　　）。

A.塔板间距过小　　B.严重漏液　　C.过量雾沫夹带　　D.液、气负荷过大

2.严重的雾沫夹带将导致（　　）。

A.塔压增大　　B.板效率提高　　C.漏液　　D.板效率下降

3.下列操作属于板式塔正常操作的是（　　）。

A.液泛　　B.鼓泡　　C.漏液　　D.雾沫夹带

4.在蒸馏操作中，液泛是容易产生的现象，其表现形式是（　　）。

A.塔压增加　　B.温度升高　　C.回流比减小　　D.温度降低

5.下列不是产生淹塔的原因是（　　）。

A.上升蒸气量大　　B.下降液体量大　　C.再沸器加热量大　　D.回流量小

6.塔板上造成气泡夹带的原因是（　　）

A.气速过大　　B.气速过小　　C.液流量过大　　D.液流量过小

7.当塔顶产品重组分增加时，应（　　）。

A.增大塔釜加热量　　B.提高塔温

C.增加回流量　　D.加大进料量

8.发生液泛时，对塔的分离能力有无影响？当原料组成偏低时为什么要将加料口的位置下移？当原料温度过高时，对塔的分离能力有无影响？

发生上述三种异常现象时，灵敏板的温度将如何变化？为什么？

4.7 精馏装置的正常停车

精馏停车也是生产中十分重要的环节，当装置运转一定周期后，设备和仪表发生各种各样的问题，若继续维持生产，在生产能力和原材料消耗等方面已经达不到经济合理的要求，还蕴含着发生事故的潜在危险，因此需要停车进行检修。

要实现装置完全停车，尽快转入检修阶段，必须做好停车准备工作，制订合理的停车步骤，预防各种可能出现的问题。其一般操作步骤包括：

（1）制订一个降负荷计划，逐步降低塔的负荷，相应地减小加热器和冷却剂用量，直至完全停止。如果塔中有直接蒸气（如催化裂化装置主分馏塔），为避免塔板漏液导致的产量下降，可适当增加直接蒸气的量。

（2）停止加料。

（3）排放塔中存液。

（4）实施塔的降压（或升压），降温或升温，用惰性气清扫或冲洗等，使塔接近常温或常压，准备打开人孔通入大气，为检修作好准备。

具体还需做哪些准备工作，必须由塔的具体情况而定，因地制宜。

✻ 任务目标

学会将精馏装置从正常运行状态安全停车。

Step 4.7.1 停止再沸器加热

（1）将再沸器加热电压DIC01由自动控制状态切换为手动输出状态，下调输出值至0。

（2）待DIC01的过程值下降至5V后，关闭再沸器加热电源开关。

Step 4.7.2 停进料、回流和采出

（1）按下原料泵P101变频器“STOP”按钮，关原料泵P101电源开关；关闭VA105、VA107、VA110。

（2）按下采出泵P103变频器“STOP”按钮，关采出泵P103电源开关；关闭VA124，VA125。

（3）按下回流泵P102变频器“STOP”按钮，关回流泵P102电源开关；关闭VA122、VA123。

（4）待塔釜温度TI09降至40℃以下后，关闭VA117、VA118、VA119、VA120。

（5）关闭VA113、VA115。

Step 4.7.3 排空塔釜、储罐

（1）在原料罐V101的排放口VA102处连接软管，全开VA102、VA106排原料液至指定容器内。排毕关闭VA106、VA102、VA101，卸去软管。

（2）在塔釜产品罐V102的排放口VA116处连接软管，全开VA108、VA111、VA114、VA116排残液至指定容器内。排毕关闭VA114、VA116、VA108、VA111，卸去软管。

（3）在取样点AI02处连接软管，微开VA121排回流罐V104内的回流液至指定容器内。排毕关闭VA121，卸去软管。

（4）在塔顶产品罐V105的排放口VA126处连接软管，全开VA109、VA126排馏出液至指定容器内。排毕关闭VA126、VA109，卸去软管。

（5）记录数据后，关闭总电源。

5 吸收

利用不同气体组分在液体溶剂中的溶解度差异，对其进行选择性溶解，从而将气体混合物各组分分离的单元操作，称为吸收。在工业上，吸收主要应用于混合气的净化、有用组分的回收、某些产品的制取以及废气的治理。

本单元共分六个部分，分别对吸收的基本知识、吸收-解吸联合装置的流程、开车准备、正常开车、尾气控制以及正常停车等进行理论实训一体化的介绍。

5.1 预备知识

5.1.1 概述

溶解是日常生活中常见的一种现象。例如糖溶解于水形成糖水，可乐中溶解有一定量的CO_2等。常见的溶解有固体溶解和气体溶解之分，本单元重点讨论气体溶解，而气体在液体中溶解量的多少可以用溶解度来表示。

溶解度

在一定的温度和压力下，混合气体和液体接触时，气相中的溶质便会向液相转移，而溶于液相中的溶质又会从液相返回气相。当单位时间内溶于液相中的溶质量与从液相中返回气相的溶质量相等时达到动态平衡。此时液相中溶质的浓度称为溶解度。溶解度的单位一般以1000g液体中溶解气体的质量（g）表示，也可以采用其他表示法。不同气体的溶解度是不同的，根据溶解度的不同，气体有易溶气体和难溶气体之分。

气体在液体中的溶解度与气体、液体的种类、温度、压力有关。表5-1列出了几种气体在水中的溶解度。

表 5-1 在101.3kPa、298K时几种气体在水中的溶解度　　单位：g气体/1000gH_2O

H_2	N_2	O_2	CO_2	H_2S	NH_3
0.00145	0.016	0.037	1.37	22.8	462

从表5-1中可以看出，在上述相同压力和温度下，不同种类气体在水中的溶解度相差甚远。NH_3溶解度很大，称为易溶气体；H_2S、CO_2具有中等溶解度；N_2、H_2、O_2溶解度很小，称为难溶气体。

一般来说，气体在水中的溶解度随压力的升高而增大，随温度的升高而减小（见图5-1）。

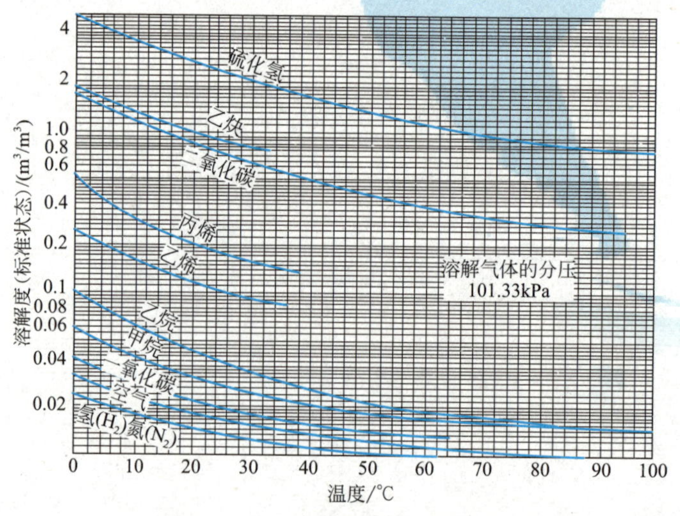

图5-1　部分气体在水中的溶解度

吸收

在工业生产中，常利用气体可以溶解在液体中的物理性质来分离气体混合物。利用气体混合物各组分在液体中溶解度的差异来分离气体混合物的单元操作称为气体吸收，简称吸收，其具体应用大致有以下几种（见图5-2）。

在吸收操作中，通常将被分离的气体分为溶质A（或吸收质）和惰性气体B。当它与溶剂S（或吸收剂）接触时，溶质A通过气液界面进入液相，形成吸收液。实际上，所谓惰性气体也不是绝对不溶解，只是溶解度比溶质气体小得多。

吸收后的剩余气体常称作吸收尾气，其中含有大部分的惰性气体、少量未被吸收的溶质以及部分溶剂（此部分通常不大，可以忽略）。

图5-3列出了吸收的一些基本概念。

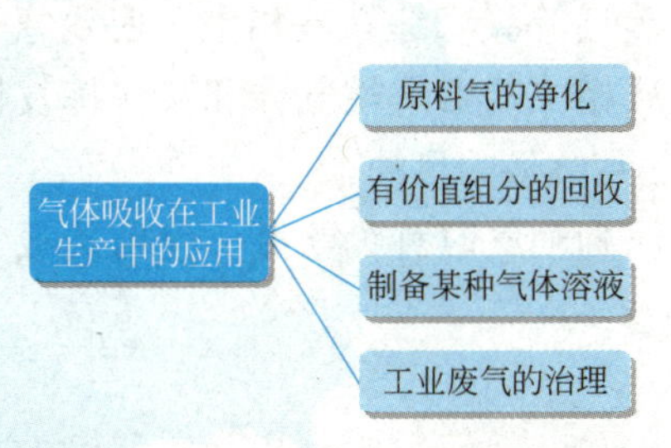

图5-2　气体吸收在工业生产中的应用

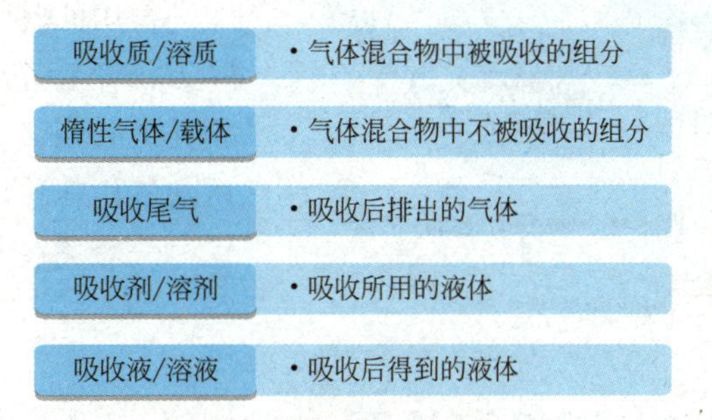

图5-3　吸收的基本概念

若吸收时溶质不发生明显的化学反应，称为物理吸收。若吸收时溶质与溶剂或溶液中的其他物质进行化学反应，则称为化学吸收。此外，根据吸收时温度是否有显著变化，又可分为等温吸收与非等温吸收。若按被吸收组分的数目，可以分为单组分吸收和多组分吸收。通常，将混合气中吸收质浓度不大于10%（摩尔分数）的吸收称为低浓度吸收，高于10%（摩尔分数）的吸收称为高浓度吸收。吸收的分类见图5-4。本章中，主要讨论单组分低浓度等温物理吸收，使读者掌握吸收的基本原理和方法。

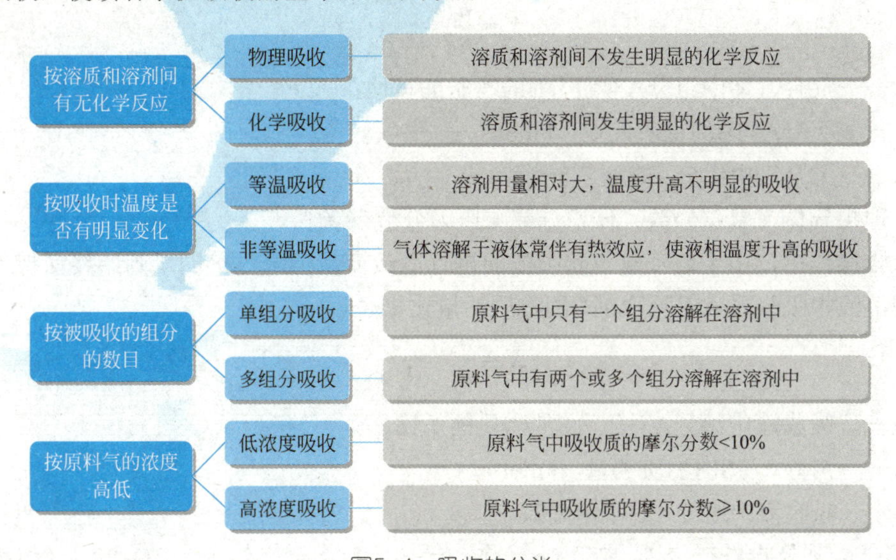

图5-4　吸收的分类

解吸

在生产中，常需要将溶液中的气体溶质分离出来，这样的单元操作称为解吸。显然，解吸与吸收是相反的过程。用于解吸的气体称为解吸气，解吸后排出的气体称为解吸尾气，解吸后得到的液体称为解吸液。在吸收-解吸联合装置中，解吸液可以作为吸收剂循环使用。

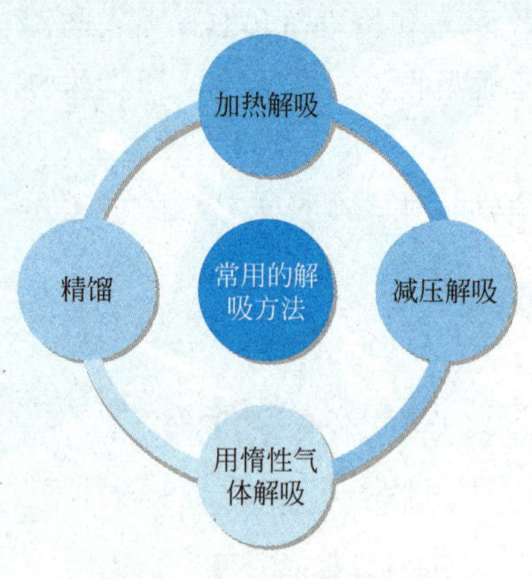

图5–5　常用的解吸方法

解吸的作用有两个：一个是把吸收剂中吸收的气体重新释放出来，获得高纯度的气体；另一个是使吸收剂释放被吸收的气体，再返回吸收塔循环使用，节约操作费用。例如，用水吸收了合成氨原料气中的二氧化碳后，经解吸得到二氧化碳，同时水又可以循环使用。因此，解吸过程又常被称为吸收剂的再生过程。

常用的解吸方法如图 5-5 所示。其中常用的惰性气体解吸方法是将空气或水蒸气等载气通入液相中，使载气与液相充分接触，从而使液相中的溶解性气体和某些挥发性物质向气相转移，从而达到解吸的目的。

一般将使用的载气为空气时称为吹脱；使用的载气为蒸汽时称为汽提。

5.1.2　相平衡关系

吸收浓度的表示法

吸收常采用物质的量比表示浓度。混合物中某一组分的物质的量与另一组分的物质的量的比值称为该组分的物质的量比，液相物质的量比符号用X表示，气相物质的量比用Y表示。

在吸收操作中，由于气体总量随吸收的进行而改变，但惰性气体的量则始终保持不变。因此常采用混合气体中吸收质A对惰性组分B的物质的量比来表示：

$$Y_A=\frac{n_A}{n_B}=\frac{y_A}{1-y_A} \tag{5-1}$$

式中　Y_A——混合气体中组分A对组分B的物质的量比；

n_A，n_B——组分A与B的物质的量，kmol；

y_A——混合气中组分A的摩尔分数。

对于理想气体，摩尔分数、体积分数与压力分数三者相等。

在吸收操作中，由于溶液总量随吸收的进行而改变，但吸收剂的量则始终保持不变。因此常采用溶液中吸收质A对吸收剂S的物质的量比来表示：

$$X_A=\frac{n_A}{n_S}=\frac{x_A}{1-x_A} \tag{5-2}$$

式中　X_A——吸收液中组分A对组分S的物质的量比；

n_A，n_S——组分A与S的物质的量，kmol；

x_A——吸收液中组分A的摩尔分数。

【例5-1】某吸收塔在常压、25℃下操作，已知原料混合气体中含CO_2 29%（体积分数），其余为N_2、H_2和CO（可视为惰性组分），经吸收后，出塔气体中CO_2的含量为1%（体积分数）。试分别计算用物质的量比表示的原料混合气和出塔气体的CO_2组成。

已知　因为理想气体的体积分数等于摩尔分数，所以y_1=0.29，y_2=0.01

求　Y_1、Y_2各为多少？

解　$Y_1=\frac{y_1}{1-y_1}=\frac{0.29}{1-0.29}=0.4085$

$Y_2=\frac{y_2}{1-y_2}=\frac{0.01}{1-0.01}=0.0101$

答：原料混合气和出塔气体的CO_2物质的量比分别是0.4085、0.0101。

亨利定律

对于某种气体，当气相的总压力不高（一般认为小于0.5MPa），且溶解后形成的溶液为稀溶液时，溶液中的溶质浓度与该气体压力的平衡关系常用亨利定律来表示：

$$p^*=\frac{c}{H} \tag{5-3}$$

式中　c——溶质在溶液中的浓度，mol/m³；

p^*——溶质的气相平衡压力，Pa；

H——溶解度系数，mol/(m³·Pa)。由实验测定，其值随温度的升高而减小。

H值的大小可以反映气体溶解的难易程度，一般来说，对于难溶的气体，H值较小；而对于易溶气体，H值则较大。

在实际生产中，被吸收的气体往往是气体混合物中的某个组分，而非纯气体。对于此种情况，亨利定律可以修改为如下形式：

$$p^*=Ex \tag{5-4}$$

式中　x——溶液中溶质的摩尔分数；

E——亨利系数，Pa。

E值随温度升高而增大。亨利系数值越大，表明气体的溶解度越小。

亨利定律的式子表明了在气液两相达到平衡时，溶质在气相和液相中量的分配情况。在工程设计中，还常常用溶解度系数H进行相关的计算。对于稀溶液，溶液的密度可以近似地看作与溶剂的密度相等，据此可以导出亨利系数E与溶解度系数H的关系如下：

$$E=\frac{\rho_s}{HM_s} \tag{5-5}$$

式中　ρ_s——溶剂的密度，kg/m³；

M_s——溶剂的摩尔质量，kg/mol。

吸收平衡线

用于表明吸收过程中，气液相平衡关系的曲线称作吸收平衡线。它可以用各种不同相组成表示的相平衡关系加以标绘。在吸收操作中，常常用y-x图来表示，其作法如下。

根据气体分压定律，有：

$$p_A=py_A \tag{5-6}$$

式中　p_A——溶质在气相中的分压，Pa；

p——混合气体的总压，Pa；

y_A——溶质在气相中的摩尔分数。

在平衡时，溶质在气相中的平衡组成为y_A^*，结合亨利定律，可以得到：

$$p_A^*=py_A^*=Ex_A$$

故

$$y_A^*=\frac{E}{p}x_A=mx_A \quad (5\text{-}7)$$

式中　$m=E/p$——相平衡常数，无量纲，且与溶液组成无关。

上式是亨利定律的又一表达形式。m值越大，表明该气体的溶解度越小。

若将$x=\frac{X}{1+X}$以及$y=\frac{Y}{1+Y}$代入上式，并略去下标，经整理可以得到：

$$Y^*=\frac{mX}{1+(1-m)X} \quad (5\text{-}8)$$

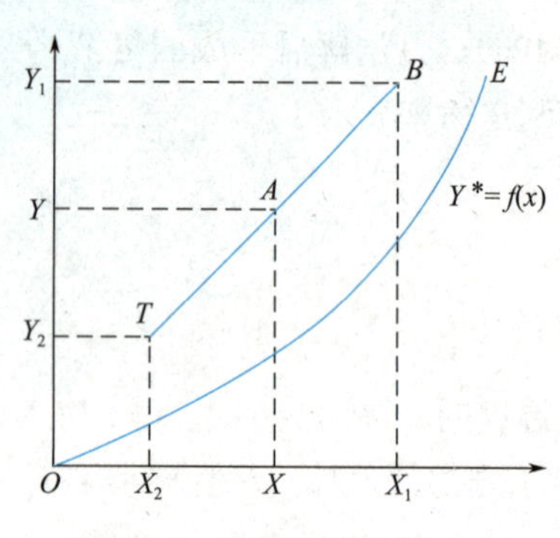

图 5-6　吸收平衡线$Y^*=f(x)$

式中，m为相平衡常数，X为溶质在液相中的物质的量比，Y^*为吸收平衡时溶质在气相中的物质的量比。将此关系绘制于Y-X图上，为一条通过原点的曲线，称之为吸收平衡线，如图5-6中的OE曲线。

对于稀溶液，其X值很小，吸收平衡线的分母趋近于1，即：

$$Y^*=mX \quad (5\text{-}9)$$

此时，平衡线为一条直线，斜率为m。

一般来说，m值随温度的升高而增大，随总压的升高而减小。因而较高的压力与较低的温度都有利于吸收操作的进行。

【例5-2】在总压1200kPa、温度303K下，含CO_2 5%（摩尔分数）的气体与含CO_2为1.0g/L的水溶液相遇，CO_2水溶液在303K时的亨利系数$E=188\times10^3$kPa，问：该接触过程会发生吸收还是解吸？以分压差表示的推动力有多大？若要改变其体质方向可采取那些措施？

解　① 判断是吸收还是解吸，其实质是比较溶液中溶质的平衡分压$p_{CO_2}^*$与气相中的实际分压p_{CO_2}的大小。

据题意　$p=1200$kPa，$y=5\%=0.05$

所以　$p_{CO_2}=py=1200\text{kPa}\times0.05=60\text{kPa}$

因溶液很稀，故其密度与平均摩尔质量可视为与水相同，查附录得水在303K时，$\rho_{H_2O}=996\text{kg/m}^3$，$M_{H_2O}=18$kg/kmol，$M_{CO_2}=44$kg/kmol。据亨利定律得

$$x_{CO_2}=\frac{n_{CO_2}}{n_{H_2O}}=[(1.0\text{kg/m}^3)/(44\text{g/mol})]/[(996\text{kg/m}^3)/(18\text{g/mol})]=0.00041$$

$$p_{CO_2}^*=Ex=188\times10^3\text{kPa}\times0.00041=77.1\text{kPa}$$

因$p_{CO_2}^*>p_{CO_2}$，故进行的是解吸。

② 以分压表示的总推动力为：

$$p_{CO_2}^*-p_{CO_2}=77.1\text{kPa}-60\text{kPa}=17.1\text{kPa}$$

③ 若要改变传质方向（即变解吸为吸收），可以采取的措施是：提高操作压力，以提高气相中CO_2分压p_{CO_2}，降低操作温度，以降低与液相相平衡的CO_2分压$p_{CO_2}^*$。

小练习

（下列练习题中，第1～6题为是非题，第7～11题为选择题，第12～14题为计算题）

1.在吸收过程中不能被溶解的气体组分叫惰性气体，即吸收尾气。（ ）

2.用水吸收HCl气体是物理吸收，用水吸收CO_2是化学吸收。（ ）

3.在吸收过程中，若吸收剂能吸收两个或两个以上的组分称为多组分吸收。（ ）

4.在一定条件下，当气液处于平衡时，一定数量溶剂所能溶解的溶质的数量称为溶解度。（ ）

5.根据相平衡理论，低温高压有利于吸收，因此吸收压力越高越好。（ ）

6.精馏是工业上常采用的解吸方法之一。（ ）

7.吸收过程是溶质从气相转移到（ ）的质量传递过程。

A.气相　B.液相　C.固相　D.任一相态

8.下列过程属于化学吸收过程的是（ ）。

A.用硅胶粒保持仪器的干燥

B.用活性炭去除江水中的苯胺

C.用乙醇胺溶液除去合成气中的二氧化碳

D.合成氨中通过水洗以除去原料气中的二氧化碳

9.用水吸收二氧化氮属于（ ）吸收。

A.物理　B.化学　C.等温　D.等压

10.氨水的物质的量比为0.25，而它的摩尔分数应是（ ）。

A. 0.15　B. 0.20　C. 0.25　D. 0.30

11.溶解度较小时，气体在液相中的溶解度遵守（ ）定律。

A.拉乌尔　B.亨利　C.开尔文　D.依数性

12.用清水吸收烟道气中的二氧化碳，已知尾气中二氧化碳的体积分数为10%。试求尾气中二氧化碳的浓度（以物质的量比表示）。

13.氨水中氨的质量分数为0.25，求氨对水的物质的量比。

14.常压、25℃下，气相中氨的分压为5.47kPa的混合气体，与浓度为$0.001kmol/m^3$氨水溶液接触，已知$E=1.52\times10^5kPa$，求传质方向和传质推动力。

5.2 认知吸收-解吸实训装置的工艺流程

5.2.1 吸收设备

完成吸收操作的设备是吸收塔。目前，工业生产中使用的吸收塔的主要类型有填料塔、板式塔、湍球塔、喷洒式吸收器和喷射式吸收器等。本章重点介绍填料塔。

填料塔

填料塔是塔设备的一种，塔身是一直立式圆筒，底部装有填料支承板，填料以乱堆或整

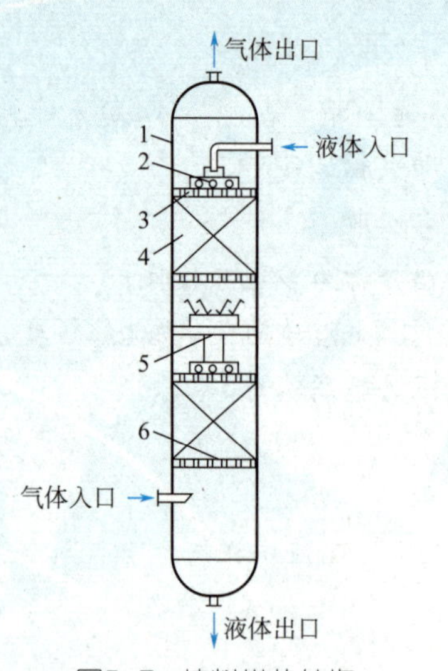

图5-7　填料塔的结构

1—塔壳体；2—液体分布器；3—填料压板；4—填料；5—液体再分布装置；6—填料支承板

砌的方式放置在支承板上。填料的上方安装填料压板，以防被上升气流吹动。液体从塔顶经液体分布器喷淋到填料上，并沿填料表面流下。气体从塔底送入，经气体分布装置（小直径塔一般不设气体分布装置）分布后，与液体呈逆流接触，连续通过填料层空隙，在填料表面上，气液两相密切接触进行传质。填料塔属于连续接触式气液传质设备，两相组成沿塔高连续变化，在正常操作状态下，气相为连续相，液相为分散相。填料塔结构较简单，检修较方便，广泛应用于气体吸收、蒸馏、萃取等操作。填料塔的结构如图5-7所示。

● **填料**

填料是填料塔的核心部分，是决定填料塔性能的主要因素，它的作用是为气、液两相传质提供足够的接触面积，加快吸收速率。根据装填方式的不同，可分为散装填料和规整填料；根据结构的不同，也可分为实体填料与网状填料。

散装填料是一个个具有一定几何形状和尺寸的颗粒体，一般以随机的方式堆积在塔内，又称为乱堆填料或颗粒填料。散装填料根据结构特点不同，又可分为环形填料、鞍形填料、环鞍形填料及球形填料等。常见的有拉西环、鲍尔环、阶梯环、弧鞍填料、矩鞍填料、金属环矩鞍填料以及球形填料等。规整填料是按一定的几何构形排列，整齐堆砌的填料。规整填料种类很多，根据其几何结构可分为格栅填料、波纹填料、脉冲填料等。

下面简单介绍几种常见的填料。

（1）拉西环

拉西环填料于1914年由拉西（F.Rashching）发明，为外径与高度相等的圆环体（见图5-8）。拉西环填料的气液分布较差，传质效率低，阻力大，通量小，目前工业上已较少应用。

（2）鲍尔环

鲍尔环填料（见图5-9）是对拉西环的改进，在拉西环的侧壁上开出两排长方形的窗孔，被切开的环壁的一侧仍与壁面相连，另一侧向环内弯曲，形成内伸的舌叶，诸舌叶的侧边在环中心相搭。鲍尔环由于环壁开孔，大大提高了环内空间及环内表面的利用率，气流阻力小，液体分布均匀。与拉西环相比，鲍尔环的气体通量可增加50%以上，传质效率提高30%左右。鲍尔环是一种应用较广的填料。

（3）阶梯环

阶梯环填料（见图5-10）是对鲍尔环的改进，与鲍尔环相比，阶梯环的高度减少了一半，并在一端增加了一个锥形翻边。由于高径比减少，使得气体绕填料外壁的平均路径大为缩短，减少了气体通过填料层的阻力。锥形翻边不仅增加了填料的机械强度，而且使填料之间由线接触为主变成以点接触为主，这样不但增加了填料间的空隙，同时成为液体沿填料表面流动的汇集分散点，可以促进液膜的表面更新，有利于传质效率的提高。阶梯环的综合性能优于鲍尔环，成为目前所使用的环形填料中最为优良的一种。

图5-8 拉西环

图5-9 鲍尔环

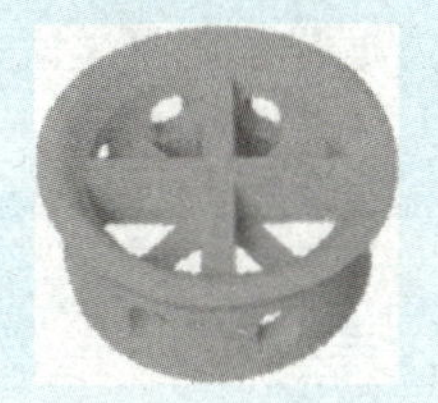
图5-10 阶梯环

（4）矩鞍填料

将弧鞍填料两端的弧形面改为矩形面，且两面大小不等，即成为矩鞍填料（见图5-11）。矩鞍填料堆积时不会套叠，液体分布较均匀。矩鞍填料一般采用瓷质材料制成，其性能优于拉西环。目前，国内绝大多数应用瓷拉西环的场合，均已被瓷矩鞍填料所取代。

（5）波纹填料

目前工业上应用的规整填料绝大部分为波纹填料（见图5-12），它是由许多波纹薄板组成的圆盘状填料，波纹与塔轴的倾角有30°和45°两种，组装时相邻两波纹板反向靠叠。各盘填料垂直装于塔内，相邻的两盘填料间波纹呈交错90°排列。

波纹填料按结构可分为网波纹填料和板波纹填料两大类，其材质又有金属、塑料和陶瓷等之分。波纹填料的优点是结构紧凑，阻力小，传质效率高，处理能力大，比表面积大。波纹填料的缺点是不适于处理黏度大、易聚合或有悬浮物的物料，且装卸、清理困难，造价高。

（6）球形填料

球形填料（见图5-13）结构有多种。球形填料的特点是球体为空心，可以允许气体、液体从其内部通过。由于球体结构的对称性，填料装填密度均匀，不易产生空穴和架桥，所以气液分散性能好。球形填料一般只适用于某些特定的场合，工程上应用较少。

图5-11 矩鞍填料

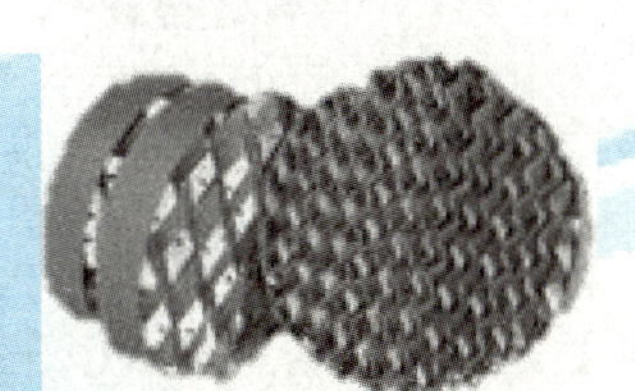
图5-12 波纹填料

图5-13 球形填料

除上述几种较典型的散装填料外，近年来不断有构型独特的新型填料开发出来，如共轭环填料、海尔环填料、纳特环填料等。工业上常用的散装填料的特性数据可查阅相关手册。

● **填料特性**

（1）填料的比表面积

单位体积填料层所具有的表面积称为填料的比表面积，用σ表示，其单位为m^2/m^3。填料的比表面积越大，所提供的气液传质面积就越大，对吸收越有利。显然，填料应具有较大的比表面积，以增大塔内传质面积，提高传质效率。同一种类的填料，尺寸越小，则其比表面积越大。

（2）填料的空隙率

单位体积填料层所具有的空隙体积，称为填料的空隙率，以ε表示，其单位为m^3/m^3。填料的空隙率大，则气液通过能力大且气体流动阻力小，气液两相接触的机会多，对吸收有利，同时，填料层质量轻，对支承板要求低，也是有利的。

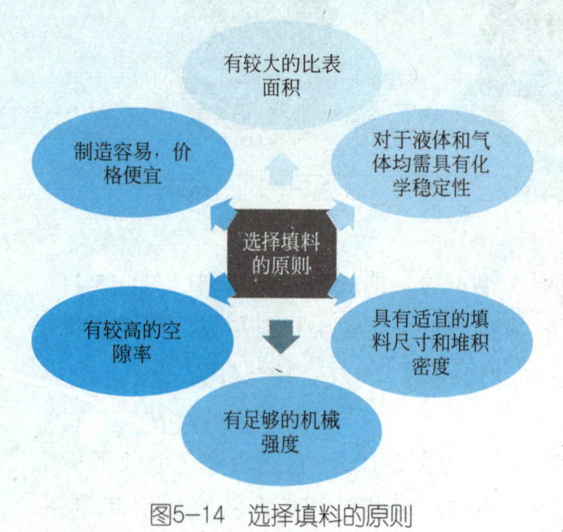

图5-14　选择填料的原则

（3）填料的堆积密度

单位体积填料的质量为填料的堆积密度，堆积密度与填料的尺寸大小有关。对同一种填料而言，填料尺寸小，堆积密度大，堆积的填料数目多，比表面积大，空隙率小，则气体流动阻力大；反之填料尺寸过大，堆积密度小，在靠近塔壁处，由于填料与塔壁之间的空隙大，易造成气体由此短路通过或液体沿壁下流，使气液两相沿塔截面分布不均匀。为此，填料的尺寸不应大于塔径的1/10~1/8。

选择合适的填料应遵循一定的原则，见图5-14。

● **填料塔构件**

（1）填料支撑装置

填料支承装置安装在填料下方，可以支承塔内的填料，它的自由截面积应大于填料层的自由截面积。常用的填料支承装置有栅板型、孔管型、驼峰型等，如图5-15所示。

(a) 栅板型　(b) 孔管型　(c) 驼峰型

图5-15　填料支撑装置

（2）填料压紧装置

填料压紧装置安装在填料上方，主要是为了防止在高压降、瞬时负荷波动等情况下填料床层发生松动和跳动。常用的几种填料压紧装置如图5-16所示。

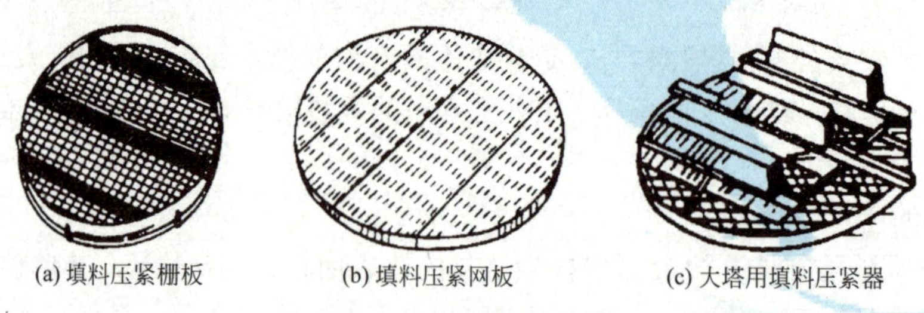

(a) 填料压紧栅板　(b) 填料压紧网板　(c) 大塔用填料压紧器

图5-16　填料压紧装置

（3）液体分布装置

液体分布装置设置在塔顶，可以保证吸收剂在填料吸收塔中的分布均匀。液体分布装置的种类多样，有喷头式、盘式、管式、槽式及槽盘式等，如图5-17所示。

（4）液体收集及再分布装置

液体在乱堆填料层内向下流动时，有一种逐渐向塔壁流动的趋势，即壁流现象。为改善

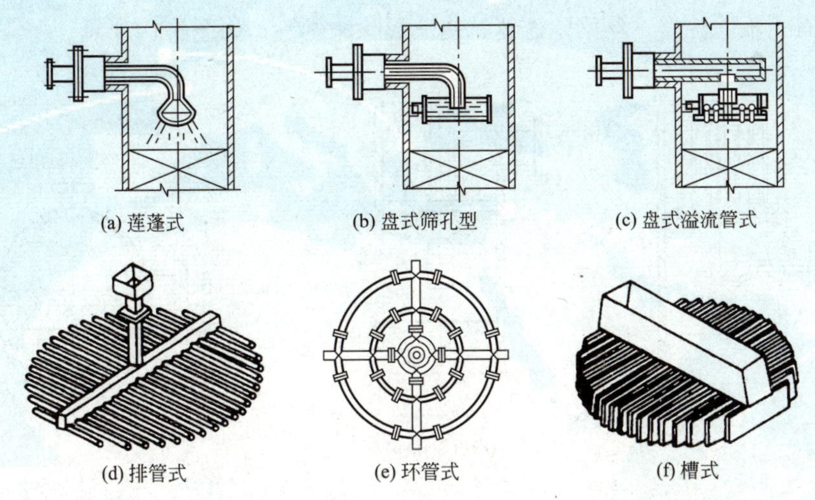

图5-17 液体分布装置

壁流造成的液体分布不均，在填料层中每隔一定高度应设置一液体收集再分布装置。在通常情况下，一般将液体收集器与液体分布器同时使用，构成液体收集再分布装置。常用的液体收集器为斜板式液体收集器，常用的液体再分布为截锥式再分布器。截锥式再分布器如图5-18所示。

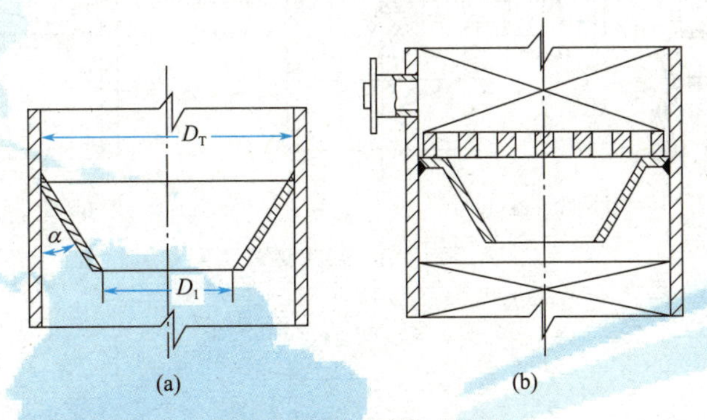

图5-18 截锥式再分布器

图5-18（a）是将截锥筒体焊在塔壁上。图5-18（b）是在截锥筒的上方加设支承板，截锥下面隔一段距离再装填料，以便于分段卸出填料。

（5）液体出口装置

液体的出口装置既要便于塔内排液，又要防止夹带气体，从而使塔内空间与外界隔绝，防止气相短路的发生。常用的液体出口装置可采用水封装置。当塔的内外压差较大时，又可采用倒U形管密封装置，使吸收塔底部与吸收液储罐之间产生一定压力，保证气体向塔顶方向流动，与吸收剂逆向接触。

（6）气体进口装置

填料塔的气体进口装置应具有防止塔内下降的液体进入管内，又能使气体在塔截面上分布均匀两个功能。对于塔径在500mm以下的小塔，常见的方式是使进气管伸至塔截面的中心位置，管端做成45°向下倾斜的切口或向下弯的喇叭口，对于大塔可采用盘管式结构的进气装置。

（7）除沫装置

除沫装置是用来除去由填料层顶部逸出的气体中的液滴，安装在液体分布器上方。常用的除沫装置有折板除沫器、丝网除沫器、旋流板除沫器等，如图 5-19 所示。

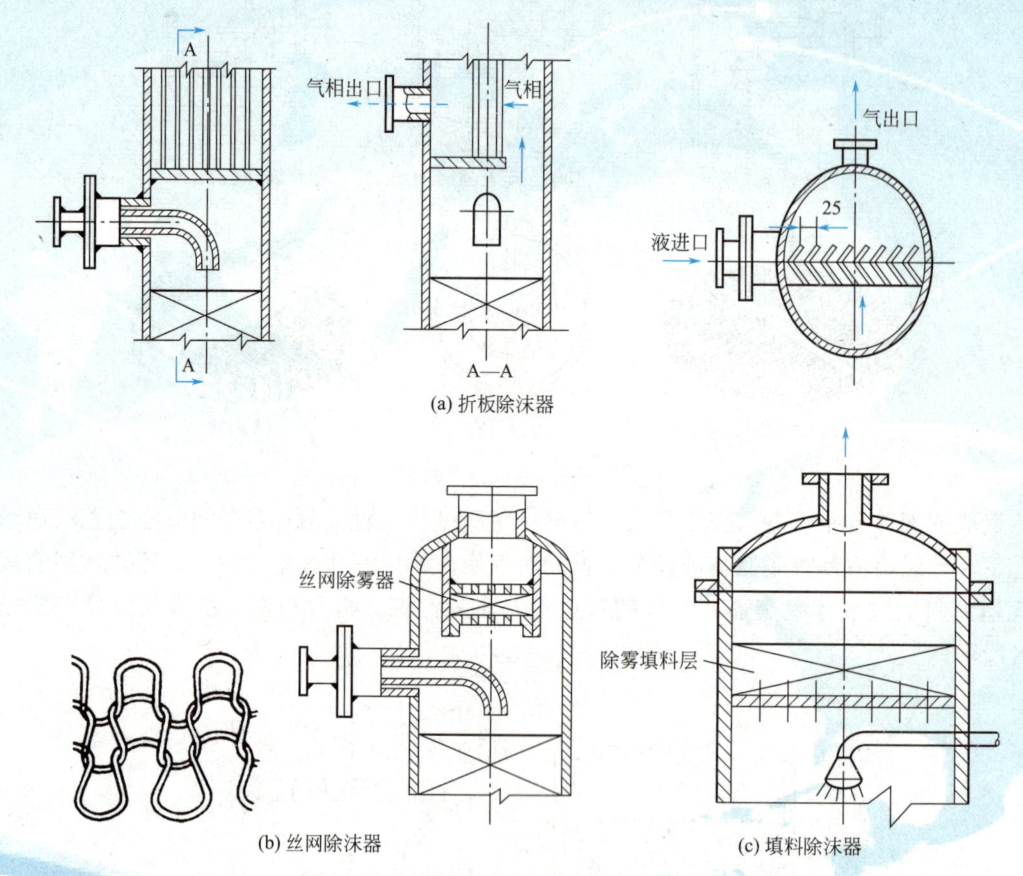

(a) 折板除沫器

(b) 丝网除沫器

(c) 填料除沫器

图5–19　除沫装置

其他吸收设备

● **湍球塔**

湍球塔是吸收操作中使用较多的一种塔型，其结构如图5-20所示，它是由支撑栅板、球形填料、挡网、雾沫分离器等组成，操作时把一定数量的球形填料放在栅板上，液体自上而下喷淋，在球面形成液膜；气体由塔底通入，当达到一定气速时，小球将悬浮于气流之中，形成湍动和旋转，并相互碰撞，使液膜表面不断更新，从而强化了传质过程。此外，由于小球向各个方向的无规则运动，球面相互碰撞又能起到清洗自己的作用。

湍球塔的优点是结构简单，气液分布均匀，操作弹性及处理能力大，不易被固体和黏性物料堵塞，由于强化传质而使塔高降低。缺点是小球无规则湍动造成一定程度的返混，只适合于传质推动力大的过程。

● **喷洒式吸收器**

喷洒式吸收器一般建成塔状，塔内既无填料，又无塔板，又称喷洒式吸收塔（见图5-21）。吸收剂入塔后，经喷嘴在塔内多处喷洒，呈雾状下降。气体由塔的底部进入并沿塔上升，与雾状液体充分接触使液体吸收气体中的易溶组分。吸收液由塔的底部流出，吸收尾气由塔顶逸出。喷洒式吸收器的吸收效果较填料塔好，常用于易溶气体的吸收。但由于喷雾的大小与液体喷出的压力和喷嘴的结构有关，为保证足够的喷出压力，动力消耗大。

● 喷射式吸收器

喷射式吸收器是目前工业上应用十分广泛的一种吸收设备，结构如图5-22所示。操作时吸收剂靠泵的动力送到喉头处，由喷嘴喷成雾状，在喉管处由于吸收剂流速的急剧变化，在气体进口处形成真空而使气体吸入，气液两相充分接触从而实现传质过程。操作时不需另设风机，吸收效率较高。但吸收剂的消耗量大，故循环使用可以节省吸收剂的用量并提高吸收液中吸收质的浓度。

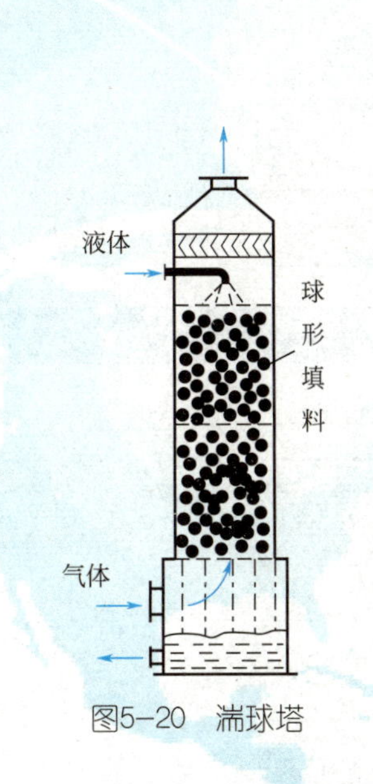

图5-20 湍球塔

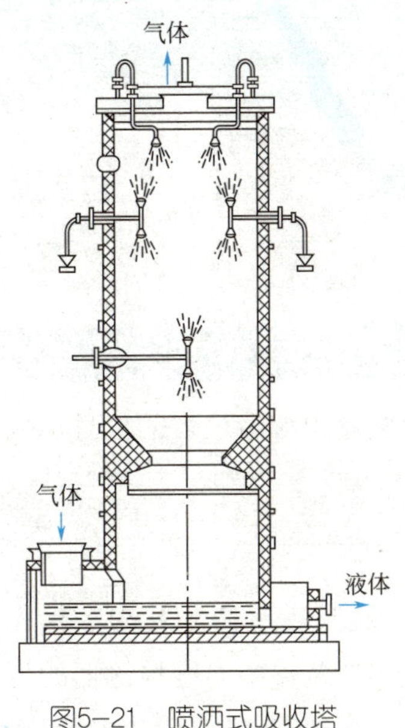

图5-21 喷洒式吸收塔

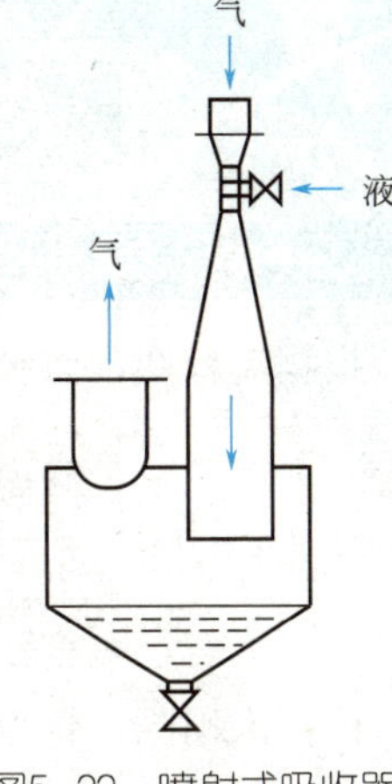

图5-22 喷射式吸收器

5.2.2 吸收流程

吸收通常在塔设备内进行。除了制取溶液产品等少数情况只需单独进行吸收之外，一般都需要对吸收后的溶液进行解吸，使溶剂再生循环使用，同时得到有用的溶质。因此，除了吸收塔以外，还需与其他设备一起组成一个完整的吸收-解吸流程。

通常，吸收混合气从吸收塔底进入吸收塔，溶质被从塔顶淋下的溶剂吸收后，吸收尾气由塔顶送出。富含溶质的溶液（常称富液或吸收液），用解吸泵输送至解吸塔进行进一步处理。

对于吸收流程的气液流向，一般都采用逆流操作，即液体向下气体向上，从而使全塔平均推动力最大，与传热时两流体以逆流的平均推动力最大的原理相同。只有对吸收速率取决于反应速率而不取决于传质推动力等少数情况，才不一定用逆流。

※ 任务目标

（1）学会识读吸收-解吸装置的流程图。

（2）能正确标识设备和阀门的位号。

（3）能正确标识各测量仪表。

本装置主体设备为填料吸收塔与填料解吸塔。吸收操作是在填料吸收塔内用吸收剂（水）吸收混合气中的吸收质（二氧化碳）；解吸操作是在填料解吸塔内用解吸气（空气）解吸吸收液中的二氧化碳。解吸过程中生成的解吸液被用作吸收剂继续循环使用。

Step 5.2.1 识别主要设备

在本书附录20——吸收实训装置流程中找出下图空白处的主要设备位号，并填入下图相应位置。

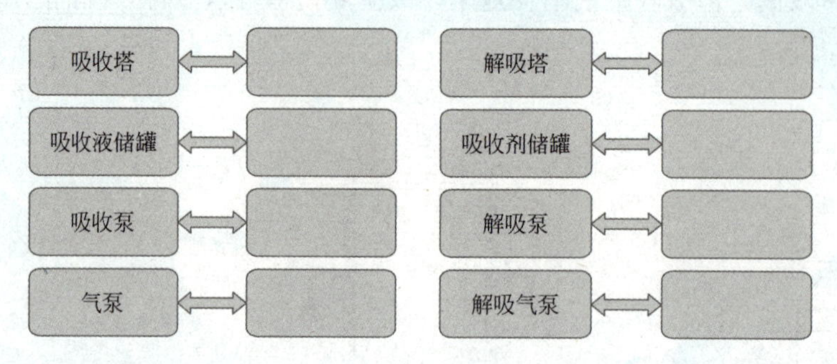

Step 5.2.2 识别主要调节仪表

根据流程图，将吸收-解吸装置中调节仪表的位号填入下图相应位置。

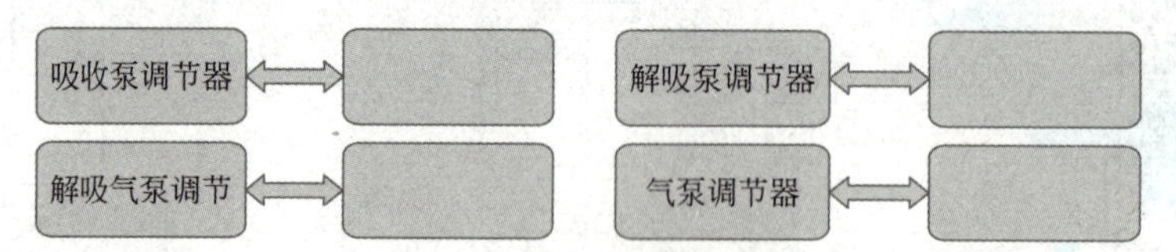

根据流程图，将吸收-解吸实训装置中温度检测器的位号填入下图相应位置。

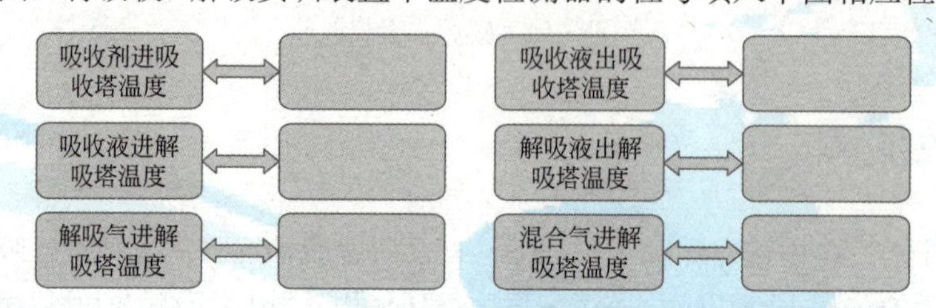

Step 5.2.3 标识吸收剂流程

下图为自吸收剂储罐V201至吸收液储罐V101的管路，将此管路上的主要设备、阀门及仪表的位号填入下图相应位置。

Step 5.2.4 标识吸收液流程

下图为自吸收液储罐V101至解吸液（吸收剂）储罐V201的管路，将此管路上的主要设备、阀门及仪表的位号填入下图相应位置。

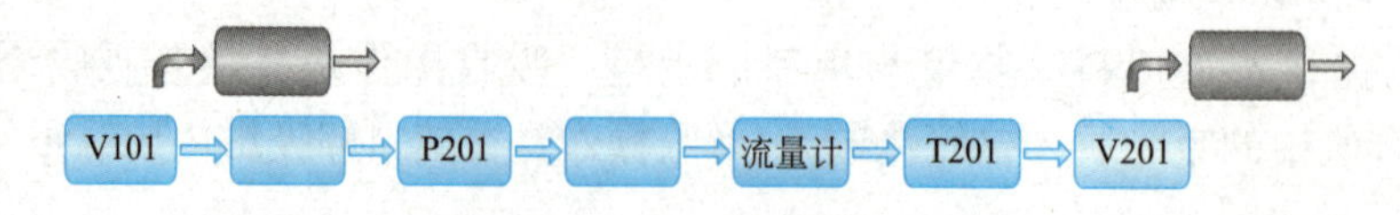

Step 5.2.5 标识解吸气流程

下图为自解吸气泵C201至解吸塔T201的管路即解吸气的进塔管路，将此管路上的主要设备、阀门及仪表的位号填入下图相应位置。

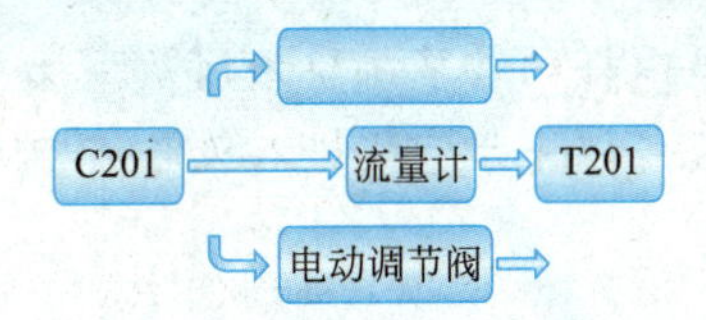

Step 5.2.6 标识混合气流程

- **空气管线**

下图为自气泵C101至吸收塔T101的进气管路，将此管路上的主要设备、阀门及仪表的位号填入下图相应位置。

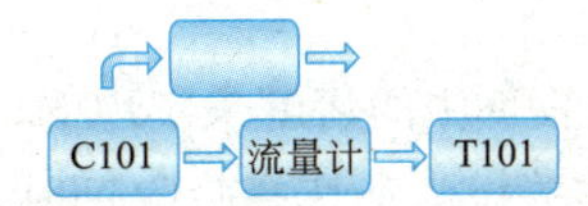

- **二氧化碳管线**

下图为自二氧化碳钢瓶至吸收塔T101的二氧化碳管路，将此管路上的主要设备、阀门及仪表的位号填入下图相应位置。

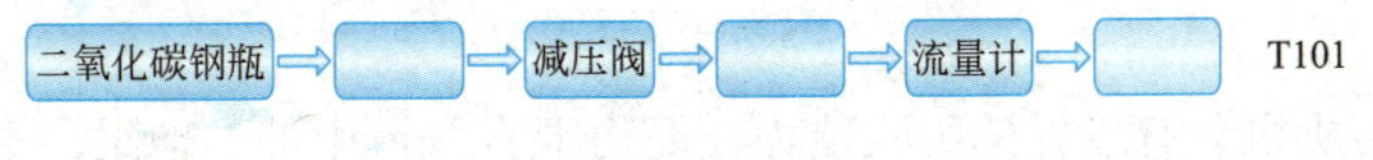

小练习

（下列练习题中，第1～3题为是非题，第4～10题为选择题，第11～14题为简答题）

1.拉西环、鲍尔环和轴型网填料均属于实体填料。（　）

2.填料支承装置的作用是支承塔体。（　）

3.吸收既可以用板式塔，也可以用填料塔。（　）

4.目前吸收操作使用最广泛的塔是（　）。

A.板式塔　　B.湍流塔　　C.喷射式吸收塔　　D.填料塔

5.工业生产中应用最老、最广的填料是（　）。

A.鲍尔环　　B.拉西环　　C.鞍形环　　D.阶梯环

6.下列填料属于实体填料的是（　）。

A.三角网圈　　B.鲍尔环　　C.θ 形网环　　D.马鞍形网

7.下列不是填料特性的是（　）。

A.比表面积　　B.空隙率　　C.堆积密度　　D.填料密度

8.支承塔内填料床层的装置是（　）。

A.筛板　　B.填料　　C.管式分布器　　D.填料支承装置

9.下列（　）不属于填料支承类型。

A.环管型　　B.栅板型　　C.孔管型　　D.驼峰型

10.填料压紧装置分为（　）两大类。

A. 填料压板和床层限制板　　B. 填料舌板和床层限制板

C. 填料压板和填料筛板　　D. 填料压板和填料舌板

11. 为什么吸收操作常常用填料塔？能否用板式塔呢？为什么？

12. 本实训中，由吸收塔底部至吸收液储罐的管路为何呈倒U字形？

13. 本实训中，解吸气进入解吸塔的管路端口为何是下切45°的口？

14. 本实训中，二氧化碳是否可以先于空气进入吸收塔T101？

5.3 吸收-解吸装置的开车准备

5.3.1 吸收剂的选择

吸收过程是依靠气体溶质在吸收剂中的溶解来实现的，因此，吸收剂性能的优劣往往是决定吸收操作效果和过程经济性的关键。在选择吸收剂时，主要从溶解度、选择性、安全、价格等方面来考虑。

- **溶解度**

吸收剂对于溶质组分应具有较大的溶解度，这样可以提高吸收速率，减少吸收剂用量。

- **选择性**

吸收剂要对溶质组分有良好的吸收能力，而对混合气体中的其他组分基本上不吸收或吸收甚微，即选择性要好，这样才能有效地分离气体混合物。

- **挥发度与黏度**

通常选择挥发度和黏度较小的吸收剂，从而节省操作费用。若挥发度大，吸收剂损失量就大，会造成浪费，还会导致分离后气体中含溶剂量增加；在操作温度下吸收剂的黏度越大，流体在塔内流动性越差，不仅降低吸收速率，还会增加泵的输送功耗，从而增加操作费用。

- **安全**

无毒，无腐蚀性，不易燃易爆等。

- **价格**

吸收剂本身要价廉易得。

5.3.2 开车准备工作

吸收装置进行开车操作前，需要做好充分的准备工作，对于吸收-解吸联合实训装置，一般要做好以下准备：

（1）公用系统如水、电、气必须符合工艺要求，并达到连通待用的条件；

（2）开车所需吸收剂准备充分；

（3）安全消防设备到位；

（4）准备好操作记录日志等其他常用工具。

任务目标

（1）正确标识吸收-解吸装置的设备和阀门。

（2）学会储罐的进料方法。

（3）学会高压气体钢瓶的使用方法。

Step 5.3.1 标识设备及阀门位号

根据本书附录20——吸收实训装置流程图，在现场正确悬挂设备、阀门位号牌。

Step 5.3.2 检查公用工程、二氧化碳钢瓶及仪表

（1）检查公用工程系统，如水、电是否处于正常供应状态。

（2）检查二氧化碳钢瓶的压力。

微开VA111，减压器上压力表PI05读数应为1.5～6.5MPa范围；检查毕后，关闭VA111。

（3）开启总电源开关，检查各仪表。

Step 5.3.3 准备吸收剂

（1）在吸收剂储罐V201底部的阀门VA102处连接软管。

（2）全开吸收剂储罐V201上的放空阀VA101。

（3）全开VA102，开启公用工程系统引水（即吸收剂）入吸收剂储罐V201。

（4）待吸收剂储罐V201的液位LI04达350mm后，关闭VA102。

（5）在自动控制状态下，设置吸收剂流量FIC01的设定值为300L/h。

（6）全开吸收液储罐V101上的放空阀VA106。

（7）全开VA104，开吸收泵P101电源开关，按下P101变频器“RUN”按钮。

（8）待吸收泵P101的出口压力PI01＞0.1MPa，且稳定后，全开VA105。

（9）待吸收液储罐V101液位LIC03的过程值为150mm后，关闭VA105。

（10）按下P101变频器“STOP”按钮，关P101电源开关，关闭VA104。

（11）全开VA102，待吸收剂储罐V201的液位LI04达350mm后，关闭VA102。

（12）卸去软管，关闭公用工程系统引水。

小练习

（下列练习题中，第1题为是非题，第2、3题为选择题，第4题为简答题）

1.选用吸收剂时不必考虑它的黏度大小。（　）

2.选用吸收剂时，（　）是必须考虑的。

A.溶解度、挥发性　　B.可燃性、密度

C.黏度、相对分子质量　　D.热导率、表面张力

3.选择吸收剂时不需要考虑的是（　）。

A.对溶质的溶解度　　B.对溶质的选择性

C.操作条件下的挥发度　　D.操作温度下的密度

4.本实训中，为什么要全开VA101？

5.4 吸收-解吸装置的正常开车

5.4.1 全塔物料衡算

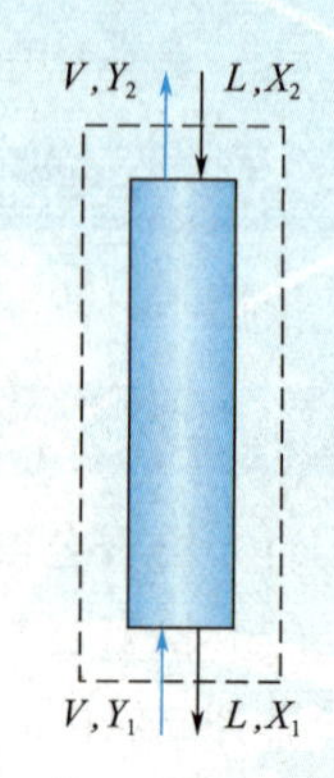

图5-23 吸收塔连续进料示意图

在工业生产中，吸收一般采用逆流连续流程。如图5-23所示：

图中 V——单位时间内通过吸收塔的惰性气体量，kmol惰性气/h；

L——单位时间内通过吸收塔的吸收剂量，kmol吸收剂/h；

Y_1、Y_2——进塔及出塔气体的组成，kmol吸收质/kmol惰性气；

X_1、X_2——出塔及进塔液体的组成，kmol吸收质/kmol吸收剂。

在稳定操作下，依据混合气体中减少的吸收质量等于溶液中增加的吸收质量，对吸收塔进行全塔物料衡算可得：

$$V(Y_1-Y_2)=L(X_1-X_2) \tag{5-10}$$

由此可得：$Y_1=\dfrac{L}{V}X_1+(Y_2-X_2)$。一般的有：$Y=\dfrac{L}{V}X+\left(Y_2-\dfrac{L}{V}X_2\right)$，此即吸收的操作线方程，显然它是一条直线。

吸收剂用量的选择是个安全的优化问题。当Y值一定的情况下，吸收剂用量减小，液气比减小，操作线靠近平衡线，吸收过程的推动力减小，吸收速率降低，在完成同样生产任务的情况下，吸收塔必须增高，设备费用增多；吸收剂用量增大，操作线离平衡线越远，吸收过程的推动力越大，吸收速率越大，在完成同样生产任务的情况下，设备尺寸可以减小。但吸收剂用量并不是越大越好，因为吸收剂用量越大，操作费用也越大，而且将造成塔底吸收液浓降低。

吸收率是指气体中被吸收的吸收质的量与进塔气体中原有吸收质的量之比，用φ表示。

由吸收率的定义可得：

$$\varphi=\frac{V(Y_1-Y_2)}{VY_1}\times100\%=\frac{Y_1-Y_2}{Y_1}\times100\% \tag{5-11}$$

【例5-3】某工厂欲从空气和丙酮蒸汽组成的混合气中回收丙酮，用清水作吸收剂。已知原料气中丙酮的含量为10%（体积分数，下同），所处理的混合气中空气流量为60kmol/h，操作在常温常压下进行，尾气中丙酮含量为2%，试求①丙酮的吸收率是多少？②若吸收剂用量为150kmol/h，试求吸收塔溶液出口含量为多少？

已知 因为理想气体的体积分数等于摩尔分数，所以$y_1=0.1$，$y_2=0.02$，$V=60$kmol/h，$L=150$kmol/h，$X_2=0$（清水）

求 ①$\varphi=$？②$X_1=$？

解 ① $Y_1=\dfrac{y_1}{1-y_1}=\dfrac{0.1}{1-0.1}=0.1111$

$$Y_2=\frac{y_2}{1-y_2}=\frac{0.02}{1-0.02}=0.0204$$

$$\varphi=\frac{Y_1-Y_2}{Y_1}=\frac{0.1111-0.0204}{0.1111}=0.8164=81.64\%$$

② 由全塔物料衡算公式

$$V(Y_1-Y_2)=L(X_1-X_2)$$

$$X_1=\frac{V(Y_1-Y_2)}{L}+X_2=\frac{60\text{kmol/h}\times(0.1111-0.0204)}{150\text{kmol/h}}+0=0.0363$$

答：丙酮的吸收率为81.64%；当吸收剂用量为150kmol/h时，吸收塔溶液出口含量为0.0363。

5.4.2 填料吸收塔的一般操作规程

在吸收操作时，一般先通入液体物料，后通入气体物料。如果先通入气体，后通入液体，会导致先通入的部分气体没有被吸收而直接排放出来，没有达到吸收的目的。而在解吸操作时，常常先通入气体物料，后通入液体物料。

5.4.3 常见故障及处理方法

填料吸收塔在运行过程中，由于工艺条件发生变化、操作不慎或设备故障等原因，会发生异常情况。出现异常情况后，应及时处理，以防造成事故。常见的异常现象及处理方法见表5-2。

表5-2 填料塔常见故障及处理

异常现象	原因	处理方法
尾气夹带液体量大	原料气量过大	减小进塔原料气量
	吸收剂量大	减小进塔喷淋量
尾气中溶质含量高	吸收剂用量太小	加大吸收剂用量
	吸收温度过高	调节吸收剂入塔温度
塔内压差大	进料原料气量大	降低原料气量
	进料吸收剂量大	降低吸收剂用量
	填料堵	停车检修可清洗更换填料
塔液面波动	原料气压力波动	稳定原料气压力
	吸收剂用量波动	稳定吸收剂用量

任务目标

学会吸收-解吸装置的正常开车。

Step 5.4.1 投入吸收剂

（1）记录初始值。

（2）在自动控制状态下，设置吸收剂流量FIC01的设定值为200L/h。

（3）全开VA104、VA105，开吸收泵P101电源开关。

（4）将吸收剂流量FIC01自动控制状态切换为手动输出状态，下调输出值至0%。

（5）按下吸收泵P101变频器“RUN”按钮。

（6）缓慢上调吸收剂流量FIC01的输出值，使过程值接近于自动控制状态的设定值。

（7）迅速将吸收剂流量FIC01切换为自动控制状态。

（8）观测LI04、PI01、FIC01、TI01、TI02、PI03的过程值，待稳定后记录数据。

Step 5.4.2 投入吸收液

（1）在自动控制状态下，设置吸收液储罐V101液位LIC03的设定值为250mm。

（2）全开VA108，待液位LIC03的过程值为250mm后，开解吸泵P201电源开关。

（3）待解吸泵P201的出口压力PI02＞0.1MPa稳定后，全开VA109。

（4）观测LIC03、PI02、FI02、TI03、TI04、PI04、LI04、PI01、FIC01、TI01、TI02、PI03的过程值，待稳定后记录数据。

Step 5.4.3 投入解吸气

（1）在自动控制状态下，设置解吸气流量FIC03的设定值为10.0m^3/h。

（2）半开VA110。

（3）将解吸气流量FIC03的自动控制状态切换为手动输出状态，下调输出值至0。

（4）开解吸气泵C201电源开关。

（5）缓慢上调解吸气流量FIC03的输出值，使过程值接近于自动控制状态的设定值。

（6）迅速将解吸气流量FIC03切换为自动控制状态。

（7）观测FIC03、AI03、TI05，待稳定后记录数据。

Step 5.4.4 通入混合气

- **开启空气**

（1）在自动控制状态下，设置空气流量FIC04的设定值为1.4m^3/h。

（2）半开VA115。

（3）开气泵C101电源开关。

（4）将空气流量FIC04的自动控制状态切换为手动输出状态，下调输出值至0。

（5）按下气泵C101变频器的“RUN”按钮。

（6）缓慢上调空气流量FIC04的输出值，使过程值接近于自动控制状态的设定值。

（7）迅速将空气流量FIC04切换为自动控制状态。

（8）观测FIC04、TI06、AI01，待稳定后记录数据。

- **开启二氧化碳**

（1）开CO_2减压阀加热电源开关。

（2）缓慢开启VA111，观测PI05的压力，待稳定。

（3）缓慢开启并调节VA112使FI05为1.0～2.0L/min。

（4）缓慢开启并调节VA113，控制混合气浓度AI01为10.0%（体积分数）至稳定。

（5）观测PI05、FI05、AI01、吸收尾气浓度AI02的过程值，待稳定后记录数据。

Step 5.4.5 装置调节至稳定

（1）缓慢调节VA113，控制AI01为一确定值。

（2）观测FIC01、LIC03、FIC03、FIC04过程值是否稳定在设定值。

（3）待AI01、AI02、AI03的过程值稳定后记录数据。

（4）根据记录的数据，计算吸收率。

小练习

（下列练习题中，第1、2题为是非题，第3～7题为选择题，第8～12题为简答题，第13题为计算题）

1.全塔物料衡算式是依据质量守恒定律推导而出的。(　)

2.气阻淹塔的原因是由于上升气体流量太小引起的。(　)

3.某工厂欲用水洗吸收某混合气体中的三氧化硫。原料气中三氧化硫的含量为10%（体积分数），尾气中三氧化硫含量为5%，则吸收率是（　）。

A. 50%　　B. 52%　　C. 55%　　D. 60%

4.吸收塔操作时，应(　)。

A.先通入气体后进入喷淋液体　　B.先进入喷淋液体后通入气体

C.增大喷淋量总是有利于吸收操作的　　D.先进气体或液体都可以

5.吸收过程中一般多采用逆流流程，主要是因为（　）。

A.流体阻力最小　　B.传质推动力最大

C.流程最简单　　D.操作最方便

6.吸收塔尾气超标，可能引起的原因是(　)。

A.压力增大　　B.吸收剂降温

C.吸收剂用量增大　　D.吸收剂纯度下降

7.出塔气带液，下列（　）是其可能的原因。

A.吸收剂量小　　B.原料气量过大　　C.吸收塔液面低　　D.吸收剂温度低

8.本实训中，为什么开启吸收P101之前可以全开VA105？

9.本实训中，吸收塔和解吸塔是否可以先投入解吸气或混合气？为什么？

10.本实训中，为什么启动解吸气泵C201之前需半开旁路VA110阀？

11.本实训中，解吸液被用作吸收剂循环使用是否会影响吸收率？

12.本实训中，为什么VA111、VA112、VA113需缓慢地开启？

13.某混合气体中吸收质含量为5%（体积分数），要求吸收率为80%。用纯吸收剂吸收，惰性气体流量为100kmol/h，吸收剂流量为200kmol/h。试求吸收塔出塔气体浓度和吸收液的出口浓度是多少？

5.5 吸收尾气浓度的控制

5.5.1 吸收速率

吸收速率是指单位时间内通过单位传质面积所吸收的吸收质的量，是反映吸收快慢的一个指标。与传热等其他传递过程类似，吸收过程的速率关系也可以用“吸收速率=吸收过程推动力/吸收过程阻力”的形式表示。吸收速率的快慢关系到设备的大小和过程的经济性。

因此，需了解影响吸收速率的因素，以选择适宜的操作条件。

要了解影响吸收速率的因素，必须先明确溶质是如何从气相转移到液相的。双膜理论能够比较真实地反映这个过程。

双膜理论

双膜理论是描述在吸收过程中如何将溶质从气相转移到液相的最普遍的一个假设，其基本要点如下：

（1）气液两相间共有一稳定的相界面，在相界面的两侧分别存在稳定的气膜和液膜。膜内流体作层流流动，双膜以外的区域为气相主体和液相主体，主体内流体处于湍动状态，此处主要依据涡流扩散进行物质的传递。

（2）在气液两相的界面上，吸收质在两相间总是处于平衡状态，传质无阻力。

（3）由于湍动的效果，主体内任一截面上浓度分布均匀，双膜内层流主要依靠分子扩散传递物质，浓度变化大。因此，阻力主要集中在双膜内，即吸收过程的传质阻力系由气膜吸收阻力和液膜吸收阻力两者所组成，如图 5-24 所示。

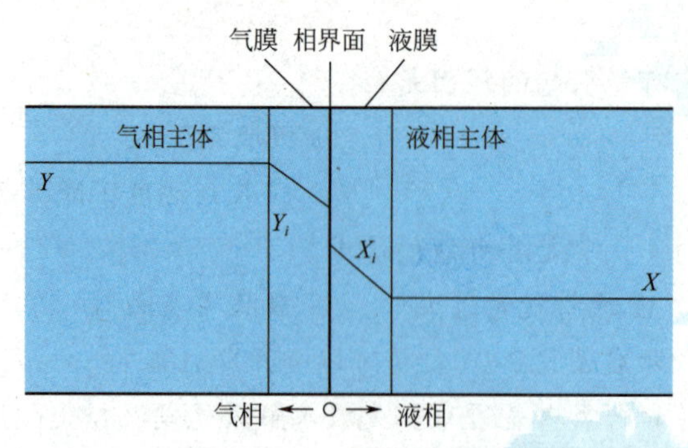

图5–24　双膜理论示意图

物质在流体内的传递方式主要有分子扩散以及涡流扩散。分子扩散是以浓度差为推动力的扩散，物质从高浓度区向低浓度区的迁移，是自然界和工程上最普遍的扩散现象。涡流扩散是湍流流体中的物质传递主要方式。湍流流体中的质点沿各方向作不稳定的不规则运动，于是流体内出现旋涡，旋涡的强烈混合所引起的物质传递比分子运动的作用大得多，故涡流扩散的速率远大于分子扩散。在湍流流体中也存在分子扩散，但在大多数情况下分子扩散可以忽略，只有在湍动程度很低或在紧靠固体壁面之处才属例外。

一般来说，对于大多数易溶气体来说，主要为气膜控制；对于大多数难溶气体来说，主要为液膜控制。

提高吸收速率的途径

根据双膜理论可知，提高吸收速率的途径主要有以下几方面：

（1）提高气液两相的流速，降低气膜、液膜的厚度以减小阻力；

（2）选用对吸收溶解度大的液体作吸收剂；

（3）适当提高供液量，降低液相主体中吸收质浓度以增大吸收推动力；

（4）增大气液相接触面积。

另外对于气膜控制的气体吸收，利用采取加大气体流速，增大气相湍动程度的方法更有

利于提高吸收速率；类似的，对于液膜控制的气体吸收，提高加大液体流速，增大液相湍动程度更有利于提高吸收速率。

5.5.2 影响吸收操作的因素

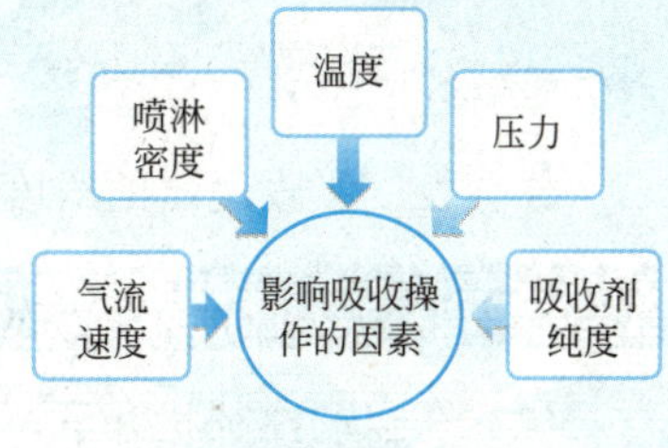

图5-25 影响吸收操作的因素

在正常的化工生产中，吸收塔的结构形式、尺寸、吸收质的浓度范围、吸收剂的性质等都已确定，此时影响吸收操作的主要因素有以下几方面（见图 5-25）。

- **气流速度的影响**

气流速度过小，气体湍动程度不充分，不利于吸收。气流速度过大，又会造成雾沫夹带甚至液泛，使气液接触传质效率降低，甚至无法操作。因此对每个塔应选择一个适宜的气流速度。

- **喷淋密度的影响**

单位时间内，单位塔截面积上所接受的液体喷淋量称为喷淋密度，其大小直接影响到气体吸收效果的好坏。

在填料塔内，气液进行传质的场所是填料表面，填料的表面只有被流动的液相所润湿，才可能构成有效的传质面积。喷淋密度过小，填料表面不能被充分润湿，从而降低有效传质面积，严重时会使产品达不到分离要求。若喷淋密度过大，则流体流动阻力增加，有时会形成壁流和沟流现象，甚至会引起液泛；同时，喷淋密度过大，意味着吸收剂用量增加，操作费用也随之提高。因此，应选择适宜的喷淋密度，从而保证填料表面的充分润湿和良好的气液接触状态。

- **温度的影响**

低温有利于吸收。大多数气体吸收都是放热过程，因此在吸收塔内或塔前设置冷却器可降低吸收剂温度。然而若吸收剂的温度过低，不仅会增加能耗，而且会增大吸收剂的黏度，使得流动性能变差，进而影响气液间的传质。过低的吸收剂温度对解吸也会造成一定的难度。因此，对于给定的吸收任务，应综合考虑各种因素，选择一个适宜的吸收剂温度。

- **压力的影响**

高压有利于吸收，增大吸收压力，会提高吸收推动力，有利于吸收。然而过高的压力，要求设备具有较高的抗压能力，增加了设备的投资费用。同时，较高的压力需要消耗较多的动力，使操作费用也相应增加。因此在实际生产过程中，应根据具体的实际情况，确定合理的压力操作条件。

5.5.3 吸收塔操作调节

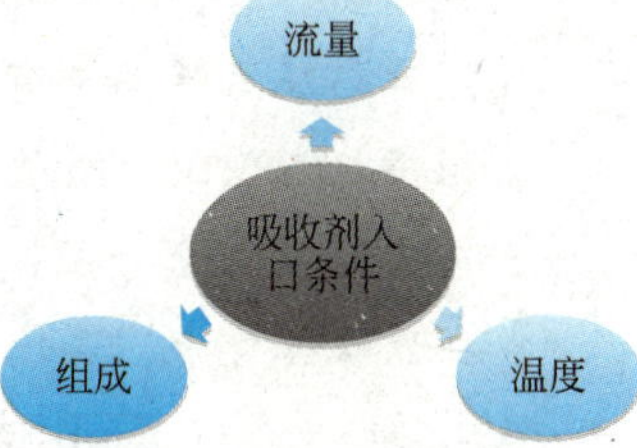

图5-26 吸收剂入口条件

实际工业生产中，吸收塔的气体入口条件往往由前一工序决定，不能随意改变，因此吸收塔在操作时的调节手段只能是改变吸收剂入口条件。吸收剂入口条件如图 5-26 所示。

增大吸收剂用量，有利于改善两相的接触状况，提高吸收速率，但应避免过量，造成液沫夹带或液泛等异常现象。降低吸收剂温度，可使气体溶解度增大，从而增大吸收速率，但应避免温度过低造成吸收剂流动性能变差从而影响传质。此外，降低吸收剂入口的溶质浓度，也可使吸收速率增大。调节时应从整体上考虑过程的经济性，做出合理选择。

任务目标

学会控制吸收尾气的浓度达到指定要求。

Step 5.5.1 增大吸收剂流量

（1）在自动控制状态下，将吸收剂流量FIC01的设定值适当调大。

（2）将吸收剂流量FIC01自动控制状态切换为手动输出状态。

（3）在原输出值的基础上，缓慢上调吸收剂流量FIC01的输出值，使过程值接近于自动控制状态的设定值。

（4）迅速将吸收剂流量FIC01切换为自动控制状态。

（5）观测FIC01、AI01、AI02的过程值，待稳定后记录数据。

（6）如果尾气尚未达到指定的要求，继续重复步骤（1）～（5）的过程，直至满足要求。

（7）根据记录数据，计算吸收率。

Step 5.5.2 增大混合气流量

（1）在自动控制状态下，将空气流量FIC04的设定值适当调大。

（2）将空气流量FIC04的自动控制状态切换为手动输出状态。

（3）在原输出值的基础上，缓慢上调空气流量FIC04的输出值，使过程值接近于自动控制状态的设定值。

（4）迅速将空气流量FIC04切换为自动控制状态。

（5）缓慢调节VA113，使混合气浓度AI01恢复为10.0%（体积分数）。

（6）如果尾气尚未达到指定的要求，继续重复步骤（1）～（5）的过程，直至满足要求。

（7）观测FIC04、AI01、AI02的过程值，待稳定后记录数据。

（8）根据记录数据，计算吸收率。

小练习

（下列练习题中，第1～5题为是非题，第6、7题为选择题，第8、9题为简答题）

1. 吸收塔的吸收速率随着温度的提高而增大。（　）

2. 吸收操作时，增大吸收剂的用量总是有利于吸收操作的。（　）

3. 温度与压力升高，有利于解吸的进行。（　）

4. 根据双膜理论，吸收过程的全部阻力集中在液膜。（　）

5. 根据双膜理论，在气液两相界面处传质无阻力。（　）

6. 在吸收操作中，其他条件不变，只增加操作温度，则吸收率将（　）。

A. 增加　　B. 减小　　C. 不变　　D. 无法判断

7. 对处理难溶气体的吸收，为较显著地提高吸收速率，应增大（　）的流速。

A. 气相　　B. 液相　　C. 气液两相　　D. 无法确定

8. 本实训中，比较正常开车、提高吸收剂流量和提高混合气流量三种工况的吸收率，得出什么结论？

9.本实训中，若欲提高吸收率，可选用何种方法，为什么？除此之外还有其他方法吗？

5.6 吸收-解吸装置的正常停车

填料塔的停车包括正常停车、紧急停车和长期停车。

- **正常停车**

正常停车又叫短期停车或临时停车，一般的步骤如下：

（1）通告系统前后工序或岗位。

（2）停止向系统送气。逐渐开启鼓风机旁路调节阀，停止送气，同时关闭系统的出口阀。

（3）停止向系统送吸收剂，关闭泵的出口阀，停泵后，关闭其进口阀。

（4）关闭其他设备的进出口阀门。系统临时停车后仍处于正压状态。

- **紧急停车**

紧急停车通常用于发生紧急情况时采用，其一般操作步骤如下：

（1）停风机、关闭送气阀门。

（2）迅速关闭系统的出口阀。

（3）按正常停车方法处理。

- **长期停车**

当装置将长期停止使用时，会采用长期停车操作，其操作步骤如下：

（1）按正常停车步骤停车，然后开启系统放空阀，卸掉系统压力。

（2）将系统溶液排放到溶液储槽或地沟，然后用清水洗净。

（3）若原料气中含有易燃易爆物，则应用惰性气体对系统进行置换，当置换气中易燃物含量小于5%，含氧量小于0.5%方为合格。

（4）用鼓风机向系统送入空气，进行空气置换，当置换气中含氧量大于20%为合格。

任务目标

（1）学会吸收-解吸装置的一般停车步骤。

（2）能根据操作步骤，平稳安全地进行停车操作。

Step 5.6.1 停混合气进料

（1）关闭VA111。

（2）待PI05过程值下降至0，关闭VA112，关闭减压阀加热电源。

（3）待FI05过程值下降至0，关闭VA113。

（4）等待片刻，按下气泵C101变频器“STOP”按钮，关气泵C101电源开关。

Step 5.6.2 停解吸气进料

观察AI03低于0.1%（体积分数），关解吸气泵C201电源开关。

Step 5.6.3 停吸收剂进料

关闭VA105，按下吸收泵P101变频器“STOP”按钮，关吸收泵P101电源开关，关闭VA104。

Step 5.6.4 停吸收液进料

关闭VA109，关解吸泵P201电源开关，关闭VA108。

Step 5.6.5 排空储槽

（1）在V101的底部的阀门VA107处连接软管。
（2）全开VA107排V101储槽液，排毕后，关闭VA107、VA106，卸去软管。
（3）在V201底部的阀门VA103处连接软管。
（4）全开VA103排V201储槽液，排毕后，关闭VA103、VA101，卸去软管。
（5）记录数据后，关闭总电源。

小练习

（下列练习题中，第1题为是非题，第2题为简答题）

1. 加压吸收塔在停车时，先卸压至常压后方可停止吸收剂。（ ）

2. 本实训中，为何需要等待片刻，才可停气泵C101？

6 干燥

化工生产中的固体物料，总是或多或少含有湿分，为了便于加工、使用、运输和储藏，往往需要将其中的湿分除去。除去湿分的方法有多种，其中干燥是能将湿分去除得比较彻底的一种方法，在化工生产中应用很广。

本单元共分三个部分，分别对干燥的基本知识、流化干燥实训装置的工艺流程以及正常操作的方法进行了理论实训一体化的介绍。

6.1 预备知识

6.1.1 概述

日常生活中常遇到为了除掉湿物体中的湿分，而采取各种方式进行去湿。例如为了防止饼干受潮而放入袋装干燥剂；使用洗衣机进行衣物脱水；为了防止稻谷因受潮而发霉变质进行的晾晒稻谷的行为等。

去湿方法

湿物料中含有的水分或其他液体称为湿分。去除湿分的方法，常见的有三种：机械去湿、吸附去湿以及热能去湿（见图6-1）。机械去湿指的是用压滤、抽吸、过滤和离心分离等方法来除去湿分的方法，通常不能将湿分完全去除。吸附去湿指的是用固体吸附剂等吸湿性物料来除去湿分，这种方法能耗低、去湿程度高，但是费用高、去湿速度较慢。热能去湿指的是借热能使物料的湿分汽化，并将汽化所产生的蒸汽除去的方法，称为固体干燥，简称为“干燥”。

工业用途

干燥操作在化工生产中的应用非常广泛。例如聚氯乙烯生产中产品含水量的控制、溶剂型铝浆内水分的控制等，都需要干燥操作。干燥在工业生产过程中的主要作用表现在以下两方面：一是为了满足工艺要求，对原料或中间产品进行干燥；二是为了提高产品的有效成分同时为了满足运输、储藏和使用的要求，很多化工生产的最后一道工序往往就是干燥。

干燥分类

按照热能传给湿物料的方式，干燥可分为如下四种，见图6-2。

- **传导干燥**

热量以传导方式通过固体壁面传给湿物料，湿物料与加热介质不直接接触的干燥方式，又称作间接加热干燥。其特点是热能利用率高，物料容易过热变质。例如电熨斗熨烫湿衣物的过程。

- **对流干燥**

热量以对流方式通过干燥介质传给湿物料，湿物料与干燥介质直接接触的干燥方式，又称作直接加热干燥。其特点是物料不易过热，但热能利用率较差。常见的设备有流化床干燥

图6-1 去湿方法

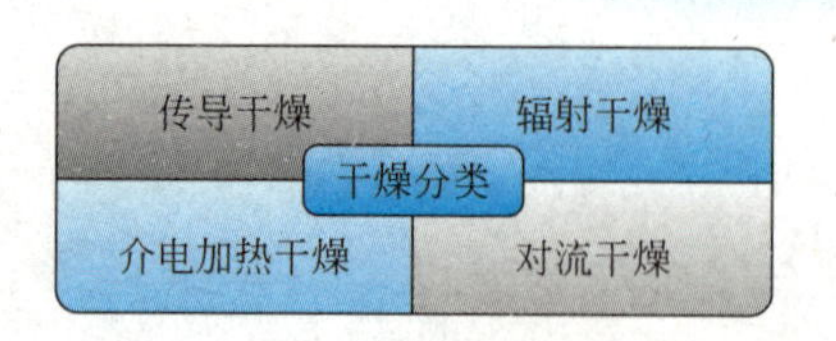

图6-2 干燥分类

器、烘箱等。

- **辐射干燥**

热能以电磁波的形式由辐射器发射至湿物料表面，被湿物料吸收后再转变为热能后将湿物料中的湿分汽化并除去的干燥方式。其特点是生产能力大，产品洁净且干燥均匀，但能耗高。常见的设备有红外线干燥器。

- **介电加热干燥**

这种干燥方式是将湿物料置于高频电场内，在高频电场的作用下，物料内部分子因振动而发热，从而达到干燥目的。例如家庭使用的微波炉等设备就属于此种方式。

目前在工业生产中应用最普遍的是对流干燥。本章重点讨论以湿空气为干燥介质、以含水湿物料为干燥对象的对流干燥过程。

6.1.2 湿空气性质

湿空气是指含有水蒸气的空气，完全不含水蒸气的空气称为干空气。在干燥过程中，湿空气被加热后称为热空气，既是载热体，又是载湿体。

为了满足载热、载湿的要求，湿空气的温度应高于被干燥物料的温度，同时水汽分压必须小于同温下水的饱和蒸气压。常用图 6-3 中的五个参数来表征湿空气的水分性质。

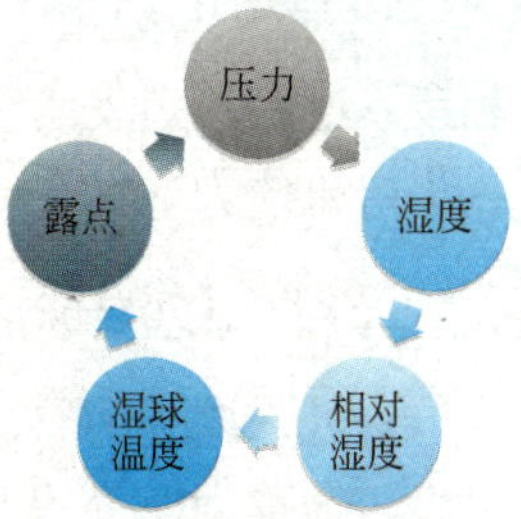

压力
湿度
相对湿度
湿球温度
露点

图6-3 表征湿空气水分性质的参数

湿空气的压力

根据道尔顿分压定律，湿空气的总压等于绝干空气的分压和水蒸气的分压之和，即：

$$p=p_w+p_a \tag{6-1}$$

式中 w——水蒸气；

a——绝干空气；

p——湿空气的总压，Pa；

p_w，p_a——湿空气中水蒸气和绝干空气的分压，Pa。

总压一定时，湿空气中水蒸气分压越大，则湿空气中水蒸气含量也越大。当湿空气中的水蒸气分压等于同温度下水的饱和蒸气压时，该湿空气便饱和，所含水蒸气量达到极限，无法再吸水。通常情况下，湿空气中水蒸气和绝干空气的物质的量之比等于其分压之比，即：

$$\frac{n_w}{n_a}=\frac{p_w}{p_a}=\frac{p_w}{p-p_w} \tag{6-2}$$

式中 n_w，n_a——湿空气中水蒸气和绝干空气的物质的量，kmol。

湿空气的含湿量（简称湿度）

湿空气中单位质量绝干空气所带有的水蒸气的质量称作湿空气的湿度，又称作绝对湿度，用符号 H 表示，其单位为kg水蒸气/kg绝干空气，即：

$$H=\frac{m_w}{m_a} \tag{6-3}$$

式中，m_w、m_a分别表示湿空气中水蒸气和绝干空气的质量，kg。

湿度只能表示湿空气中水汽的绝对含量，不能反映湿空气接受水汽的能力。

为便于进行物料衡算，常将水汽分压换算成湿度，即：

$$H=\frac{m_w}{m_a}=\frac{M_w n_w}{M_a n_a}=\frac{18n_w}{29n_a}=0.622\frac{p_w}{p-p_w} \quad (6\text{-}4)$$

式中，M_w、M_a分别表示湿空气中水蒸气和绝干空气的摩尔质量，mol/g。

由上式可知，当总压一定时，湿度仅取决于水汽分压的大小。

湿空气的相对湿度

相对湿度定义为在一定总压和温度下，湿空气中水蒸气分压与水的饱和蒸气压的比值，称为湿空气的相对湿度，用符号φ表示，即：

$$\varphi=\frac{p_w}{p_s} \quad (6\text{-}5)$$

式中，p_s表示湿空气温度下水的饱和蒸气压。

相对湿度表明湿空气吸收水汽能力的强弱。φ越低，表明湿空气吸收水汽的能力越强，相反φ越大，则表明湿空气吸水能力越弱。当$p_w=p_s$，即$\varphi=100\%$时，湿空气达到饱和状态，丧失吸水能力。

湿空气的湿球温度

普通温度计的感温球露在空气中，所测得的温度为湿空气的干球温度，为湿空气的真实温度，简称为空气的温度，用符号t表示，其单位为℃。

若温度计的感温球用纱布包裹，纱布用水保持润湿，这样的温度计称为湿球温度计。湿球温度实质上是湿空气与湿纱布中水传质与传热达到稳定时湿纱布中水的温度，用符号t_w表示，其单位为℃。在总压一定的情况下，湿球温度的大小取决于湿空气的干球温度和湿度，即相对湿度。当空气的干球温度一定，湿度越小，距离饱和空气越远，空气可以从湿纱布中吸收更多的水分，则空气的湿球温度越低。不饱和空气的湿球温度总是小于其干球温度，而且空气的相对湿度越小，干、湿球的温差越大；饱和湿空气的湿球温度等于其干球温度。

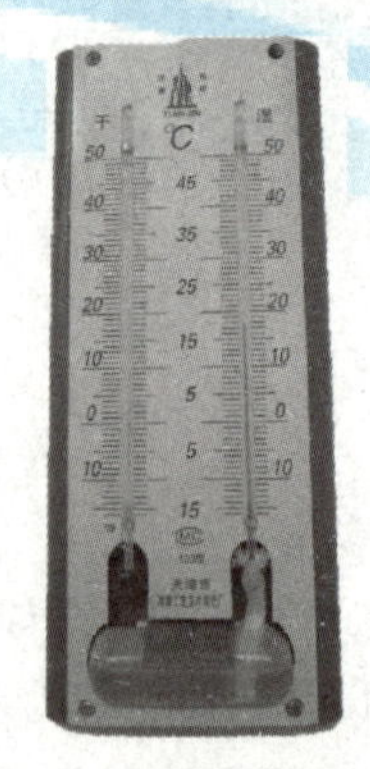

图6-4　干湿球温度计

在实际的干燥操作过程中，常常用干湿球温度计（见图6-4）来测量空气的湿度。在测量湿球温度时，空气速度需大于5m/s，以减少辐射和热传导的影响，使测量结果较为精确。

湿空气的露点

将不饱和的空气在总压和湿度保持不变的情况下，进行冷却而达到饱和状态时的温度，称为该湿空气的露点，用符号t_d表示，其单位为℃。露点时的空气湿度为饱和湿度，此空气中水汽分压为露点温度下水的饱和蒸气压（p_{std}）。若将已达到露点温度的湿空气继续冷却，则湿空气会析出水分。

综上所述，表示湿空气性质的干球温度、湿球温度以及露点有如下的关系：对于不饱和的湿空气：$t>t_w>t_d$；对于已达到饱和的湿空气：$t=t_w=t_d$。

【例6-1】当总压为90kPa，湿空气的温度为40℃，相对湿度φ为72%，求其露点温度。若将该湿空气冷却至25℃，是否有水析出？若有，每千克绝干空气析出的水分为多少？

解 查附录得40℃时水的饱和蒸气压p_s=7.3766kPa，则该湿空气的水汽分压为

$$p_w=\varphi p_s=0.72\times 7.3766=5.3112\text{kPa}$$

此分压即为露点下的饱和蒸气压，即p_{std}=5.3112kPa。由此蒸气压值查附录得对应的饱和温度为33.9℃，即该湿空气的露点为t_d=33.9℃。

将该湿空气冷却至25℃，与其露点比较，已低于露点温度33.9℃，必然有水分析出。

湿空气原来的湿度为

$$H=0.622\frac{p_w}{p-p_w}=0.622\times\frac{5.3112}{90-5.3112}=0.03901\text{kg水汽/kg绝干空气}$$

冷却至25℃，湿空气中的水汽分压为此温度下的饱和蒸气压，查附录9得25℃下水的饱和蒸气压p_s=3.1684kPa，则此时湿空气湿度为

$$H=0.622\frac{p_w}{p-p_w}=0.622\times\frac{3.1684}{90-3.1684}=0.02270\text{kg水汽/kg绝干空气}$$

故每千克绝干空气析出的水分量为

$$\Delta H=H_1-H_2=0.03901-0.02270=0.01631\text{kg水汽/kg 绝干空气}$$

6.1.3 湿物料含水量

含水量的表达方式

物料中含水量的表达有干基含水量和湿基含水量两种方式。

- **湿基含水量**

单位质量湿物料所含水分的质量，为湿物料中水分的质量分数，称为湿物料的湿基含水量，用符号w表示：

$$w=\frac{m_w}{m} \tag{6-6}$$

式中 m_w——湿物料中水分的质量，kg；

m——湿物料总质量，kg。

- **干基含水量**

单位干料中所含水分的质量，即湿物料中水分质量与干料质量的比值，称为湿物料的干基含水量，用符号X表示：

$$X=\frac{m_w}{m_{干料}}=\frac{m_w}{m-m_w} \tag{6-7}$$

式中 $m_{干料}$——湿物料中干料的质量，kg。

两种含水量之间的换算关系为：

$$X=\frac{w}{1-w} \tag{6-8}$$

在干燥的物料恒算中，由于过程中干料质量不变，故采用干基含水量较为方便，但习惯上还常用湿基含水量表示物料中的含水量。

湿度图

总压p一定时，湿空气的各项参数，只要规定其中的两个相互独立的参数，湿空气的状态即被唯一地确定。在干燥过程计算中，由上述各公式计算空气的性质时，比较繁琐，工程上为方便，将诸参数之间的关系绘在坐标图上，这种图通常称为湿度图。湿空气的两个独立参数为干球温度和相对湿度；干球温度和湿度；干球温度和绝热饱和温度（湿球温度）等。常用的湿度图有焓湿（I-H）图和温湿（t-H）图，本章采用t-H图。

图6-5中各线是根据总压p=101.3kPa而绘制的t-H图。图上任一点均表明温度t、湿度H一定的某湿空气状态。

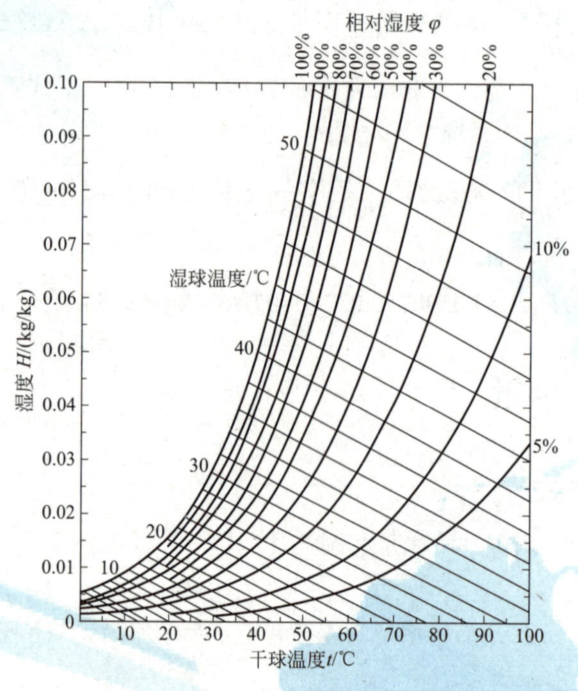

图6-5　空气-水系统的湿度-温度图

图中共有三种线群，其意义如下。

- **等干球温度线，简称等t线**

这是一组与纵轴平行的线（图中未标出）。在同一条等t线上，不同点所代表的湿空气状态不同，但干球温度值相同。

- **等湿含量线，简称等H线**

这是一组与横坐标平行的线（图中未标出）。在同一条等H线上，不同点所代表的湿空气状态不同，但湿度值相同。

- **等相对湿度线，简称等φ线**

在一定的总压下，相对湿度φ是湿度H和饱和蒸气压p_s的函数，而p_s与t又一一对应，故相对湿度的影响因素为H和t。这样，对于某个确定的φ值，已知一个温度t，可查到一个对应的p_s值，再代入公式$H=0.622\times\dfrac{\varphi p_s}{p-\varphi p_s}$即可求得一个相应的$H$值，在图中即可得到一点。设若干个$t$，可求出若干个$H$，在图中就可得到若干个点。将这些点联结起来即为$\varphi$等于某个定值的等$\varphi$线。图中$\varphi$=5%至$\varphi$=100%的一系列等$\varphi$线，就是这样作出的。

由图可知，当湿空气的湿度H为定值时，温度t越高，其相对湿度值φ越低，用作干燥介质时，其吸收水汽的能力越强。所以，实际生产中，作为干燥介质的湿空气总是先预热再进入干燥器。

φ=100%的线称为饱和空气线。此线下方，φ<100%，为不饱和空气区域；此线上方为过饱和空气区域。过饱和时，湿空气中已有部分水汽成雾状凝结而析出。显然，对于干燥过程有意义的是φ<100%的未饱和区。

小练习

（下列练习题中，第1～3题为是非题，第4～12题为选择题，第13、14题为计算题）

1. 利用浓硫酸吸收物料中的湿分是干燥。（　）

2. 对于饱和空气，其干球温度＞湿球温度＞露点温度总是成立的。（　）

3. 干燥过程是传热和传质双向过程。（　）

4.（　）越少，湿空气吸收水汽的能力越大。

A. 湿度　B. 绝对湿度　C. 饱和湿度　D. 相对湿度

5. 50kg湿物料中含水10kg，则干基含水量为（　）%。

A.15　B.20　C.25　D.40

6. 饱和空气在恒压下冷却，温度由t_1降至t_2，则其相对湿度φ（　），绝对湿度H（　），露点t_d（　）。

A. 增加 减小 不变　B. 不变 减小 不变

C. 降低 不变 不变　D. 无法确定

7. 对于木材干燥，（　）。

A. 采用干空气有利于干燥　B. 采用湿空气有利于干燥

C. 应该采用高温空气干燥　D. 应该采用明火烤

8. 反映热空气容纳水汽能力的参数是（　）。

A. 绝对湿度　B. 相对湿度　C. 湿容积　D. 湿比热容

9. 在总压不变的条件下，将湿空气与不断降温的冷壁相接触，直至空气在光滑的冷壁面上析出水雾，此时的冷壁温度称为（　）。

A. 湿球温度　B. 干球温度　C. 露点　D. 绝对饱和稳定

10. 将氯化钙与湿物料放在一起，使物料中水分除去，这时采用的去湿方法是（　）。

A. 机械去湿　B. 吸附去湿　C. 供热去湿　D. 无法确定

11. 湿空气不能作为干燥介质的条件是（　）。

A. 相对湿度大于1　B. 相对湿度等于1

C. 相对湿度等于0　D. 相对湿度小于0

12. 干燥计算中，湿空气初始性质绝对湿度及相对湿度应取（　）。

A. 冬季平均最低值　B. 冬季平均最高值

C. 夏季平均最高值　D. 夏季平均最低值

13. 已知湿空气的总压为101.3kPa，相对湿度为60%，干球温度为30℃。试求（1）水蒸气分压p_w；(2) 湿度H；(3) 露点t_d。

14. 当总压为98kPa时，湿空气的温度为50℃，水汽分压为5kPa。试求（1）该湿空气的湿度、相对湿度、和露点；(2) 若将该湿空气冷却至20℃，是否有水析出？若有，每千克干空气析出的水分为多少？

6.2 认知流化干燥实训装置的工艺流程

6.2.1 对流干燥

对流干燥原理

如图 6-6所示，描述了用热空气除去湿物料中水分的干燥过程，它反映了对流干燥过程中，干燥介质与湿物料之间传热与传质的一般规律。在对流干燥过程中，温度相对较高的热空气将热量传给湿物料表面，其中大部分作为汽化水分的能量，另外一部分由物料表面传至物料内部，此为传热过程；同时，由于物料表面的水分受热汽化，使得水在物料内部与表面之间出现了浓度差，在此浓度差的作用下，水分逐渐从物料内部扩散至表面然后汽化，汽化后的蒸汽继而通过湿物料与空气之间的气膜扩散到空气主体内，此为传质过程。

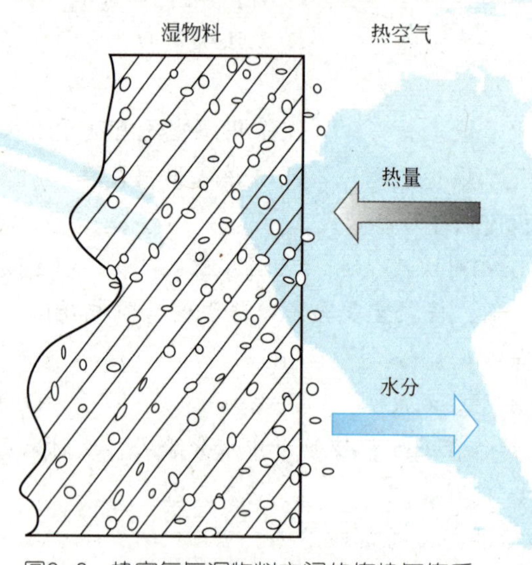

图6-6 热空气与湿物料之间的传热与传质

由此可见，对流干燥过程是一个传热和传质同时进行的过程，两者传递方向相反、相互制约并相互影响。因而干燥过程进行得好坏与快慢，与湿物料和热空气之间的传热、传质速率有关。

对流干燥的条件

为了使对流干燥的过程得以进行，其必要条件是：物料表面产生的水汽分压必须大于

空气中的水汽分压，两者的差值为传质推动力。为保证此条件，干燥过程中，需要连续不断地提供相对湿度较低的热空气，使得湿物料表面水分不断汽化，同时将吸收水分的热空气移走。

对流干燥流程

如图 6-7 所示，经预热器加热的空气进入干燥器，与进入干燥器的湿物料进行传热、传质，湿物料中的水分被汽化后进入空气，吸收了水分的湿空气从干燥器的另一端以废气的形式排放，而除去水分后的湿物料则变成了干物料。其中，空气的预热是必需的，其目的在于提高湿空气的温度以利传热，降低湿空气的相对湿度以利吸收水分。空气与湿物料在干燥器内的接触方式按生产需求而定，可以是逆流、并流等形式。

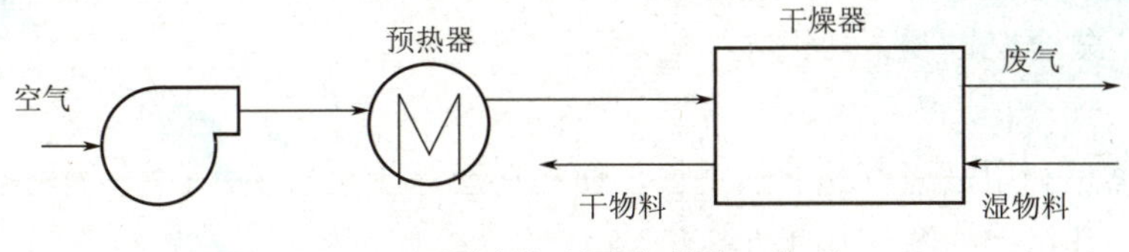

图6-7　湿物料与热空气传热、传质

6.2.2　工业上常用的干燥器

各种类型的干燥器

对于干燥器一般有下列要求：能满足生产的工艺要求，如产品含水量、质量均匀等要求；干燥速率快，时间短，则生产能力大；热效率高，则比较经济，也可节约能源；干燥系统流动阻力小，可降低输送机械的能耗；操作控制方便，劳动条件好等。

干燥器的类型多，分类方法也多。除了按照热能传给湿物料的方式分类外，根据操作压力的不同，可分为常压干燥器与真空干燥器；根据操作方式的不同，可分为连续干燥器与间歇干燥器等。下面介绍几种常见的对流干燥器。

- **厢式干燥器**

厢式干燥器由外壁为砖坯或包以绝热材料的钢板所构成的厢形干燥室和放在小车支架上的物料盘等组成，又称为盘架式干燥器，其结构示意图如图 6-8 所示。湿空气由风机引入厢内后，经加热器加热，其温度升高，相对湿度下降。之后，经气流分配器按图中箭头方向流经各盘架上的湿物料，最后从右上角的出口排出。有时，还在厢体中间增设多个加热器，其作用是保持湿空气足够的温度。

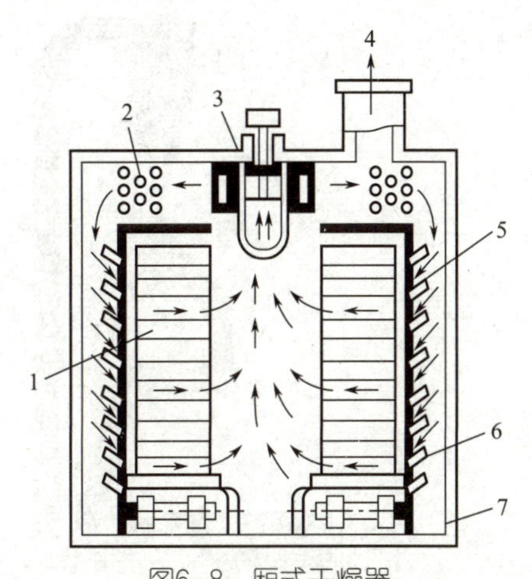

图6-8　厢式干燥器

1—盘架；2—加热器；3—风机；4—空气出口；5—气流分配器；6—小车；7—厢体

厢式干燥器结构简单、容易制造、适应性强，但装卸劳动强度大、物料不能翻动、干燥不均匀、操作条件较差。可用于干燥小批量的粒状、片状、膏状、不允许粉碎和较贵重的物料的场合。

● 转筒干燥器

转筒干燥器的主体是一个与水平面稍成倾角的钢制圆筒，其内壁装有许多抄板，可将物料抄起来又洒下，既增大物料与空气的接触面积，又促使物料缓慢前行，转筒外壁装有两个滚筒，筒身被齿轮带动而回转，其结构如图 6-9 所示。通常，湿物料从较高的一端进入，在筒体转动下作螺线运动前进，移动至较低的一端排出。经预热后的热空气可同向或逆向进入转筒，与湿物料进行传热和传质，吸收水分的湿空气于另一端排出。

图6-9　转筒干燥器

转筒干燥器生产能力大、气流阻力小、操作弹性大、操作方便，但消耗的钢材量多、设备笨重、基建费用较高、占地面积大，适用于干燥大量生产散粒状或小块状物料的场合，如干燥硫酸铵、硝酸铵、复合肥以及碳酸钙等物料。

● 气流干燥器

气流干燥器是利用高速流动的热空气，使物料悬浮于空气中，在气力输送状态下完成干燥过程的装置，其结构如图 6-10 所示。

气流干燥器干燥速率快、干燥时间短（通常 5 ～ 10s）、设备紧凑、结构简单、造价低、占地面积小、操作连续稳定、便于实现自动化控制，但其干燥管高度大（通常在 10m 以上）、气流阻力大、动力消耗多、产品易碎、旋风分离器负荷大。因而常用于干燥含水分较多的无机盐结晶、有机塑料颗粒等粒径在 10mm 以下的物料，在工业中应用非常广泛。

● 流化床干燥器

流化床干燥器又名沸腾床干燥器，其结构如图 6-11 所示。热空气经预热后以一定的速度从干燥器的多孔分布板底部送入，将湿物料颗粒吹成沸腾状，上下翻滚。该沸腾状态增大了气固接触面积，使得传质与传热速率显著提高，物料得以迅速、均匀干燥。

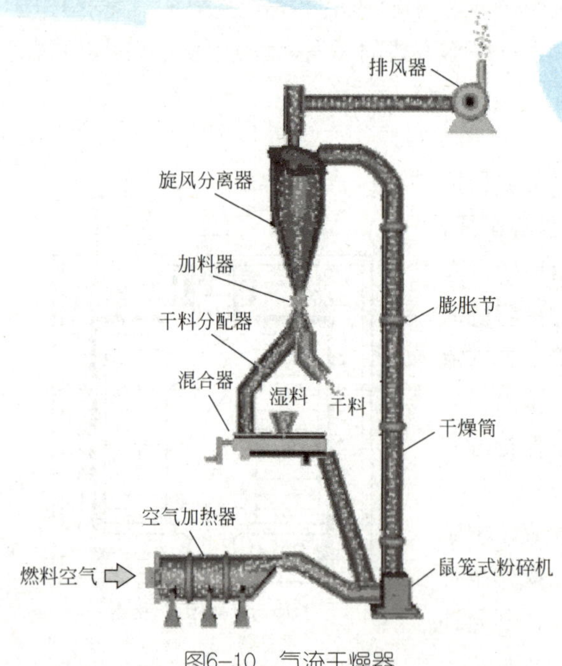

图6-10　气流干燥器

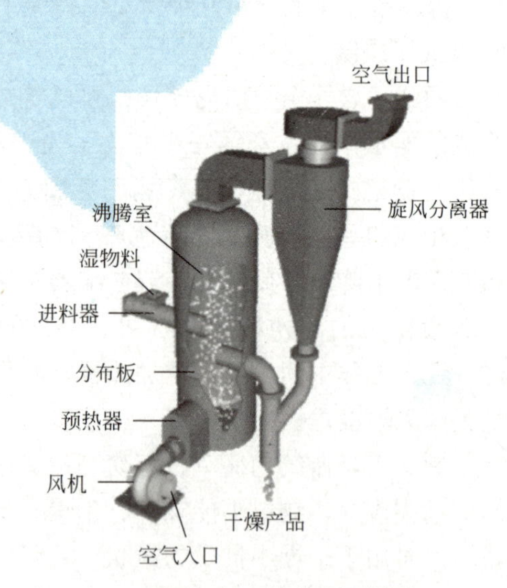

图6-11　流化床干燥器

流化床干燥器结构简单、设备紧凑、造价和维修费用低、可动部分少、可调节干燥时间、气固接触好、压力降小、热效率高、空气流速小、物料磨损小，常适用于粉粒状物料的干燥，但对于易结块、成团的和含水量较高、流动性差的物料不适用。

- **喷雾干燥器**

喷雾干燥器是直接将溶液、悬浮液或浆状物料干燥成固体产品的一种干燥设备，其结构如图 6-12 所示。浆液状的湿物料从干燥器的顶部进入，经雾化器喷洒后，与从干燥器中部进入的热空气接触，由于雾化后的接触面积大大增加，水分得以迅速蒸发，干燥获得的产品进入干燥器下部的圆锥形产品收集箱，尾气则经由干燥器顶部排放。

喷雾干燥器的优点是干燥过程快（通常3 ～ 5s）、操作稳定、便于实现连续化和自动化生产，缺点是设备庞大、能量消耗大、热效率低。一般用于干燥热敏性物料或是可以从浆料直接得到粉末状产品的场合，例如牛奶、蛋品、血浆、洗涤剂、抗生素、染料的干燥。

6.2.3　干燥装置附件

旋风分离器

旋风分离器是从气流中分离出尘粒的离心沉降设备，主体上部为圆筒形，下部为圆锥形，如图 6-13 所示。带有固体颗粒的废气从进口管沿切线方向进入圆筒部分，呈螺线旋转而下，形成一次旋流。此时，气流中绝大部分颗粒在离心力的作用下被甩向器壁，随旋流下沉到锥底。除去大量固体颗粒的废气在锥底形成二次旋流，沿轴线上升至顶部排出。通常情况下，旋风分离器可以分离5~10μm颗粒，来提高布袋除尘器的工作负荷和工作效率。设计良好的旋风分离器甚至可以分离2μm的颗粒。

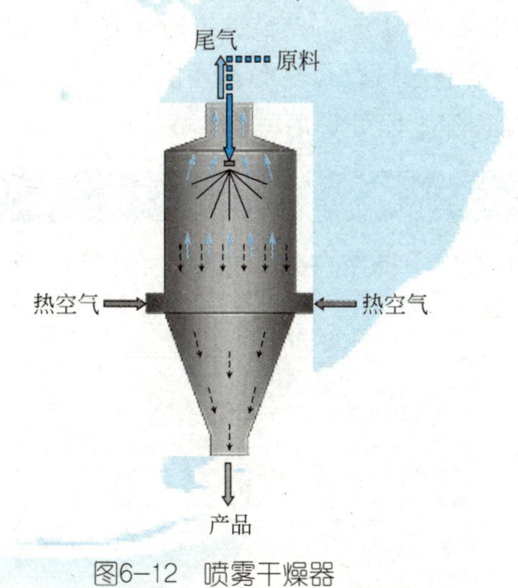

图6–12　喷雾干燥器

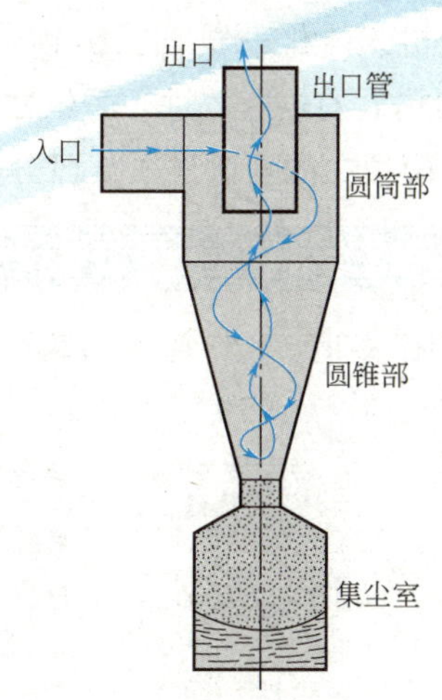

图6–13　旋风分离器

布袋除尘器

布袋除尘器（见图6-14）是一种干式除尘装置，主要由上部箱体、中部箱体、下部箱体（灰斗）、清灰系统和排灰机构等部分组成，也称过滤式除尘器（袋式除尘器）。它是利用纤维编织物制作的袋式过滤元件来捕集含尘气体中固体颗粒物的除尘装置，其作用原理是尘粉在通过滤布纤维时与纤维接触而被拦截，滤袋上收集的粉尘定期通过清灰装置清除并落入灰斗，再通过出灰系统排出。通过布袋除尘器可以捕集0.1～1μm的颗粒，可以较彻底地净化废气，基本达到废气排放的标准。

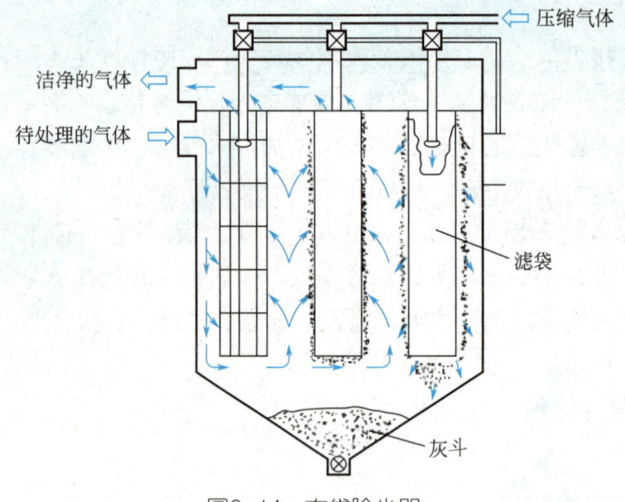

图6-14　布袋除尘器

✻ 任务目标

（1）学会识读流化干燥装置的流程图。

（2）能正确标识设备和阀门的位号。

（3）能正确标识各测量仪表。

本装置的主体设备为流化干燥器，湿物料（受潮的变色硅胶30～40目）由储槽V101经螺旋加料器进入流化干燥器T101内。空气由气泵C101送入并经过涡轮流量计再进入预热器E101，经预热后的热空气进入干燥器与湿物料接触，进行传热和传质的同时将水分汽化并带离干燥器；废气中的粉尘进入旋风分离器及袋式除尘器处理后排出。

Step 6.2.1 识别主要设备

在本书附录20——干燥实训装置流程图中找出下图空白处的主要设备位号，并填入下图相应位置。

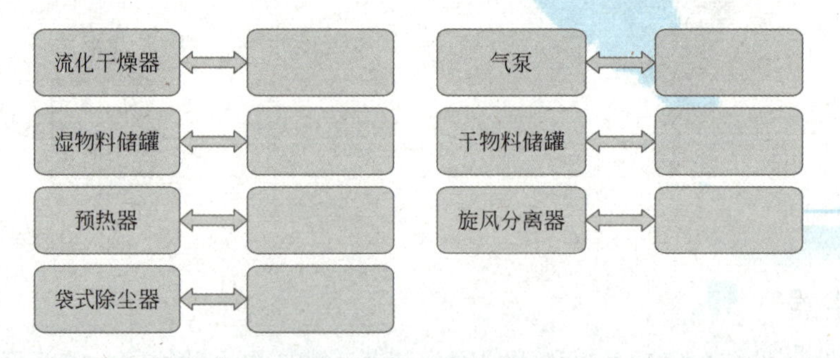

Step 6.2.2 识别调节仪表

根据流程图，将流化干燥装置中的调节仪表的位号填入下图空白处。

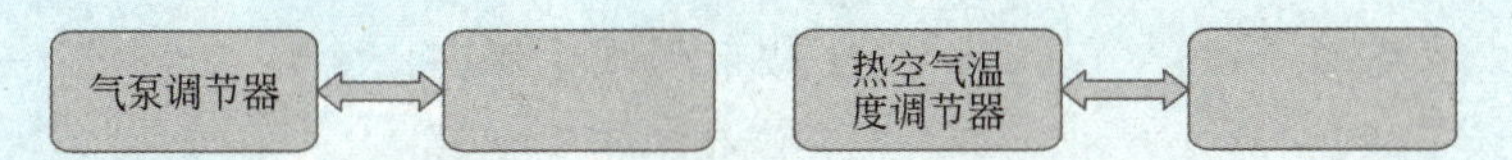

根据流程图，将流化干燥装置中的温度检测器的位填入下图空白处。

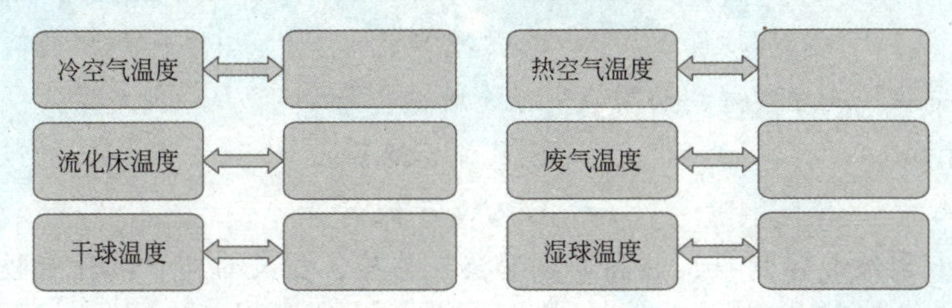

Step 6.2.3 识别各条管线流程

● **空气流程**

下图为自气泵C101至布袋除尘器R102的空气管路，将此管路上的主要设备、阀门及仪表的位号填入下图相应位置。

C101 ⇒ 过滤器 ⇒ 流量计 ⇒ （ ） ⇒ E101 ⇒ （ ） ⇒ T101 ⇒ R101 ⇒ R102 ⇒

（流量计分支：↱（ ）⇒；↳ 调节阀 ⇒）

● **物料流程**

下图为自湿物料储罐V101至干物料储罐V102管路，将此管路上的主要设备、阀门及仪表的位号填入下图相应位置。

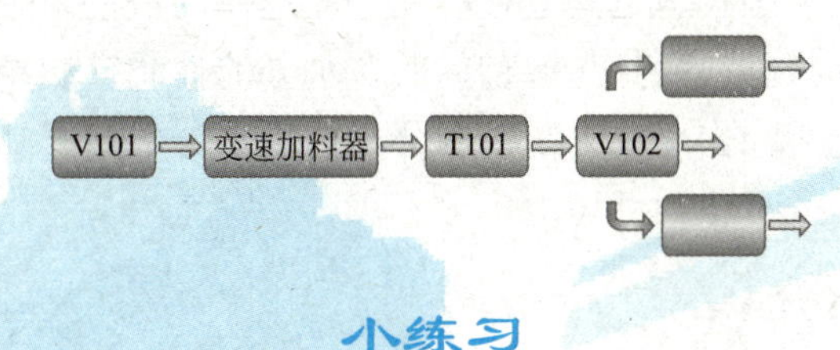

小练习

（下列练习题中，第1～4题为是非题，第5～12题为选择题）

1.喷雾干燥器干燥得不到粒状产品。（ ）

2.干燥进行的必要条件是物料表面的水汽的压力必须大于干燥介质中水汽（或其他蒸气）的分压。（ ）

3.湿空气进入干燥器前预热，可降低其相对湿度。（ ）

4.选择干燥器时，首先要考虑的是该干燥器生产能力的大小。（ ）

5.当被干燥的粒状物料要求磨损不大，而产量较大时，选用（ ）较合适。

A.气流式　　B.厢式　　C.转筒式　　D.流化床式

6.对于对流干燥器，干燥介质的出口温度应（ ）。

A.低于露点　　B.等于露点　　C.高于露点　　D.不能确定

7.欲从液体料浆直接获得固体产品，则最适宜的干燥器是（ ）。

A.气流干燥器　　B.流化床干燥器　　C.喷雾干燥器　　D.厢式干燥器

8.属于空气干燥器的是（ ）。

A.热传导式干燥器　　B.辐射形式干燥器
C.对流形式干燥器　　D.传导辐射干燥器

9.气流干燥器适用于干燥（　）介质。

A.热固性　　B.热敏性　　C.热稳定性　　D.一般性

10.若需从牛奶料液直接得到奶制品，可选用（　）。

A.沸腾床干燥器　　B.气流干燥器
C.转筒干燥器　　D.喷雾干燥器

11.要小批量干燥晶体物料，该晶体在摩擦下易碎，但又希望产品保留较好的晶形，应选用（　）。

A.厢式干燥器　　B.滚筒干燥器　　C.气流干燥器　　D.沸腾床干燥器

12.在（　）两种干燥器中，固体颗粒和干燥介质呈悬浮状态接触。

A.厢式与气流　　B.厢式与流化床　　C.滚筒与气流　　D.气流与流化床

6.3 流化干燥装置的正常操作

6.3.1 湿物料中水分的性质

干燥操作是在湿空气和湿物料之间进行的。干燥速率的快慢、干燥效果的好坏，不仅取决于湿空气的性质和流动状态，而且与湿物料所含水分的性质密切相关。在一定的空气条件下，根据物料中的水分能否除去可分为平衡水分与自由水分；根据其除去的难易程度分为结合水分与非结合水分。

平衡水分与自由水分

在一定条件下，若物料表面产生的水蒸气分压等于空气中的水汽分压，即两者处于平衡状态，此时物料中所含水分不会因为与空气接触时间的延长而有增减，此种状态下，物料中所含水分为该物料的平衡水分（或平衡含水量），即不能用干燥方法除去的水分，用符号X^*表示，其单位为：kg水/kg干料。图6-15为某些物料的干燥平衡曲线。

平衡水分的数据，不但与物料本身的性质有关，而且与所接触的空气状态有关。由实验数据可得，不同的湿物料在相同的空气相对湿度下，其平衡水分不同；同一湿物料的平衡水分随着空气的相对湿度的增加或温度的降低而增大。平衡水分是一定空气状态下物料可能干燥的最大极限。物料中大于平衡含水量的那部分水分，称为自由水分，是能够用干燥方法除去的水分。

结合水分与非结合水分

结合水分是指以化学力、物理化学力或生物化学力等与物料结合紧密的水分，其饱和蒸气压低于同温下纯水的饱和蒸气压，是物料中较难除去的水分。通常，存在于物料中毛细管内的水分、细胞壁内的水分、结晶水以及物料内可溶固体物溶液中的水分，都是结合水分。

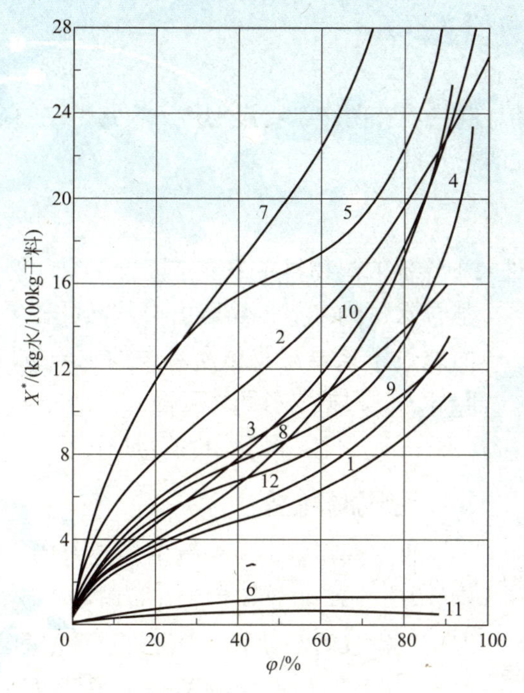

图6-15 某些物料的干燥平衡曲线（25℃）

1—新闻纸；2—羊毛、毛织物；3—硝化纤维；4—丝；5—皮革；6—陶土；7—烟叶；8—肥皂；9—牛皮胶；10—木材；11—玻璃丝；12—棉花

非结合水分是指机械地附着在物料表面或积存于大孔中的水分，其饱和蒸气压等于同温下纯水的饱和蒸气压，是物料中较易除去的水分。

结合水分和非结合水分的划分完全由湿物料自身性质决定，与空气的状态无关。对于一定温度下的一定湿物料，结合水分不会因空气的相对湿度不同而发生变化，它是一个固定值。

物料中几种水分的关系可以通过图 6-16来说明。其中，非结合水分是容易除去的水分，结合水分是难除去的水分，它包含两部分，一部分是可以用干燥方法除去的水分，另一部分是不能用干燥方法除去的水分，又称平衡水分。平衡水分随湿空气的相对湿度的变化而变化，湿空气的相对湿度越小，最终得到的湿物料的平衡水分就越小。理论上，使用干空气可以得到干的物料。

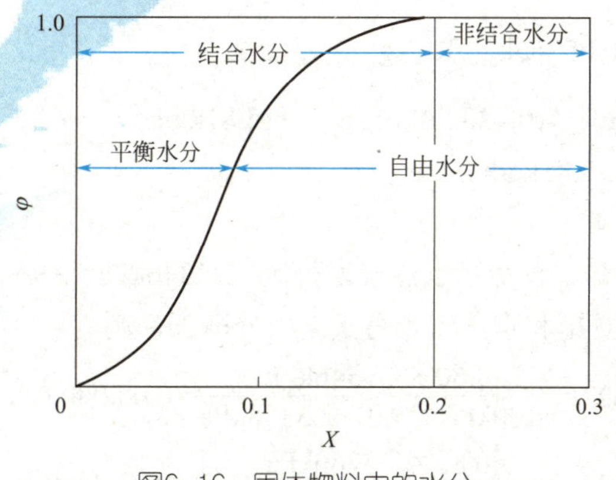

图6-16 固体物料中的水分

6.3.2 干燥过程物料衡算

物料衡算需要解决的计算内容有两个：将湿物料干燥到指定的含水量所需蒸发的水分量以及干燥过程中需要消耗的空气量。

水分蒸发量

如图 6-17所示，设进入干燥器的湿物料中干物料量为$G_{干料}$，其单位为kg/s，湿物料的干基含水量为X_1，干燥器出口产品的干基含水量为X_2，单位时间内通过干燥器湿物料所蒸发的水分量用符号W表示，其单位为kg水/s。根据物料衡算可得：

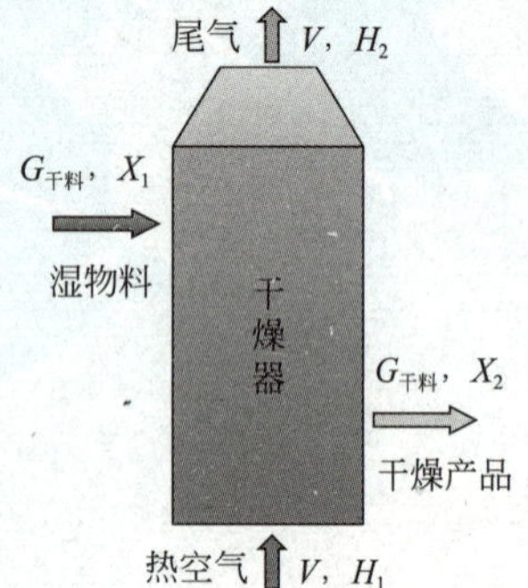

图6-17 干燥系统的物料衡算

$$W=G_{干料}(X_1-X_2) \tag{6-9}$$

空气消耗量

设干燥所需的干空气消耗量为V，进入干燥器前的湿空气湿度为H_1、出口时的湿度为H_2，若在干燥过程中，无物料损失，则湿空气吸收的水分量应与湿物料蒸发的水分量相等，即：

$$G_{干料}(X_1-X_2)=V(H_2-H_1) \tag{6-10}$$

联立上面两式，可得空气消耗量为：

$$V=\frac{W}{H_2-H_1} \tag{6-11}$$

【例6-2】100kPa下，用空气干燥含水量为30%（湿基）的湿物料，每小时处理湿物料量为1200kg，干燥后产品含水量为5%（湿基）。空气的初温为20℃，相对湿度为60%，经预热至120℃后进入干燥器，离开干燥器时的温度为40℃，相对湿度为80%。试求：①水分蒸发量；②绝干空气消耗量。

解 ① 水分蒸发量

已知 $w_1=30\%=0.3$，$w_2=5\%=0.05$，$G=1200\text{kg/h}$

求 $W=?$

$$G_{干}=G(1-w_1)=1200\text{kg/h}\times(1-0.3)=840\text{kg/h}$$

$$X_1=\frac{w_1}{1-w_1}=\frac{0.3}{1-0.3}=0.4286\text{kg(水)/kg(干)}$$

$$X_2=\frac{w_2}{1-w_2}=\frac{0.05}{1-0.05}=0.05263\text{kg(水)/kg(干)}$$

$$W=G_{干}(X_1-X_2)=840\text{kg/h}\times(0.4286-0.05263)=315.81\text{kg/h}$$

答：水分蒸发量为315.81kg/h。

② 绝干空气消耗量

已知$\varphi_0=60\%$，$t_0=20℃$；查饱和水蒸气表得$p_{S0}=2.3346\text{kPa}$

$\varphi_2=80\%$，$t_2=40℃$；查饱和水蒸气表得$p_{S2}=7.3766\text{kPa}$，则

$$H_0=0.622\frac{\varphi_0 p_{S0}}{p-p_{S0}}=0.622\times\frac{0.60\times2.3346\text{kPa}}{100\text{kPa}-0.60\times2.3346\text{kPa}}=0.0088\text{kg(水)/kg(干)}$$

$$H_2=0.622\frac{\varphi_2 p_{S2}}{p-p_{S2}}=0.622\times\frac{0.80\times7.3766\text{kPa}}{100\text{kPa}-0.80\times7.3766\text{kPa}}=0.0390\text{kg(水)/kg(干)}$$

由于进出预热器湿空气的湿度不变，即$H_0=H_1$

$$V=\frac{W}{H_2-H_1}=\frac{315.81\text{kg(水)/h}}{(0.0390-0.0088)\text{kg(水)/kg(干)}}=10457.28\text{kg(干)/h}$$

答：绝干空气消耗量为10457.28kg(干)/h。

6.3.3 干燥速率

干燥速率

单位时间内、单位干燥面积上所汽化的水分的质量称作干燥速率，用符号U表示，其单位为kg水/(m^2·s)。物料的干燥速率取决于表面水分的汽化速率和内部水分的扩散速率，其干燥过程可以分为如下两个阶段。

- **恒速干燥阶段**

干燥早期物料内部水分的扩散速率大于表面水分汽化速率，物料表面始终被水润湿，即干燥速率受表面水分汽化速率控制，物料的干燥速率和表面温度保持恒定，该阶段又称为表面汽化控制阶段或干燥第一阶段，如图6-18所示，C点是恒速阶段与降速阶段的临界点，对应的物料中的含水量为临界含水量。

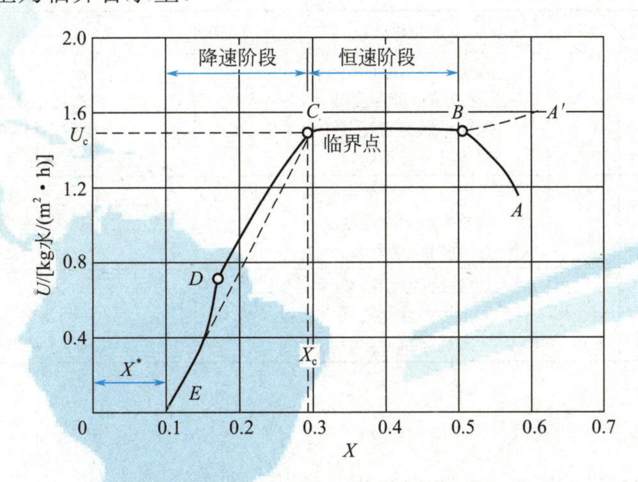

图6-18　恒定干燥条件下干燥速率曲线

- **降速干燥阶段**

当物料湿含量降低到临界含水量以下，内部水分向表面的扩散速率小于表面水分汽化速率，即干燥速率主要由内部扩散速率决定，并随湿含量的降低而不断降低，该阶段又称为内部水分移动控制阶段或干燥第二阶段。

影响干燥速率的因素

影响干燥速率的因素主要有三个方面：湿物料、干燥介质、干燥设备，这三者又是相互关联的。

物理结构、形状与大小、物料层厚薄以及水分与物料的结合方式等，都会影响干燥速率。在干燥第一阶段，尽管物料的性质对干燥速率影响较小，但物料的形状、大小、物料层的厚薄等都会影响物料的临界含水量。在干燥第二阶段，物料的性质和形状对干燥速率有决定性的影响，水分与物料结合得越紧密，且堆积在一起，则干燥速率越小。

此外物料的温度越高，干燥速率越大。物料最初、最终以及临界含水量决定了干燥各阶段所需干燥时间的长短。决定了干燥各阶段所需时间的长短。

干燥介质的温度越高、湿度越低，则干燥第一阶段的干燥速率越大，但应注意不损坏物料，尤其对于热敏性的物料，更要注意温度的控制。

提高干燥介质的流速可以提高干燥第一阶段的干燥速率，且干燥介质的流动方向垂直于湿物料表面较平行时干燥速率要大。在干燥第二阶段，流速和流向对干燥速率的影响不大。

此外，干燥器的结构对干燥速率也有较大的影响。例如在相同的条件下，经过气流干燥器干燥的湿物料比厢式干燥器所干燥的湿物料除水率高。很多新型干燥器就是针对某些因素进行设计的，目的就是提高干燥速率。

6.3.4 常见故障

干燥器在运行过程中，由于工艺条件发生变化、操作不当、设备故障等原因，将会导致不正常情况的出现。以流化床干燥器为例常见故障及处理方法见表 6-1。

表 6-1 干燥常见故障

故障名称	产生原因	处理方法
发生死床	入炉物料太湿或块多 热风量少或温度低 床面干燥层高度不够 热风分布不均匀	降低物料水分 增加风量、提高温度 缓慢出料，增加干料层厚度 调整进风阀的开度
尾气含尘量过大	分离器破损导致效率下降 风量大或炉内温度高 物料颗粒太小	检查修理 调整风量和温度 检查操作指标
床层流动不好	风压低或物料多 热风温度低 风量分布不合理	调节风量或物料量 加大加热蒸汽量 调节进风阀门

✻ 任务目标

（1）能正确识别悬挂流化干燥器的设备、阀门位号牌。

（2）学会流化干燥器的正常开车、运行和停车。

Step 6.3.1 准备工作

（1）根据流程图，在现场正确悬挂设备、阀门位号牌。

（2）检查公用工程系统，如水、电是否处于正常供应状态。

（3）开启总电源开关，检查各仪表。

（4）记录初始值。

Step 6.3.2 准备湿物料

（1）取湿物料适量，并称重，记为m_1。放入90℃的烘箱内烘2h后取出，放入玻璃干燥器内冷却至室温后称重，记为m_2。

（2）在湿物料储槽V101内加装湿物料。

Step 6.3.3 通入空气

（1）在自动控制状态下，设置气泵流量FIC01的设定值为60.0m³/h。

（2）半开VA101，全开VA102、VA103。

（3）将气泵流量FIC01的自动控制状态切换为手动输出状态，下调输出值至0。

（4）开气泵C101电源开关。

（5）缓慢上调气泵流量FIC01的输出值，使过程值接近于自动控制状态的设定值，迅速将气泵流量FIC01切换为自动控制状态。

（6）观测FIC01、TI01、TI03、TI04，待稳定后，记录数据。

Step 6.3.4 加热空气

（1）在自动控制状态下，设置热空气温度TIC02的设定值为90.0℃。

（2）开预热器E101的加热电源开关。

（3）观测FIC01、TI01、TIC02、TI03、TI04、TI05，待稳定后，记录数据。

Step 6.3.5 投入湿物料

（1）待TI05达到60℃，打开加料器电源开关，逐渐上调加料器转速至规定值。

（2）观察流化床干燥器内床层的流化状态。

（3）观测FIC01、TI01、TIC02、TI03、TI04、TI05、TI06、PI01的过程值，待稳定后，记录数据。

（4）待床层的流化状态正常后，全开VA105，取干物料适量，并称重，记为m_3。放入90℃的烘箱内烘2h后取出，放入玻璃干燥器内冷却至室温后称重，记为m_4，记录数据。

（5）利用下面的公式计算物料的除水率：

$$X_{干燥前}=\frac{m_1-m_2}{m_2} \tag{6-12}$$

$$X_{干燥后}=\frac{m_3-m_4}{m_4} \tag{6-13}$$

$$除水率=(X_{干燥前}-X_{干燥后})\times 100\% \tag{6-14}$$

Step 6.3.6 停车

（1）将加料器转速下调至0，关闭加料器的电源开关。

（2）待10min后，关预热器E101加热电源开关。

（3）待TIC02的过程值下降至室温后，关气泵C101电源开关，关闭VA102、VA103、VA101。

（4）全开VA105，卸去干物料储槽V102内的干物料，关闭VA105。

（5）记录数据后，关闭总电源。

小练习

（下列练习题中，第1、2题为是非题，第3～12题为选择题，第13、14题为简答题，第15、16题为计算题）

1. 在其他条件相同的情况下，干燥过程中的空气消耗量通常在夏季比冬季为大。(　　)

2. 同一物料，如恒速阶段的干燥速率加快，则该物料的临界含水量将增大。(　　)

3. 当φ<100%时，物料的平衡水分一定是（　　）。

A. 非结合水　　B. 自由水分　　C. 结合水分　　D. 临界水分

4. 干燥过程中可以除去的水分是（　　）。

A. 结合水分和平衡水分　　B. 结合水分和自由水分

C. 平衡水分和自由水分　　D. 非结合水分和自由水分

5. 增加湿空气吹过湿物料的温度，则湿物料的平衡含水量（　　）。

A. 增大　　B. 不变　　C. 下降　　D. 不能确定

6. 在（　　）阶段中，干燥速率的大小主要取决于物料本身的结构、形状和尺寸，而与外部的干燥条件关系不大。

A. 预热　　B. 恒速不变　　C. 降速干燥　　D. 以上都不是

7. 流化床干燥器尾气含尘量大的原因是（　　）。

A. 风量大　　B. 物流层高度不够

C. 热风温度低　　D. 风量分布分配不均匀

8. 某物料在干燥过程中达到临界含水量后的干燥时间过长，为提高干燥速率，下列措施中最为有效的是（　　）。

A. 提高气速　　B. 提高气温

C. 提高物料温度　　D. 减小颗粒的粒度

9. 下列条件中，影响恒速干燥阶段干燥速率的是（　　）。

A. 湿物料的直径　　B. 湿物料的含水量

C. 干燥介质流动速度　　D. 湿物料的结构

10. 影响干燥速率的主要因素除了湿物料、干燥设备外，还有一个重要因素是（　　）。

A. 干物料　　B. 平衡水分

C. 干燥介质　　D. 湿球温度

11. 在内部扩散控制阶段影响干燥速率的主要因素有（　　）。

A. 空气的性质　　B. 物料的结构、形状和大小

C. 干基含水量　　D. 湿基含水量

12. 物料中的平衡水分随温度的升高而（　　）。

A. 增大　　B. 减小　　C. 不变　　D. 以上都不是

13. 使用对流干燥热敏性物料需要注意哪些事项？

14. 干燥操作中，为何要控制空气流量及出口温度？

15. 某厂日产硫黄5000t，硫黄的湿基含水量由6%将至0.5%。求每小时水分的汽化量。

16. 常压下，用空气干燥含水量为50%（湿基）的湿物料，每小时处理湿物料量为1000kg，干燥后产品含水量为10%（湿基）。空气的初温为30℃，相对湿度为35%，经预热至100℃后进入干燥器，离开干燥器时的温度为50℃，相对湿度为70%。试求：(1) 水分蒸发量；(2) 绝干空气消耗量。

7　萃取

利用物系中各组分在溶剂中溶解度的差异来分离混合物的单元操作称为萃取，如用苯分离煤焦油中的酚；用有机溶剂分离石油馏分中的烯烃；水浸取茶叶中的咖啡碱；酒精浸取黄豆中的豆油来提高油产量等。通过萃取，能从固体或液体混合物中提取所需的物系。

本单元共分四个部分，分别对萃取的基本知识、萃取装置的流程、填料萃取塔的开车准备以及操作进行了理论实训一体化的介绍。

7.1 预备知识

7.1.1 概述

为防止工业废水中的苯酚污染环境，往往将苯加到废水中，使它们混合接触。此时，由于苯酚在苯中的溶解度比在水中大，大部分苯酚会从水中转移到苯中。之后再将苯相与水相分离，进一步回收溶剂苯，从而达到回收苯酚的目的。在石油化工中，常常遇到抽提芳烃的过程，因为芳香烃与链烷烃类化合物共存于石油馏分中，它们的沸点非常接近或成为共沸混合物，故用一般的精馏方法不能达到分离的目的，但可以采用液液萃取的方法来分离各组分。

萃取是指在欲分离的液体混合物中加入一种适宜的溶剂，使其形成两液相系统，利用液体混合物中各组分在两相中分配差异的性质，易溶的组分较多地进入溶剂相，从而实现了混合液的分离。

通常，萃取可以分为液液萃取和固液萃取两种。液液萃取是利用均相液体混合物中各组分在某溶剂中溶解度的差异来实现分离的一种单元操作；固液萃取是利用溶剂分离固体混合物组分的方法，也称为浸取。本章重点讨论液液萃取，以下简称萃取。

在萃取过程中，所用的溶剂S称为萃取剂；混合液体作为原料液，其中欲分离的组分称为溶质A，其余组分统称为稀释剂B（或称原溶剂）。萃取操作中所得到的含溶质较多的溶液称为萃取相E，其成分主要是萃取剂和溶质，剩余的溶液称为萃余相R，其成分主要是稀释剂，还含有少量残余的溶质等组分。

萃取在工业上主要应用于以下领域：

（1）混合液的相对挥发度小或形成恒沸物，用一般精馏方法不能分离，如石油馏分中烷烃与芳烃的分离，煤焦油的脱酚；

（2）混合液浓度很稀，采用精馏方法须将大量稀释剂汽化，能耗过大，如稀醋酸的脱水；

（3）混合液含热敏性物质（如药物等），可避免物料受热破坏，如从发酵液制取青霉素。

7.1.2 液液相平衡

常见溶液组成表示方法有质量分数、摩尔分数和体积分数三种形式。本单元中，溶液组成以质量分数表示。根据归一条件得：

$$w_A+w_B+w_S=1 \tag{7-1}$$

式中，w_A、w_B、w_S分别代表溶液中的溶质、稀释剂以及萃取剂的质量分数。

三角形相图

为了表示溶质在萃取相和萃余相中的平衡分配关系、萃取剂和稀释剂两相的相对数量关系和互溶状况，常采用在三角形坐标图上表示其相平衡关系，即三角形相图。三角形相图可以是等腰的或不等腰的，也可以是等边的。当萃取操作中溶质A的浓度很低时，常将AB边的浓度比例放大，以提高图示的准确度。本节主要讨论等腰直角三角形相图。

如图7-1所示，在三角形的顶点分别表示某一纯物质，一般用A点表示纯溶质，B点表示纯稀释剂，S点表示纯溶剂。三角形各边上任一点代表一个二元混合物组成，二元混合物的组分含量可以直接由图上读出，例如图中C点所表达的混合物中含有A 50%，含有B 50%。三角形内任一点代表一个三元混合物组成。以图中点N为例：过点N作两直角边上的垂线，垂足所在的即为该顶点物质的组成。过点N作AB边的垂线交于点C，从图中可以查出$w_A=0.5$。同理，过点N作BS边垂线交于点E则$w_S=0.2$，由归一条件得$w_B=1-w_A-w_S=0.3$。

物料衡算与杠杆定律

设有组成为x_A、x_B、x_S的溶液R及组成为y_A、y_B、y_S的溶液E。若将两溶液相混，混合物总量为M，其组成为z_A、z_B、z_S，组成如图7-2中的M点表示。

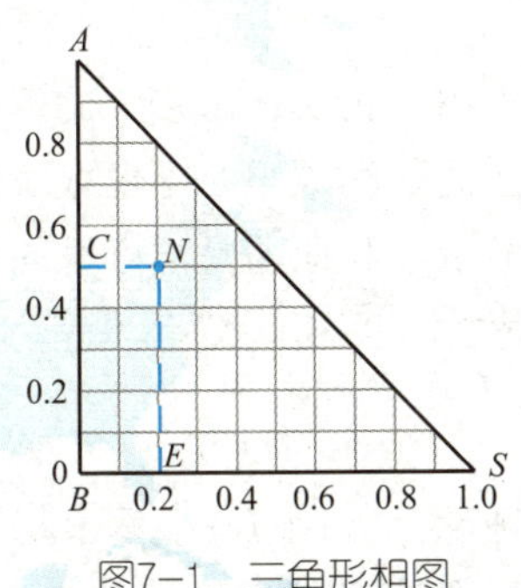

图7-1 三角形相图

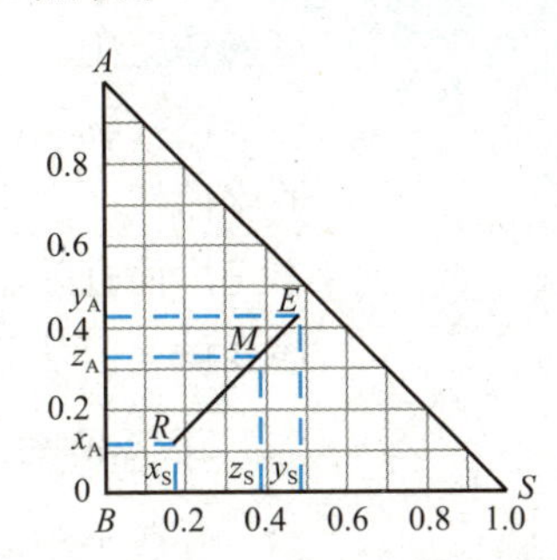

图7-2 物料衡算与杠杆定律

则总物料衡算式及组分A、组分S的物料衡算式如下：

$$M=R+E \tag{7-2}$$

$$Mz_A=Rx_A+Ey_A \tag{7-3}$$

$$Mz_S=Rx_S+Ey_S \tag{7-4}$$

由此可以导出

$$\frac{E}{R}=\frac{z_A-x_A}{y_A-z_A}=\frac{z_S-x_S}{y_S-z_S} \tag{7-5}$$

此式表示混合液组成的点M的位置必在点R与点E的联线上，且线段$\overline{RM}$与$\overline{ME}$之比与混合前两溶液的质量成反比，即$\frac{E}{R}=\frac{\overline{RM}}{\overline{EM}}$，此式为物料衡算的简捷图示方法称为杠杆定律。

如上所述，点M表示两个不同组成的混合液R和E的和点，点R称为点M与点E的差点。

溶解度曲线

萃取操作常按混合液中A、B、S各组分互溶度不同而将混合液分为两类。第Ⅰ类物系：A完全溶解于B及S中，而B、S为一对部分互溶的组分；第Ⅱ类物系：A、B完全互溶，而B、S及A、S为两对部分互溶的组分。

本节主要讨论第Ⅰ类物系的液液相平衡。

根据表7-1的数据在直角三角形相图中找出各状态点，再把各点联结成一条光滑的曲线即为此体系在该温度下的溶解度曲线。

表 7-1　25℃时醋酸（A）-水（B）-乙醚（S）的平衡数据（质量分数）

萃余相（水相）			萃取相（乙醚相）		
醋酸（A）	水（B）	乙醚（S）	醋酸（A）	水（B）	乙醚（S）
0	0.933	0.067	0	0.023	0.977
0.051	0.880	0.069	0.038	0.036	0.926
0.088	0.840	0.072	0.073	0.050	0.877
0.138	0.782	0.080	0.125	0.072	0.803
0.184	0.721	0.095	0.181	0.104	0.715
0.231	0.650	0.119	0.231	0.151	0.613
0.279	0.557	0.164	0.287	0.236	0.477

如图 7-3 所示，溶解度曲线将三角形相图分成两个区。该曲线与底边 RE 所围的区域为分层区或两相区，曲线以外是均相区。如某三组分物系的组成位于两相区的点 N，则该混合液可分为互成平衡的共轭相 R_N 及 E_N。溶解度曲线以内是萃取过程的可操作范围。

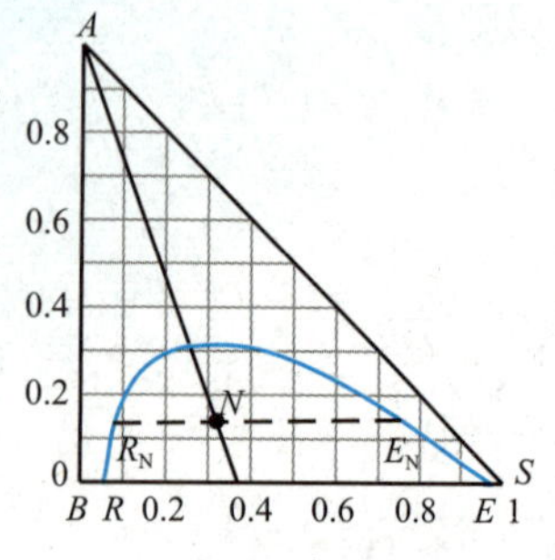

图7-3　溶解度曲线

同一物系，在不同温度下由于物质在溶剂中的溶解度不同，溶解度曲线会发生变化。两相区面积的大小，不仅取决于三组分物系本身，而且随温度的升高而减少，其原因是温度升高导致各组分互溶度增大，从而使得均相区增大、两相区减小。

平衡联结线

互成平衡的两相称为共轭相，如图 7-3 中萃余相与萃取相中水平对应的每组数据，在相图中都有其对应的状态点 E 和 R，联结对应两点的连线 ER 称为平衡联结线。

通常平衡联结线都不相互平行，各条联结线的斜率随混合液的组成而异。一般情况下各联结线是按同一方向缓慢改变其斜率，但有少数体系当混合液组成改变时，联结线斜率改变较大，能从正到负，在某一组成联结线可能为水平线。

分配系数与选择性系数

在一定温度下，溶质A在萃取相E中的浓度 y_A 与它在萃余相R中的浓度 x_A 之比，称为分配系数，用符号 k 表示，其表达式：

$$k=\frac{y_A}{x_A} \tag{7-6}$$

该式也表示平衡联结线的两个端点及液液平衡两相之间的组成关系。对于S与B部分互溶的物系，$k=1$ 时，联结线与底面平行，其斜率为零；当 $k>1$ 时，联结线斜率大于零；当 $k<1$ 时，联结线斜率小于零。

分配系数一般不是常数，其值随组成和温度而异。分配系数越大，表示萃取组分在萃取相中的含量越高，萃取越容易进行。

在萃取操作中，为了评价溶剂选择性的好坏，通常采用溶剂的选择性系数。选择性系数定义为：

$$\beta=\frac{k_A}{k_B} \tag{7-7}$$

β的大小，表征了溶剂对原溶液中各组分的分离能力。β越大，越有利于萃取分离。操作中，β均应大于1，若β=1即意味着没有分离效果。

小练习

（下列练习题中，第1～4题为是非题，第5～11题为选择题，第12题为作图题）

1.分离过程可以分为机械分离和传质分离过程两大类，萃取是机械分离过程。(　)

2.含A、B两种成分的混合液，只有当分配系数大于1时，才能用萃取操作进行分离。(　)

3.利用萃取操作可分离煤油和水的混合物。(　)

4.萃取操作时选择性系数的大小反映了萃取剂对原溶液分离能力的大小，选择性系数必须大于1，并且越大越有利于分离。(　)

5.萃取是根据（　）来进行的分离。

A.萃取剂和稀释剂的密度不同

B.萃取剂和稀释剂中的溶解度不同

C.溶质在稀释剂中不溶

D.溶质在萃取剂中的溶解度大于溶质稀释剂的溶解度

6.萃取剂的选择性系数是溶质和原溶剂分别在两相中的（　）。

A.质量浓度之比　B.摩尔浓度之比　C.溶解度之比　D.分配系数之比

7.萃取是分离（　）。

A.固液混合物　B.气液混合物　C.固固混合物　D.均相液体混合物

8.当萃取操作的温度升高时，在三元相图中，两相区的面积将（　）。

A.增大　B.不变　C.减小　D.先减小，后增大

9.萃取操作只能发生在混合物系的（　）。

A.单相区　B.二相区　C.三相区　D.平衡区

10.混合溶液中待分离组分浓度很低时，一般采用（　）的分离方法。

A.过滤　B.吸收　C.萃取　D.离心分离

11.在表示萃取平衡组成的三角形相图上，顶点处表示（　）。

A.纯组分　B.一元混合物　C.二元混合物　D.无法判断

12.试根据25℃时醋酸-水-乙醚物系的平衡数据见表7-1，在直角三角形相图上绘出溶解度曲线。

7.2　认知萃取装置的工艺流程

7.2.1　萃取流程

萃取操作过程系由混合、分层、萃取相萃余相分离等所需的一系列设备共同完成，这些设备的合理组成构成了萃取操作流程。根据分离的工艺要求不同，萃取流程有单级和多级之分。

单级萃取流程

原料液与萃取剂一起加入混合器内，经过搅拌造成很大的相界面，使原料液和萃取剂充分接触，溶质A便通过相界面扩散至萃取剂S中。随着时间的推移，原料液中A的浓度逐渐降低，称为萃余相R；萃取剂中A的浓度逐渐提高，称为萃取相E。充分传质后，将混合液送入澄清槽，在重力作用下（或密度差）静止分层。然后将静止分层后的萃取相与萃余相分别送入溶剂回收设备以回收溶剂，相应得到脱除S的萃取相称为萃取液E′，脱除S的萃余相称为萃余液R′，回收所得萃取剂可循环使用。

由图7-4可知，单级萃取不能对原料液进行较完全的分离。但因其流程简单，在工业生产中仍广泛采用，尤其适用于萃取剂分离能力大或分离要求不高时。

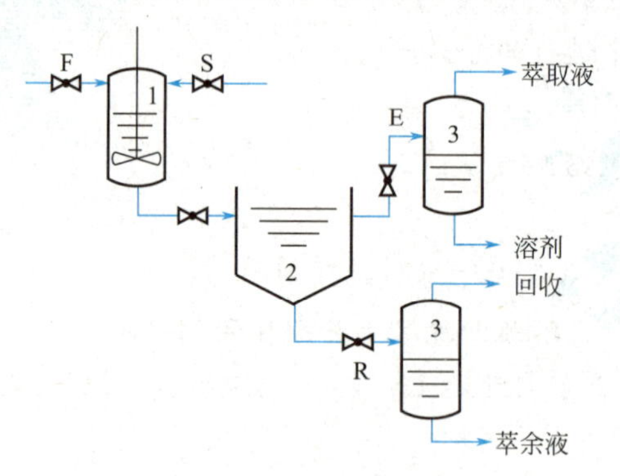

图7-4 单级萃取流程

1—混合器；2—澄清槽；3—溶剂回收设备

多级萃取流程

多级萃取常见的流程有两种：多级错流萃取与多级逆流萃取（见图7-5）。其中多级错流萃取流程是将若干个单级接触萃取器串联使用，并在每一级中加入新鲜萃取剂，理论上只要级数足够，此流程可获得含溶质组分很少的萃余液R′，萃取效果好。但是，萃取剂耗用量大，回收费用高，常适用于萃取剂为水且无需回收的情况。多级逆流萃取流程是将原料液和萃取剂以相反方向流过各级，其萃取效果良好，可得含溶质浓度高的萃取液E′和含溶质浓度低的萃余液R′，所用萃取剂的耗用量比错流流程大为减少，适用于当原料液中两组分均为过程的产物，且工艺要求将其进行较彻底的分离的情况。

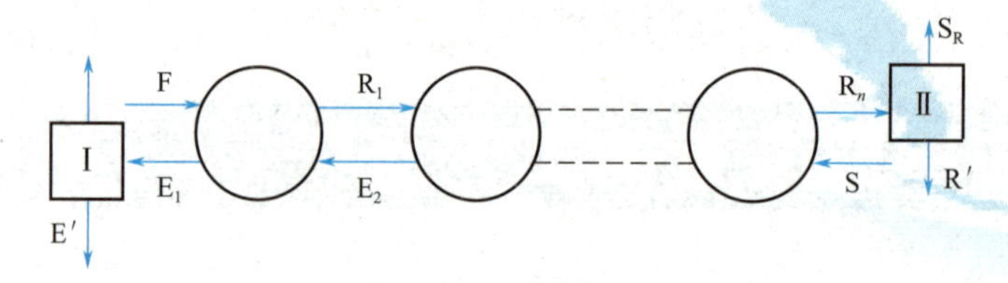

图7-5 多级逆流萃取流程

7.2.2 萃取设备

萃取设备的作用是实现两液相之间高效率的质量传递和较完善的分离。为此，萃取设备

应能使萃取剂与原料液充分接触，增大传质面积，并尽可能提高湍动程度，以获取较高的传质速率。通常，液液接触时，一相呈连续状态，称为连续相；另一相呈分散滴状，称为分散相。分散的液滴越小，两相的接触面积越大，传质越快。

根据两液相接触方式，萃取设备可分为逐级接触式和微分接触式两类，而每一类又可分为有外加能量和无外加能量两种。逐级接触式是指每一级均进行两相的混合与分离，两液相组成在级间发生阶跃式变化；而微分接触是指两相中有一相经分布器分散成液滴，另一相保持连续，液滴在浮升或沉降过程中与连续相呈逆流接触进行物质传递的方式。

萃取设备的种类

- **混合-澄清槽**

混合-澄清槽（见图7-6）是典型的逐级接触式萃取设备，每一级包含混合器和澄清槽两部分，可单级使用也可多级组合。因为混合器中常设有搅拌器，可将液体破碎成液滴分散于另一液相中，增大了两相接触面积，故而传质效率好、操作方便，但其缺点是占地面积大、操作和设备费用比较大，适用于处理含有固体悬浮物的物系。

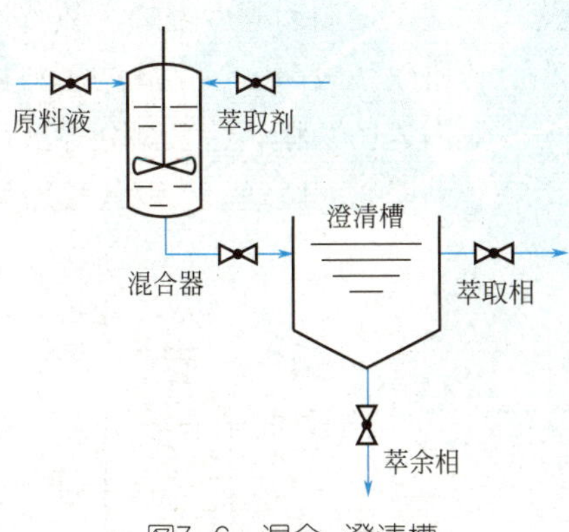

图7-6　混合-澄清槽

- **筛板萃取塔**

筛板萃取塔属于逐级接触式萃取设备，类似于筛板蒸馏塔，但其筛板的孔径比蒸馏塔小，板间间距稍异于蒸馏塔，其结构如图 7-7所示，其结构简单、价格低廉，但是级效率较低，只适用于所需理论级数少、分离要求低、处理量较大以及物系具有腐蚀性的场合，例如芳烃萃取。

- **填料萃取塔**

填料萃取塔（见图7-8）与吸收和精馏使用的填料塔基本相同，属于微分接触式萃取设备。在塔内装有填充物，连续相充满整个塔中，分散相以滴状通过连续相。其结构简单、造价低廉、操作方便，但是效率较低，适用于腐蚀性料液和处理量比较小的物系。为了减少液体的轴向混合和沟流现象，通常在塔高3 ～ 5m的间距设置液体再分布装置。

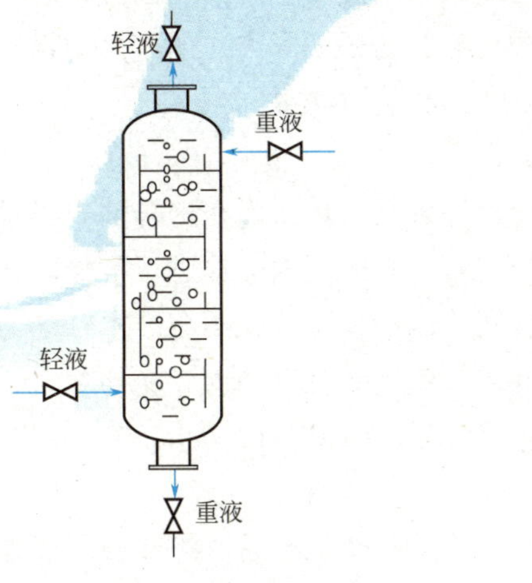

图7-7　筛板萃取塔（重相为连续相）

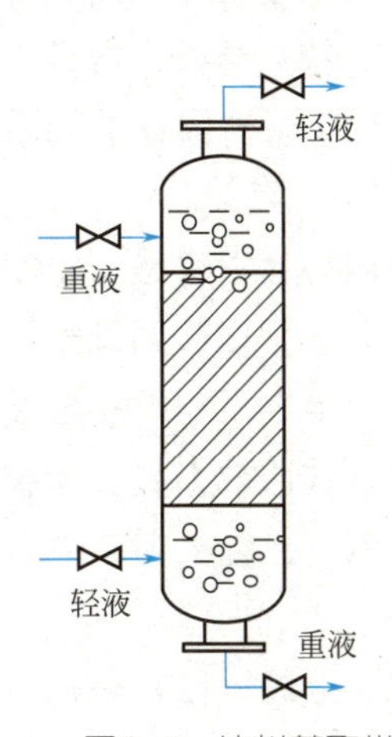

图7-8　填料萃取塔

● **喷洒萃取塔**

喷洒萃取塔（见图7-9）是由无任何内件的圆形壳体及液体引入和移出装置构成的塔设备，是结构最简单的微分接触式液液传质设备，但是其传质效果差，一般不会超过1～2个理论级，在工业生产上很少应用。

● **脉冲填料萃取塔与脉冲筛板萃取塔**

这两种塔通常采用往复泵或压缩空气给塔内提供外加机械能以造成脉动，周期性的脉动可使两相处于周期性的变速运动之中，由于轻重相惯性的差异造成两相的相对速度较大，液滴尺寸减小，湍动程度增加，故传质效率大幅度提高；其特点是流体流速较大，液滴尺寸较小，传质效率较高；但是脉冲填料塔易造成乱堆填料定向重排，导致沟流现象，而脉冲筛板塔（见图7-10）脉动过大时会导致严重的轴向混合，传质效率反而降低。实践证明，较高频率和较小振幅的脉动，萃取效果较好。

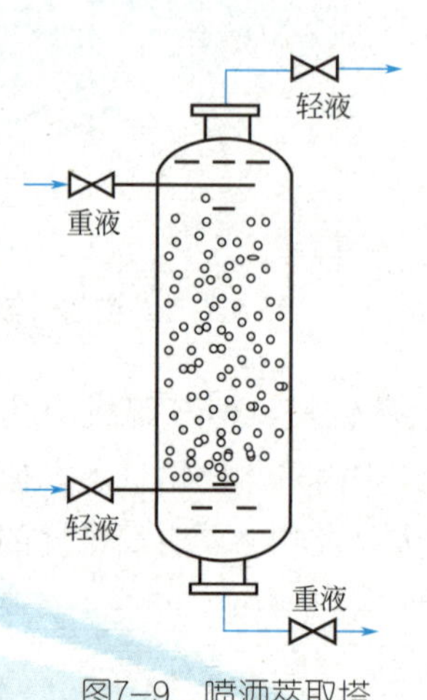

图7-9　喷洒萃取塔

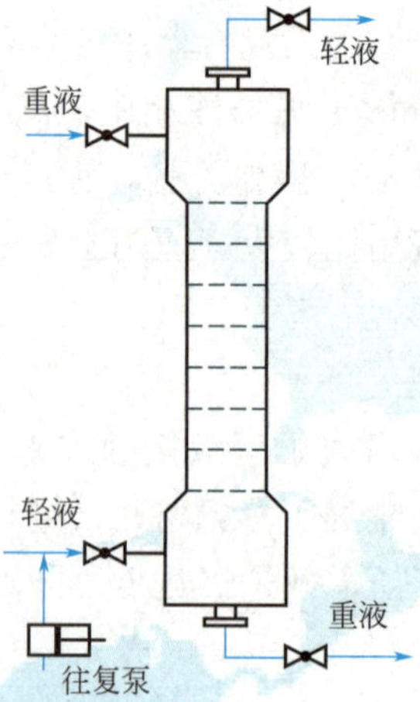

图7-10　脉冲筛板塔

● **往复振动筛板萃取塔**

往复振动筛板塔中，筛板固定于一根中心轴上，中心轴由塔外的曲柄连杆机驱动，以一定的频率和振幅往复运动，塔内不设溢流，如图 7-11所示。往复振动筛板塔的作用原理类似于机械搅拌，可大幅增加和更新相际接触面积，增强其湍动程度，故传质效率高，且操作方便、结构可靠，其特点是操作方便、结构可靠、传质效率高，但生产中塔直径受到一定的限制，适用于易乳化、含有固体的物系以及腐蚀性强的物系。

● **转盘萃取塔**

转盘萃取塔的塔体内壁按一定间距设置许多固定环，而在旋转的中心轴上按同样间距安装许多圆形转盘。水平安装的圆形转盘旋转时可对区间内液体进行搅拌，使分散相破裂成许多的小液滴，从而增大了相际接触面积和液体湍动程度，且不会产生轴向力，固定环能抑制塔内轴向返混。其传质效率高、操作弹性大、不会产生轴向力、流通量大、结构简单、造价低廉、传质效率高，在化工生产中应用非常广泛，如图 7-12所示。

● **离心萃取机**

离心萃取机（见图7-13）是利用高速旋转具有螺旋形通道的转鼓所产生的离心力，使密度差很小的轻、重两相或黏度很大、接触状况不佳的两相以很大的相对速度逆流流动，密切接触，并能有效分层。显著特点是设备体积小、物料停留时间短、分离效果高，但结构复杂、操作费用高，适用于两相密度差小、要求操作停留时间短、处理量小的场合，例如抗生素的萃取过程中常采用此种设备。

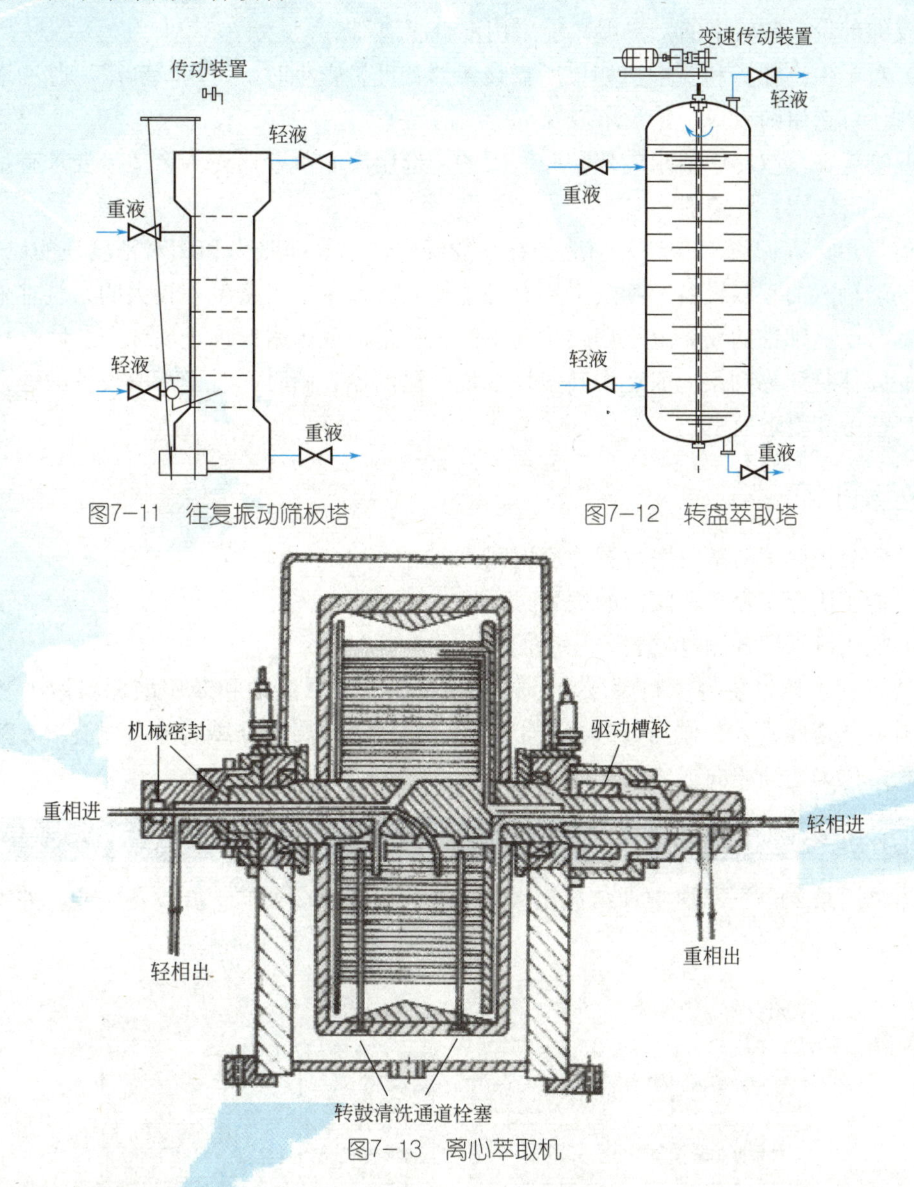

图7-11　往复振动筛板塔

图7-12　转盘萃取塔

图7-13　离心萃取机

萃取设备的选择

由于萃取设备的种类很多，且各具特性，加之萃取过程和物系中各种因素的影响错综复杂，因此，人们对萃取设备的选择往往凭借经验。一般如下：

（1）当界面张力σ与两相密度差$\Delta\rho$的比值$\sigma/\Delta\rho$较小，即物系的界面张力小、密度差较大时，可选用无外能输入的设备；

（2）当$\sigma/\Delta\rho$较大时，应选用有外能输入的设备，使液滴尺寸变小，提高传质系数；

（3）对密度差较大的系统，离心萃取机比较适用；

（4）对于腐蚀性强的物系，宜选用结构简单的填料塔，也可采用由耐腐蚀金属或非金属材料如玻璃钢、塑料内衬或内涂的萃取设备；

（5）对于物系中有固体悬浮物的，为避免设备堵塞，一般可以选用转盘塔或混合澄清器；

（6）对于所需理论级数在4～5级的，一般可选择转盘塔、往复振动筛板塔和脉冲塔；对于需要的理论级数较多的，一般只能采用混合澄清器；

（7）对于生产任务和要求，如果所需设备的处理量较小时，可用填料塔、脉冲塔；处理量较大时，可选用筛板塔、转盘塔以及混合澄清器；

（8）物料在萃取器中要求的停留时间短的，选用离心萃取器较为合适；要求有足够停留时间的，宜选用混合澄清器。

目前为止，人们对萃取设备的选择往往凭经验。当表面张力和相对密度差的比值小时，采用无外能输入的萃取设备，相反采用有外能输入的设备；当密度差较大的系统宜采用离心萃取器；对于腐蚀性的物系宜采用结构简单的填料塔，或由耐腐蚀金属或非金属材料的萃取设备；而固体悬浮物物系一般选用转盘塔或混合澄清器。同时，对于萃取设备的选择，还应根据生产任务和要求而定。

任务目标

（1）学会识读填料萃取塔装置的流程图。

（2）能正确标识设备和阀门的位号。

（3）能正确标识各测量仪表。

本装置的主体设备为填料萃取塔，以水为萃取剂，从煤油和苯甲酸原料液中萃取苯甲酸。原料液从塔底进入，作为分散相向上流动，经塔顶分离段分离后由塔顶流出。萃取剂由塔顶进入，作为连续相向下流动至塔底流出。

Step 7.2.1 识别主要设备

在本书附录20——萃取实训装置流程图中找出下图空白处的主要设备位号，并填入下图相应位置。

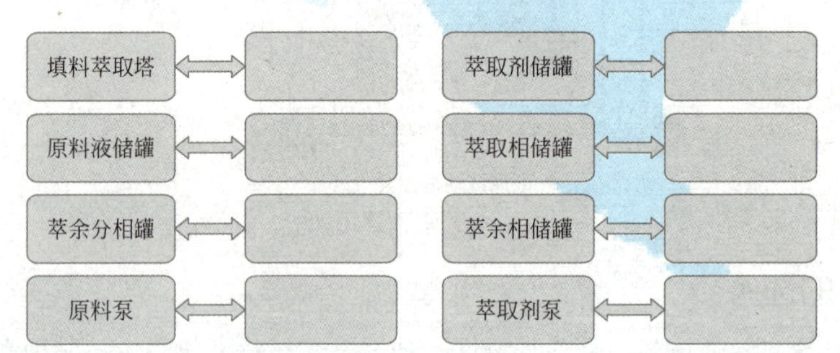

Step 7.2.2 识别调节仪表

根据流程图，将填料萃取塔装置中调节仪表的位号填入下图相应位置。

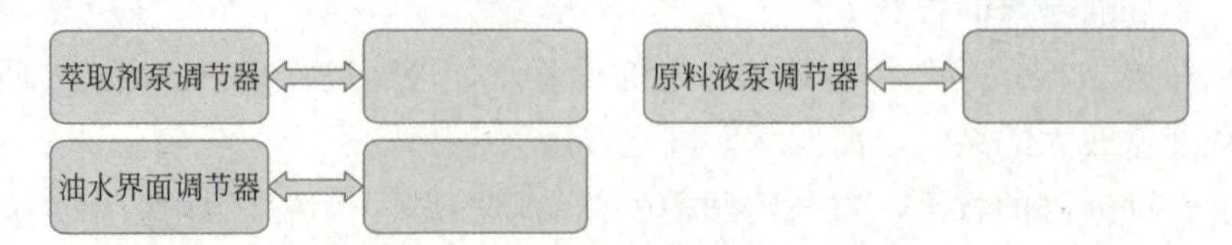

根据流程图，将填料萃取塔装置中温度检测器的位号填入下图相应位置。

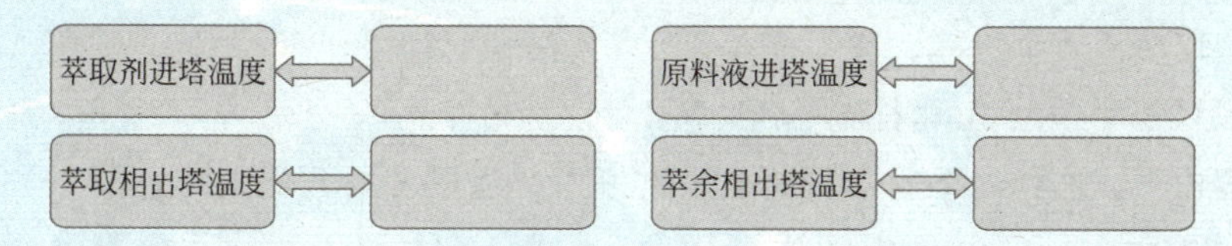

Step 7.2.3 识别各条管线流程

● **萃取剂流程**

下图为自萃取剂储罐V101至填料萃取塔T101的管路，将此管路上的主要设备、阀门及仪表的位号填入下图相应位置。

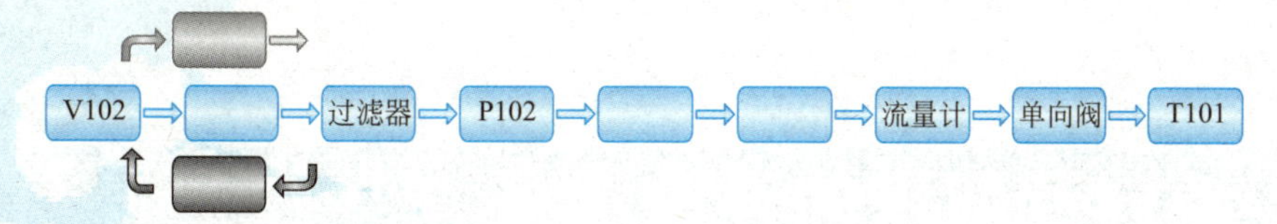

● **原料液流程**

下图为自原料液储罐V102至填料萃取塔T101的管路，将此管路上的主要设备、阀门及仪表的位号填入下图相应位置。

V102 过滤器 P102 流量计 单向阀 T101

● **萃取相流程**

下图为自填料萃取塔T101至萃取相储罐V103的管路，将此管路上的主要设备、阀门及仪表的位号填入下图相应位置。

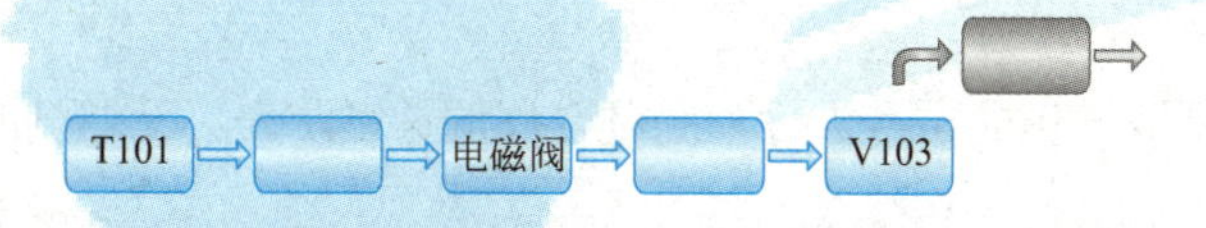

● **萃余相流程**

下图为自填料萃取塔T101至萃余相储罐V105的管路，将此管路上的主要设备、阀门及仪表的位号填入下图相应位置。

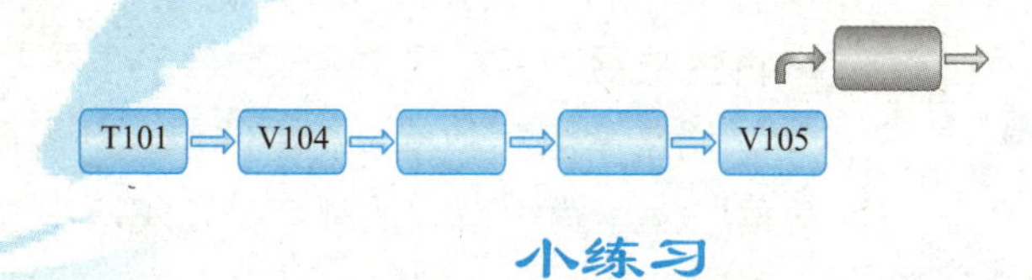

小练习

（下列练习题中，第1题为是非题，第2～8题为选择题，第9题为简答题）

1. 萃取操作设备不仅需要混合能力，而且还应具有分离能力。（　）

2. 处理量较小的萃取设备是（　）。

A. 筛板塔　　B. 转盘塔　　C. 混合澄清器　　D. 填料塔

3. 对于同样的萃取回收率，单级萃取所需的溶剂量相比多级萃取（　）。

A. 较小　　　　B. 较大　　　　C. 不确定　　　　D. 相等

4. 萃取操作包括若干步骤，除了（　）。

A. 原料预热　　　　B. 原料与萃取剂混合　　C. 澄清分离　　　　D. 萃取剂回收

5. 萃取操作中，选择混合澄清槽的优点有多个，以下不是其优点的是（　）。

A. 分离效率高　　　　B. 操作可靠　　　　C. 动力消耗低　　　　D. 流量范围大

6. 填料萃取塔的结构与吸收和精馏使用的填料塔基本相同，在塔内装填充物，（　）。

A. 连续相充满整个塔中，分散相以滴状通过连续相

B. 分散相充满整个塔中，连续相以滴状通过分散相

C. 连续相和分散相充满整个塔中，使分散相以滴状通过连续相

D. 连续相和分散相充满整个塔中，使连续相以滴状通过分散相

7. 若物系的界面张力σ与两相密度差$\Delta\rho$的比值大（$\sigma/\Delta\rho$），宜选用（　）萃取设备。

A. 无外能输入的　　　　B. 有外能输入的

C. 塔径大的　　　　D. 都合适

8. 下列不属于多级逆流接触萃取的特点的是（　）。

A. 连续操作　　　　B. 平均推动力大　　　　C. 分离效率高　　　　D. 溶剂用量大

9. 本实训中，萃取剂管路为何需安装单向阀？

7.3 填料萃取塔的开车准备

7.3.1 萃取剂的选择原则

合适的萃取剂是萃取操作能正常进行和经济合理的关键所在。萃取剂的选择原则见图7-14。

- **选择性**

萃取剂对溶质应具有较强的溶解能力，对稀释剂不溶或溶解度较小，即萃取相中溶质、稀释剂两组分的浓度之比要大于或远远大于萃余相中溶质、稀释剂两组分浓度之比。这样可以减少单位产品的溶剂量。

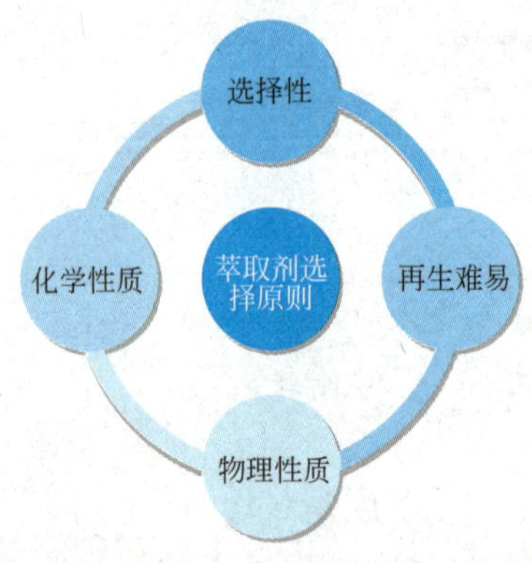

图7-14　萃取剂选择原则

- **再生难易**

通常萃取相和萃余相中的萃取剂需再生利用，再生过程是萃取操作费用最大的环节，在生产中往往选择再生较易的溶剂作为萃取剂，常用的再生方法有精馏等。

- **物理性质**

对于萃取剂的物理学性质主要考虑其黏度和表面张力等特性，以及萃取相与萃余相两相的密度差。

- **化学性质**

萃取剂必须具有较强的化学稳定性，如：不宜分解、聚

合、具有足够的抗氧化性和热稳定性。

- **其他**

除了以上几方面，还应考虑萃取剂的价格、腐蚀性、易燃易爆等特性。

7.3.2 分散相选择原则

在液液传质过程中，正确选择作为分散相的液体，能增大相际接触面积，强化传质效果。一般按以下要求进行选择：

（1）宜选体积流量较大的一相为分散相，原因是单位体积混合液具有的相际接触面积大；

（2）宜选不易润湿塔内部构件的一相为分散相，原因是可以保证分散相更好地形成液滴分散于连续相中，以增大相际接触面积；

（3）宜选黏度较大的一相为分散相，原因是液滴的流动阻力较小，可强化传质效果；

（4）从安全考虑，应将易燃易爆的液体作为分散相。

✻ 任务目标

（1）能正确标识填料萃取塔装置的设备、阀门位号牌。

（2）学会萃取剂和原料液的进料方法。

Step 7.3.1 准备工作

（1）根据流程图，在现场正确悬挂设备、阀门位号牌。

（2）检查公用工程系统，如水、电和压缩空气是否处于正常供应状态。

（3）开启总电源开关，检查各仪表。

Step 7.3.2 准备萃取剂

（1）在萃取剂储罐V101的阀门VA101处连接软管。

（2）全开萃取剂储罐V101上的放空阀VA102。

（3）全开VA101，开启公用工程系统引水（即萃取剂）入萃取剂储罐V101。

（4）待萃取剂储罐V101的液位LI01达3/4，关闭VA101。

（5）卸去软管，关闭引水阀门。

Step 7.3.3 配制原料液

（1）从原料液储罐V102上部的漏斗口处加入适量苯甲酸。

（2）在原料液储罐V102底部的阀门VA108处连接软管。

（3）全开原料液储罐V102上的放空阀VA107。

（4）全开VA108，开原料液泵P102电源开关，按下P102变频器的“RUN”按钮。

（5）待原料液泵P102的出口压力PI02＞0.1MPa，且稳定后，缓慢全开VA109。

（6）待原料液储罐V102液位LI02达到550mm后，关闭VA109。

（7）按下P102变频器的“STOP”按钮，关P102电源开关，关闭VA108，卸去软管。

（8）全开VA110，开原料液泵P102电源开关，按下P102变频器的“RUN”按钮。

（9）待原料液泵P102的出口压力PI02＞0.1MPa，且稳定后，缓慢全开VA109。

（10）等待10min，使原料液充分混合均匀后，关闭VA109。

（11）按下P102变频器的“STOP”按钮，关P102电源开关。

（12）在AI01取样点，打开VA111取约100mL的原料液样品。用气相色谱仪分析浓度，并记录数据。

（13）若原料液的浓度未达到0.15%～0.20%（质量分数），视情况重复步骤（1）～（12）中的相关步骤。

小练习

（下列练习题中，第1～4题为是非题，第5～9题为选择题，第10题为简答题）

1. 萃取剂对原料液中的溶质组分要有显著的溶解能力，对稀释剂必须不溶。(　　)

2. 萃取中，萃取剂的加入量应使和点的位置位于两相区。(　　)

3. 在连续逆流萃取塔操作时，为增加相际接触面积，一般应选流量小的一相作为分散相。(　　)

4. 在填料萃取塔正常操作时，连续相的适宜操作速度一般为液泛速度的50%～60%。(　　)

5. 萃取操作温度升高时，两相区（　　）。

A. 减小　　B. 不变　　C. 增加　　D. 不能确定

6. 萃取剂的选用，首要考虑的因素是（　　）。

A. 萃取剂回收的难易　　B. 萃取剂的价格

C. 萃取剂溶解能力的选择性　　D. 萃取剂稳定性

7. 下列不适宜作为萃取分散相的是（　　）。

A. 体积流量大的相　　B. 体积流量小的相

C. 不易润湿填料等内部构件的相　　D. 黏度较大的相

8. 在萃取操作中，当温度降低时，萃取剂与原溶剂的互溶度将（　　）。

A. 增大　　B. 不变　　C. 减小　　D. 先减小，后增大

9. 萃取剂的加入量应使原料与萃取剂的交点M位于（　　）。

A. 溶解度曲线上方区　　B. 溶解度曲线下方区

C. 溶解度曲线上　　D. 任何位置均可

10. 本实训中，准备萃取剂时，为什么要全开VA102？

7.4 填料萃取塔的正常操作

7.4.1 萃取操作的控制参数

● 相界面的高度

因参与萃取的两液相的相对密度相差不大，在萃取塔的分层段中两液相的相界面容易产

生上下位移。造成相界面位移的主要因素是：振动、往复或脉冲频率及幅度变化过大或是流量发生变化。当发生时，若相界面上移，分层段不起作用，重相就会从轻相出口处流出；若相界面下移，萃取段高度会降低，萃取率降低。当相界面不断上移时，要降低升降管的高度或增加连续相的出口流量，使两相界面下降到规定的高度处；反之当相界面不断下移时，要升高升降管的高度或减少连续相的出口流量。

- **操作温度**

由溶解度曲线可知，萃取只能在两相区内进行，且操作温度愈低，分离效果愈好。但温度过低，会导致液体黏度增加，扩散系数减少，传质阻力增大，传质效率降低。所以工业中萃取常采用常温操作。

- **萃取剂的用量**

当维持其他条件不变，增大萃取剂量，萃取分离效率提高，但萃取剂量过大，会增加萃取回收设备的负荷，导致萃取剂的回收难度加大，从而使循环萃取剂中溶质含量增加，萃取效率反而降低。

7.4.2 异常现象的处理

- **液泛**

逆流操作中，随两相（或一相）流速加大，流体流动阻力也加大，当流速超过某一值时，一相会因流体阻力加大而被另一相夹带，由出口端流出塔外；有时在设备中表现为某段分散相把连续相隔断，这种现象称为液泛。

液泛的产生不仅与两相流体的物性有关，而且与塔的类型、内部结构等有关，如固定流体和塔设备，液泛的产生与流体流速、塔的振动、脉冲频率和幅度的变化密切相关。流速过大或振动频率过快易造成液泛。

- **返混（轴向混合）**

活塞流是指在整个塔截面上，两液相的流速相等。萃取塔中理想的流动情况是两液相均呈活塞流，因为此时传质推动力最大，萃取效率高。然而，在实际塔内，流体的流动并不呈活塞流，因为流体与塔壁之间的摩擦阻力大，连续相靠近塔壁或其他构件处的流速比中心处要慢，中心区的液体以较快速度通过塔内，停留时间短，而近壁区的液体速度较低，在塔内停留时间长，这种停留时间的不均匀是造成液体返混的主要原因之一。此外，分散相的液滴大小不一，速度不均衡，停留时间不同，更小的液滴甚至还会被连续相夹带，产生反方向的运动；塔内的液体还会产生旋涡而造成局部轴向混合。上述种种现象均会使得两液相偏离活塞流，统称为返混或轴向混合。

- **乳化**

乳化是一种液体以极微小液滴均匀地分散在互不相溶的另一种液体中的现象。如油与水，原本在容器中分成两层，密度小的油在上层，密度大的水在下层。若加入适当的表面活性剂，在强烈的搅拌下，油被分散在水中，形成乳状液，该过程称为乳化，它是一种液液界面接触现象。

在萃取过程中，为了消除乳化现象（即破乳），可以尝试采取以下方法：

（1）长时间静置，一般可分离成澄清的两层；

（2）对相对密度接近1的溶剂，在萃取过程中若发生乳化现象，可以加入适量的乙醚，将有机相稀释，使之密度减少，产生分层现象；

（3）将乳化混合液进行高速离心分离；

（4）对于乙酸乙酯与水的乳化液，加入无机盐或进行减压操作；

（5）向乳化液中加入水或溶剂，搅拌分层。

除了上述方法以外，还可以采用加热或深冷冻法等方法消除乳化现象。

任务目标

（1）学会填料萃取塔装置的开车。

（2）学会强化萃取的方法。

（3）学会填料萃取塔装置的停车。

Step 7.4.1 引萃取剂入塔

（1）记录初始值。

（2）在自动控制状态下，设置T101上端沉降室油水界面液位LIC03的设定值为280mm。

（3）全开VA103、VA106、VA115、VA117。

（4）在自动控制状态下，设置萃取剂流量FIC01的设定值为40L/h。

（5）开萃取剂泵P101电源开关，按下变频器“RUN”按钮。

（6）待PI01>0.1MPa，且稳定，缓慢全开VA105。

（7）待LI03接近200mm后，在自动控制状态下，重新设置FIC01的设定值为16L/h。

（8）迅速切换为手动调节状态，缓慢下调输出值，待FIC01的测量值接近设定值后，再切换为自动控制状态。

Step 7.4.2 引原料液入塔

（1）全开VA110、VA113、VA127。

（2）在自动控制状态下，设置原料液流量FIC02的设定值为24L/h。

（3）开P102原料泵电源开关，按下P102变频器“RUN”按钮。

（4）待PI02>0.1MPa，且稳定后，缓慢全开VA112。

Step 7.4.3 装置调节至稳定

（1）观察填料萃取塔T101内原料液与萃取剂的传质状况。

（2）观测LIC03、FIC01、FIC02、PI01、PI02、LI01、LI02、TI01、TI02、TI03、TI04的测量值，待稳定后，记录数据。

（3）每隔15min，在AI03取样点打开VA128取约100mL的样品，用气相色谱仪分析其浓度至浓度基本不变，记录数据。

（4）待萃余相浓度基本不变后，分别在萃取相和萃余相的取样点AI02、AI03各打开VA118和VA128取约100mL的样品。用气相色谱仪分别分析萃取相和萃余相浓度，并记录数据。

Step 7.4.4 进行外加能量强化萃取

（1）设置压缩空气流量的脉动频率为1 ∶ 10。

（2）全开VA122、VA124。

（3）在压缩空气管路上连接软管，开启公用工程系统引入压缩空气。

（4）缓慢调节VA121，控制PI04<0.16MPa。

（5）重复Step7.4.3的操作。

Step 7.4.5 停车

（1）关闭VA112，按下原料液泵P102变频器“STOP”按钮，关P102电源开关。

（2）在V102底部的阀门VA108处连接软管，全开VA108排V102储槽液。

（3）排毕关闭VA107、VA108、VA110、VA113，卸去软管。

（4）待萃余相从萃取塔T101上端沉降室溢流口排尽（稍留些）后，关闭VA105。

（5）按下萃取剂泵P101变频器的“STOP”按钮，关P101电源开关。

（6）在V101底部的阀门VA104处连接软管，全开VA104排V101储槽液。

（7）排毕关闭VA102、VA104、VA103、VA106，卸去软管。

（8）关闭VA121、VA122、VA124。

（9）缓慢打开VA123，待PI04下降至零后，关闭VA123（或关频率调节器电源开关）。

（10）关闭VA115、VA117，全开VA116。

（11）待萃取塔T101内萃取相排尽后，关闭VA116。

（12）在V103底部的阀门VA120处连接软管，全开VA120排V103储槽液。

（13）排毕，关闭VA114、VA120，卸去软管。

（14）在V104底部的阀门VA129处连接软管，缓慢打开VA129排V104内污液，排毕关闭VA129。

（15）在V105底部的阀门VA130处连接软管，全开VA130排V105储槽液。

（16）排毕，关闭VA130，卸去软管，关闭VA127。

（17）记录数据和关闭总电源。

小练习

（下列练习题中，第1 ～ 7题为是非题，第8 ～ 11题为选择题，第12 ～ 16题为简答题）

1.萃取温度越低，萃取效果越好。(　　)

2.萃取塔正常操作时，两相的速度必须高于液泛的速度。(　　)

3.在体系与塔结构已定的情况下，两相的流速及振动、脉冲频率或幅度的增大，将会使分散相轴向返混严重，导致萃取效率的下降。(　　)

4.萃取塔操作时，流速过大或振动频率过快易造成液泛。(　　)

5.萃取塔开车时，应先注满分散相，后进连续相。(　　)

6.萃取操作，返混随塔径增加而增强。(　　)

7.填料塔不可以用来作萃取设备。(　　)

8.萃取操作温度一般选（　　）。

A. 常温　　B. 高温　　C. 低温　　D. 不限制

9. 萃取剂的温度对萃取蒸馏影响很大，当萃取剂温度升高时，塔顶产品（　）。

A. 轻组分浓度增加　　B. 重组分浓度增加

C. 轻组分浓度减小　　D. 重组分浓度减小

10. 维持萃取塔正常操作要注意的事项不包括（　）。

A. 减少返程　　B. 防止液泛

C. 防止液漏　　D. 两相界面高度要维持稳定

11. 与精馏操作相比，萃取操作不利的是（　）。

A. 不能分离组分相对挥发度接近于1的混合液

B. 分离低浓度组分消耗能量多

C. 不易分离热敏性物质

D. 流程较复杂

12. 本实训中，引原料液入塔时，VA127为什么需打开？

13. 为什么需要同时取萃取相和萃余相进行分析？

14. 影响萃取率的因素有哪些？

15. 在停车过程中，应先停萃取剂还是先停原料液？

16. 在停车过程中，为什么关闭VA115和VA117后，再打开VA116？

附 录

1.常用构成十进倍数和分数单位的词头

所表示的因数	词头名称	词头符号	所表示的因数	词头名称	词头符号
10^{12}	太[拉]	T	10^{-1}	分	d
10^{9}	吉[咖]	G	10^{-2}	厘	c
10^{6}	兆	M	10^{-3}	毫	m
10^{3}	千	k	10^{-6}	微	μ
10^{2}	百	h	10^{-9}	纳[诺]	n
10^{1}	十	da	10^{-12}	皮[可]	P

注：[ ]内的字，是在不致混淆的情况下，可以省略的字。

2.国际单位制的基本单位

量的名称	单位名称	单位符号
长度	米	m
质量	千克(公斤)	kg
时间	秒	s
电流	安[培]	A
热力学温度	开[尔文]	K
物质的量	摩[尔]	mol
发光强度	坎[德拉]	cd

注：( )内的字为前者的同义词。

3.国际单位制中具有专门名称的导出单位

量的名称	单位名称	单位符号	其他表示示例
频率	赫[兹]	Hz	s^{-1}
力	牛[顿]	N	$kg \cdot m/s^2$
压强	帕[斯卡]	Pa	N/m^2
能量；功	焦[耳]	J	N·m
功率	瓦[特]	W	J/s
摄氏温度	摄氏度	℃	

4.我国选定的非国际单位制单位

量的名称	单位名称	单位符号	换算关系
时间	分 [小]时 天[日]	min h d	1min=60s 1h=60min=3600s 1d=24h=86400s
旋转速度	转每分	r/min	$1r/min=(1/60)s^{-1}$
质量	吨	t	$1t=10^3kg$
体积	升	L(l)	$1L=10^{-3}m^3$

注：1.r为“转”的符号。

2.升的符号中，小写字母l为备用符号。

5.某些气体的重要物理性质

名称	分子式	摩尔质量/(kg/kmol)	密度（在0℃、101.3kPa)/(kg/m³)	黏度(0℃、101.3kPa)$\mu\times10^5$/Pa·s	沸点(101.3kPa)/℃	比热容(20℃、101.3kPa)/[kJ/(kg·K)]	热导率(0℃、101.3kPa)/[W/(m·K)]
空气	—	28.95	1.293	1.73	-195	1.009	0.0244
氢	H_2	2.016	0.0899	0.842	-252.75	10.13	0.163
氮	N_2	28.02	1.251	1.7	-195.78	0.745	0.0228
氧	O_2	32	1.429	2.03	-132.98	0.653	0.0240
氯	Cl_2	70.91	3.217	1.29(16℃)	-33.8	0.355	0.0072
氨	NH_3	17.03	0.771	0.918	-33.4	0.67	0.0215
一氧化碳	CO	28.01	1.250	1.66	-191.48	0.754	0.0226
二氧化碳	CO_2	44.01	1.976	1.37	-78.2	0.653	0.0137
硫化氢	H_2S	34.08	1.539	1.166	-60.2	0.804	0.0131
二氧化硫	SO_2	64.07	2.927	1.17	-10.8	0.502	0.0077
甲烷	CH_4	16.04	0.717	1.03	-161.58	1.70	0.0300
乙烷	C_2H_6	30.07	1.357	0.850	-88.5	1.44	0.0180
丙烷	C_3H_8	44.1	2.020	0.795(18℃)	-42.1	1.65	0.0148
正丁烷	C_4H_{10}	58.12	2.673	0.810	-0.5	1.73	0.0135
乙烯	C_2H_4	28.05	1.261	0.935	-103.7	1.222	0.0164
丙烯	C_3H_8	42.08	1.914	0.835(20℃)	-47.7	2.436	—
乙炔	C_2H_2	26.04	1.171	0.935	-83.66(升华)	1.352	0.0184
氯甲烷	CH_3Cl	50.49	2.303	0.989	-24.1	0.582	0.0085
苯	C_6H_6	78.11	—	0.72	+80.2	1.139	0.0088

6.某些液体及水溶液的重要物理性质

名称	分子式	摩尔质量 /(kg/kmol)	密度(20℃) /(kg/m³)	黏度(20℃) /mPa·s	沸点(101.3kPa) /℃	比热容(20℃) /[kJ/(kg·K)]	热导率(20℃) /[W/(m·K)]
水	H_2O	18	998	1.005	100	4.183	0.599
氯化钠盐水(25%)	—	—	1186(25℃)	2.3	107	3.39	0.57(30℃)
氯化钙盐水(25%)	—	—	1228	2.5	107	2.89	0.57
硫酸	H_2SO_4	98.08	1831		340(分解)	1.47(98%)	0.38
硝酸	HNO_3	63.02	1513	1.17(10℃)	86	—	—
盐酸(30%)	HCl	36.47	1149	2(31.5%)	—	2.25	0.42
二硫化碳	CS_2	76.13	1262	0.38	46.3	1.005	0.16
三氯甲烷	$CHCl_3$	119.38	1489	0.58	61.2	0.992	0.138(30℃)
四氯化碳	CCl_4	153.82	1594	1.0	76.8	0.850	0.12
苯	C_6H_6	78.11	879	0.737	80.10	1.704	0.148
甲苯	C_7H_8	92.13	867	0.675	110.63	1.70	0.138
苯乙烯	C_8H_9	104.1	911(15.6℃)	0.72	145.2	1.733	—
氯苯	C_6H_5Cl	112.56	1106	0.85	131.8	1.298	1.14(30℃)
硝基苯	$C_6H_5NO_2$	123.17	1203	2.1	210.9	1.47	0.15
苯胺	$C_6H_5NH_2$	93.13	1022	4.3	184.4	2.07	0.17
酚	C_6H_5OH	94.1	1050	3.4(50℃)	181.8 (熔点40.9℃)	—	—
甲醇	CH_3OH	32.04	791	0.6	64.7	2.48	0.212
乙醇	C_2H_5OH	46.07	789	1.15	78.3	2.39	0.172
乙醇(95%)	—	—	804	1.4	78.2	—	—
乙二醇	$C_2H_4(OH)_2$	62.09	1113	23	197.6	2.35	—
甘油	$C_3H_5(OH)_3$	92.09	1261	1499	290(分解)	—	0.59
乙醚	$(C_2H_5)_2O$	74.12	714	0.24	34.6	2.34	0.14
乙醛	CH_3CHO	44.05	783(18℃)	1.3(18℃)	20.2	1.9	—
丙酮	CH_3COCH_3	58.08	792	0.32	56.2	2.35	0.17
甲酸	$HCOOH$	46.03	1220	1.9	100.7	2.17	0.26
乙酸	CH_3COOH	60.03	1049	1.3	118.1	1.99	0.17
乙酸乙酯	$CH_3COOC_2H_5$	88.11	901	0.48	77.1	1.92	0.14(10℃)
煤油	—	—	780～820	3	—	—	0.15
汽油	—	—	680～800	0.7～0.8	—	—	0.19(30℃)

7. 干空气的物理性质

以下数据在p=101.3kPa下测得

温度t/℃	密度ρ/(kg/m^3)	黏度 $\mu\times10^5$/Pa・s	比热容c_p /［kJ/(kg・K)］	热导率 $\lambda\times10^2$/［W/(m・K)］
-50	1.584	1.46	1.013	2.035
-40	1.515	1.52	1.013	2.117
-30	1.453	1.57	1.013	2.198
-20	1.395	1.62	1.009	2.279
-10	1.342	1.67	1.009	2.36
0	1.293	1.72	1.005	2.442
10	1.247	1.77	1.005	2.512
20	1.205	1.81	1.005	2.593
30	1.165	1.86	1.005	2.675
40	1.128	1.91	1.005	2.756
50	1.093	1.96	1.005	2.826
60	1.060	2.01	1.005	2.896
70	1.029	2.06	1.009	2.966
80	1.000	2.11	1.009	3.047
90	0.972	2.15	1.009	3.128
100	0.946	2.19	1.009	3.21
120	0.898	2.29	1.009	3.338
140	0.854	2.37	1.013	3.489
160	0.815	2.45	1.017	3.64
180	0.779	2.53	1.022	3.78
200	0.746	2.6	1.026	3.931
250	0.674	2.74	1.038	4.288
300	0.615	2.97	1.048	4.605
350	0.566	3.14	1.059	4.908
400	0.524	3.31	1.068	5.21
500	0.456	3.62	1.093	5.745
600	0.404	3.91	1.114	6.222
700	0.362	4.18	1.135	6.711
800	0.329	4.43	1.156	7.176
900	0.301	4.67	1.172	7.63
1000	0.277	4.9	1.185	8.041

8.水的物理性质

温度 t/°C	密度 ρ/(kg/m³)	黏度 $\mu\times10^5$/Pa·s	饱和蒸气压 /kPa	比热容 c_p /[kJ/(kg·K)]	热导率 $\lambda\times10^2$/[W/(m·K)]
0	999.9	179.21	0.6082	4.212	55.13
10	999.7	130.77	1.2262	4.191	57.45
20	998.2	100.5	2.3346	4.183	59.89
30	995.7	80.07	4.2474	4.174	61.76
40	992.2	65.6	7.3766	4.174	63.38
50	988.1	54.94	12.34	4.174	64.78
60	983.2	46.88	19.923	4.178	65.94
70	977.8	40.61	31.164	4.187	66.76
80	971.8	35.65	47.379	4.195	67.45
90	965.3	31.65	70.136	4.208	68.04
100	958.4	28.38	101.33	4.22	68.27
110	951	25.89	143.31	4.238	68.5
120	943.1	23.73	198.64	4.26	68.62
130	934.8	21.77	270.25	4.266	68.62
140	926.1	20.1	361.47	4.287	68.5
150	917	18.63	476.24	4.312	68.38
160	907.4	17.36	618.28	4.346	68.27
170	897.3	16.28	792.59	4.379	67.92
180	886.9	15.3	1003.5	4.417	67.45
190	876	14.42	1255.6	4.46	66.99
200	863	13.63	1554.77	4.505	66.29
210	852.8	13.04	1917.72	4.555	65.48
220	840.3	12.46	2320.88	4.614	64.55
230	827.3	11.97	2798.59	4.681	63.73
240	813.6	11.47	3347.91	4.756	62.8
250	799	10.98	3977.67	4.844	61.76
260	784	10.59	4693.75	4.949	60.48
270	767.9	10.2	5503.99	5.07	59.96
280	750.7	9.81	6417.24	5.229	57.45
290	732.3	9.42	7443.29	5.485	55.82
300	712.5	9.12	8592.94	5.736	53.96
310	691.1	8.83	9877.6	6.071	52.34
320	667.1	8.3	11300.3	6.573	50.59
330	640.2	8.14	12879.6	7.243	48.73
340	610.1	7.75	14615.8	8.164	45.71
350	574.4	7.26	16538.5	9.504	43.03

9.饱和水蒸气表（以温度为基准）

温度/℃	绝对压力/kPa	蒸汽的密度/(kg/m³)	焓（液体）/(kJ/kg)	焓（蒸汽）/(kJ/kg)	汽化热/(kJ/kg)
0	0.6082	0.00484	0.00	2491.1	2491.1
5	0.8730	0.00680	20.94	2500.8	2479.9
10	1.2262	0.00940	41.87	2510.4	2468.5
15	1.7068	0.01283	62.80	2520.5	2457.7
20	2.3346	0.01719	83.74	2530.1	2446.4
25	3.1684	0.02304	104.67	2539.7	2435.0
30	4.2474	0.03036	125.60	2549.3	2423.7
35	5.6207	0.03960	146.54	2559.0	2412.5
40	7.3766	0.05114	167.47	2568.6	2401.1
45	9.5837	0.06543	188.41	2577.8	2389.4
50	12.34	0.08300	209.34	2587.4	2378.1
55	15.743	0.1043	230.27	2596.7	2366.4
60	19.923	0.1301	251.21	2606.3	2355.1
65	25.014	0.1611	272.14	2615.5	2343.4
70	31.164	0.1979	293.08	2624.3	2331.2
75	38.551	0.2416	314.01	2633.5	2319.5
80	47.379	0.2929	334.94	2642.3	2307.4
85	57.875	0.3531	355.88	2651.1	2295.2
90	70.136	0.4229	376.81	2659.9	2283.1
95	84.556	0.5039	397.75	2668.7	2271.0
100	101.33	0.5970	418.68	2677.0	2258.3
105	120.85	0.7036	440.03	2685.0	2245.0
110	143.31	0.8254	460.97	2693.4	2232.4
115	169.11	0.9635	482.32	2701.3	2219.0
120	198.64	1.1199	503.67	2708.9	2205.2
125	232.19	1.296	525.02	2716.4	2191.4
130	270.25	1.494	546.38	2723.9	2177.5
135	313.11	1.715	567.73	2731.0	2163.3
140	361.47	1.962	589.08	2737.7	2148.6
145	415.72	2.238	610.85	2744.4	2133.6
150	476.24	2.543	632.21	2750.7	2118.5
160	618.28	3.252	675.75	2762.9	2087.2
170	792.59	4.113	719.29	2773.3	2054.0
180	1003.5	5.145	763.25	2782.5	2019.3
190	1255.6	6.378	807.64	2790.1	1982.5

续表

温度/°C	绝对压力/kPa	蒸汽的密度/(kg/m³)	焓(液体)/(kJ/kg)	焓(蒸汽)/(kJ/kg)	汽化热/(kJ/kg)
200	1554.77	7.840	852.01	2795.5	1943.5
210	1917.72	9.567	897.23	2799.3	1902.1
220	2320.88	11.60	942.45	2801.1	1858.7
230	2798.59	13.98	988.50	2800.1	1811.6
240	3347.91	16.76	1034.56	2796.8	1762.2
250	3977.67	20.01	1081.45	2790.1	1708.7
260	4693.75	23.82	1128.76	2780.9	1652.1
270	5503.99	28.27	1176.91	2768.3	1591.4
280	6417.24	33.47	1225.48	2752.0	1526.5
290	7443.29	39.60	1274.46	2732.3	1457.8
300	8592.94	46.93	1325.54	2708.0	1382.5
310	9877.96	55.59	1378.71	2680.0	1301.3
320	11300.3	65.95	1436.07	2648.2	1212.1
330	12879.6	78.53	1446.78	2610.5	1163.7
340	14615.8	93.98	1562.93	2568.6	1005.7
350	16538.5	113.2	1636.20	2516.7	880.5

10.饱和水蒸气表（以压力为基准）

绝对压强/kPa	温度/°C	蒸汽的密度/(kg/m³)	焓(液体)/(kJ/kg)	焓(蒸汽)/(kJ/kg)	汽化热/(kJ/kg)
1	6.3	0.00773	26.48	2503.1	2476.8
1.5	12.5	0.01133	52.26	2515.3	2463.0
2	17	0.01486	71.21	2524.2	2452.9
2.5	20.9	0.01836	87.45	2531.8	2444.3
3	23.5	0.02179	98.38	2536.8	2438.4
3.5	26.1	0.02523	109.3	2541.8	2432.5
4	28.7	0.02867	120.23	2546.8	2426.6
4.5	30.8	0.03205	129.00	2550.9	2421.9
5	32.4	0.03537	135.69	2554.0	2418.3
6	35.6	0.04200	149.06	2560.1	2411.0
7	38.8	0.04864	162.44	2566.3	2403.8
8	41.3	0.05514	172.73	2571.0	2398.2
9	43.3	0.06156	181.16	2574.8	2393.6
10	45.3	0.06798	189.59	2578.5	2388.9
15	53.5	0.09956	224.03	2594.0	2370.0

续表

绝对压强/kPa	温度/℃	蒸汽的密度/(kg/m³)	焓(液体)/(kJ/kg)	焓(蒸汽)/(kJ/kg)	汽化热/(kJ/kg)
20	60.1	0.13068	251.51	2606.4	2854.9
30	66.5	0.19093	288.77	2622.4	2333.7
40	75.0	0.24975	315.93	2634.1	2312.2
50	81.2	0.30799	339.8	2644.3	2304.5
60	85.6	0.36514	358.21	2652.1	2393.9
70	89.9	0.42229	376.61	2659.8	2283.2
80	93.2	0.47807	390.08	2665.3	2275.3
90	96.4	0.53384	403.49	2670.8	2267.4
100	99.6	0.58961	416.9	2676.3	2259.5
120	104.5	0.69868	437.51	2684.3	2246.8
140	109.2	0.80758	457.67	2692.1	2234.4
160	113	0.82981	473.88	2698.1	2224.2
180	116.6	1.0209	489.32	2703.7	2214.3
200	120.2	1.1273	493.71	2709.2	2204.6
250	127.2	1.3904	534.39	2719.7	2185.4
300	133.3	1.6501	560.38	2728.5	2168.1
350	138.8	1.9074	583.76	2736.1	2152.3
400	143.4	2.1618	603.61	2742.1	2138.5
450	147.7	2.4152	622.42	2747.8	2125.4
500	151.7	2.6673	639.59	2752.8	2113.2
600	158.7	3.1686	670.22	2761.4	2091.1
700	164.7	3.6657	696.27	2767.8	2071.5
800	170.4	4.1614	720.96	2773.7	2052.7
900	175.1	4.6525	741.82	2778.1	2036.2
1.0×10^3	179.9	5.1432	762.68	2782.5	2019.7
1.1×10^3	180.2	5.6339	780.34	2785.5	2005.1
1.2×10^3	187.8	6.1241	797.92	2788.5	1990.6
1.3×10^3	191.5	6.6141	814.25	2790.9	1976.7
1.4×10^3	194.8	7.1038	829.06	2792.4	1963.7
1.5×10^3	198.2	7.5935	843.86	2794.5	1950.7
1.6×10^3	201.3	8.0814	857.77	2796.0	1938.2
1.7×10^3	204.1	8.5674	870.58	2797.1	1926.5
1.8×10^3	206.9	9.0533	883.39	2798.1	1914.8

续表

绝对压强/kPa	温度/℃	蒸汽的密度/(kg/m^3)	焓(液体)/(kJ/kg)	焓(蒸汽)/(kJ/kg)	汽化热/(kJ/kg)
1.9×10^3	209.8	9.5392	896.21	2799.2	1903.0
2×10^3	212.2	10.0338	907.32	2799.7	1892.4
3×10^3	233.7	15.0075	1005.4	2798.9	1793.5
4×10^3	250.3	20.0969	1082.9	2789.8	1706.8
5×10^3	263.8	25.3663	1146.9	2776.2	1629.2
6×10^3	275.4	30.8494	1203.2	2759.5	1556.3
7×10^3	285.7	36.5744	1253.2	2740.8	1487.6
8×10^3	294.8	42.5768	1299.2	2720.5	1403.7
9×10^3	303.2	48.8945	1343.5	2699.1	1356.6
10×10^3	310.9	55.5407	1384.0	2677.1	1293.1
12×10^3	324.5	70.3075	1463.4	2631.2	1167.7
14×10^3	336.5	87.302	1567.9	2583.2	1043.4
16×10^3	347.2	107.801	1615.8	2531.1	915.4

11.常用固体材料的密度和质量热容

名称	密度/(kg/m^3)	质量热容/[kJ/(kg·K)]	名称	密度/(kg/m^3)	质量热容/[kJ/(kg·K)]
铝	2670	0.9211	聚氯乙烯	1380～1400	1.8422
铸铁	7220	0.5024	软木	100～300	0.963
钢	7850	0.4605	松木	500～600	2.7214(0～100℃)
钢	7900	0.5024	石棉板	770	0.8164
青铜	8000	0.3810	干砂	1500～1700	0.7955
黄铜	8600	0.3768	黏土	1600～1800	0.7536(-20～20℃)
铜	8800	0.4062	混凝土	2000～2400	0.8374
镍	9000	0.4605	多孔绝热砖	600～1400	
铅	11400	0.1298	黏土砖	1600～1900	0.9211
高压聚氯乙烯	920	2.219	耐火砖	1840	0.8792～1.0048
低压聚氯乙烯	940	2.5539	有机玻璃	1180～1190	
酚醛	1250～1300	1.2560～1.6747	耐酸砖和板	2100～2400	0.7536～0.7955
脲醛	1400～1500	1.2560～1.6747	耐酸搪瓷	2300～2700	0.8374～1.2560
聚苯乙烯	1050～1070	1.3398	玻璃	2500	0.6699

12. 某些气体和蒸气的热导率

物质	温度/℃	热导率/[W/(m·K)]	物质	温度/℃	热导率/[W/(m·K)]
空气	0	0.0242	乙烷	-70	0.0114
	100	0.0317		-34	0.0149
	200	0.0391		0	0.0183
	300	0.0459		100	0.0303
氢	-100	0.0113	丙烷	0	0.0151
	-50	0.0144		100	0.0261
	0	0.0173	正丁烷	0	0.0135
	50	0.0199		100	0.0234
	100	0.0223	异丁烷	0	0.0138
	300	0.0308		100	0.0241
氮	-100	0.0164	正己烷	0	0.0125
	0	0.0242		20	0.0138
	50	0.0277	正庚烷	200	0.0194
	100	0.0312		100	0.0178
氧	-100	0.0164	乙烯	-71	0.0111
	-50	0.0206		0	0.0175
	0	0.0246		50	0.0267
	50	0.0284		100	0.0279
	100	0.0321	甲醇	0	0.0144
氨	-60	0.0164		100	0.0222
	0	0.0222	乙醇	20	0.0154
	50	0.0272		100	0.0215
	100	0.032	乙醚	0	0.0133
氯	0	0.0074		46	0.0171
硫化氢	0	0.0132		100	0.0227
一氧化碳	-189	0.0071		184	0.0327
	-179	0.0080		212	0.0362
	-60	0.0234	丙酮	0	0.0098
二氧化碳	-50	0.0118		46	0.0128
	0	0.0137		100	0.0171
	100	0.0230		184	0.0254
二氧化碳	200	0.0313	苯	0	0.009
	300	0.0396		46	0.0126
二氧化硫	0	0.0087		100	0.0178
	100	0.0119		184	0.0263
二硫化物	0	0.0069		212	0.0305
	-73	0.0073	氯甲烷	0	0.0067
水银	200	0.0341		46	0.0085
水蒸气	46	0.0208		100	0.0109
	100	0.0237		212	0.0164
	200	0.0324	三氯甲烷	0	0.0066
	300	0.0429		46	0.008
	400	0.0545		100	0.0100
	500	0.0763		184	0.0133
甲烷	-100	0.0173	四氯化碳	46	0.0071
	-50	0.0251		100	0.0090
	0	0.0302		184	0.01112
	50	0.0372			

13. 某些液体的热导率

液体		温度/°C	热导率/[W/(m·K)]
氨		25～30	0.5
氨水溶液		20	0.45
		60	0.5
氯化钠盐水	25%	30	0.57
	12.50%	30	0.59
氯化钙盐水	30%	32	0.55
	15%	30	0.59
氯化钾	15%	32	0.58
	30%	32	0.56
氢氧化钾	21%	32	0.58
	42%	32	0.55
硫酸钾	10%	32	0.6
盐酸	12.50%	32	0.52
	25%	32	0.48
	28%	32	0.44
硫酸	90%	30	0.36
	60%	30	0.43
	30%	30	0.52
二硫化碳		30	0.161
		75	0.152
二氯化硫		15	0.22
		30	0.192
水银		28	0.360
	100%	20	0.215
	80%	20	0.267
	60%	20	0.329
	40%	20	0.405
石油		20	0.180
汽油		30	0.135
煤油		20	0.149
		75	0.14
橄榄油		100	0.164
蓖麻油		0	0.173
		20	0.168
松节油		20	0.128
正己烷		30	0.138
		60	0.135
正戊烷		30	0.135
		75	0.128
正庚烷		30	0.140
		60	0.137
正辛烷		60	0.14
		0	0.138～0.156
氯甲烷		-15	0.192
		30	0.154
三氯甲烷		30	0.138
四氯化碳		0	0.185
		68	0.163
苯		30	0.159
		60	0.151

液体		温度/°C	热导率/[W/(m·K)]
苯胺		0～20	0.173
氯苯		10	0.144
甲苯		75	0.149
		15	0.145
二甲苯	邻位	20	0.155
	对位		0.155
乙苯		30	0.149
		60	0.142
硝基苯		30	0.164
		100	0.152
硝基甲苯		30	0.216
		60	0.208
甲醇	20%	20	0.492
	100%	50	0.197
乙醇	100%	20	0.182
	80%	20	0.237
	60%	20	0.305
	40%	20	0.388
	20%	20	0.486
	100%	50	0.151
正丙醇		30	0.171
		75	0.164
异丙醇		30	0.157
		60	0.155
正丁醇		30	0.168
		75	0.164
异丁醇		10	0.157
正戊醇		30	0.163
		100	0.154
异戊醇		30	0.152
		75	0.151
正己醇		30	0.164
		75	0.156
正庚醇		30	0.163
		75	0.157
三元醇	100%	20	0.284
	80%	20	0.327
	60%	20	0.381
	40%	20	0.448
	20%	20	0.481
	100%	100	0.284
丙烯醇		25～30	0.18
乙醚		30	0.138
		75	0.135
丙酮		30	0.177
		75	0.164
乙酸	100%	20	0.171
	50%	20	0.35
乙酸乙酯		20	0.175

14. 某些固体的热导率

材料	温度/℃	热导率/[W/(m·K)]	材料	温度/℃	热导率/[W/(m·K)]
铅	25	35.3	镁	25	156
铂	25	71.6	铝	25	237
铁	25	80.4	金	25	318
镍	25	90.9	铜	25	401
锌	25	116	银	25	429
泡沫玻璃	-80	0.003489	木材(横向)	—	0.1396 ~ 0.1745
	-15	0.004885	硬橡胶	0	0.1500
聚苯乙烯泡沫	-150	0.001745	聚碳酸酯	—	0.1907
	25	0.04187	聚四氟乙烯	—	0.2419
厚纸	20	0.01369 ~ 0.3489	酚醛加玻璃纤维	—	0.2593
玻璃棉	—	0.03489 ~ 0.06978	聚酯加玻璃纤维	—	0.2594
软木	30	0.04303	酚醛加石棉纤维	—	0.2942
绒毛毡	—	0.0465	聚乙烯	—	0.3291
泡沫塑料	—	0.04652	云母	50	0.4303
锯屑	20	0.04652 ~ 0.05815	玻璃	-20	0.7560
保温灰	—	0.06978		30	1.0932
棉花	100	0.06978	搪瓷	—	0.8723 ~ 1.163
85%氧化镁粉	0 ~ 100	0.06978	耐火砖	230	0.8723
聚氯乙烯	—	0.1163 ~ 0.1745		1200	1.6398
软橡胶	—	0.1291 ~ 0.1593	冰	0	2.326
混凝土	—	1.2793	石墨	—	139.56

热导率/[W/(m·K)] \ 温度/℃	0	25	100	200	300	400
不锈钢	16.28		17.45	17.45	18.49	
铅	35.12	35.3	33.38	31.40	29.77	—
碳钢	52.34		48.85	44.19	41.87	34.89
铁	73.27	80.4	67.45	61.64	54.66	48.85
镍	93.04	90.9	82.57	73.27	63.97	59.31
锌	112.81	116	109.90	105.83	101.18	93.04
镁	172.12	156	167.47	162.82	158.17	—
铜	383.79	401	379.14	372.16	367.51	362.86
银	414.03	429	409.38	373.32	361.69	359.37
金		318				

15. 液体黏度共线图

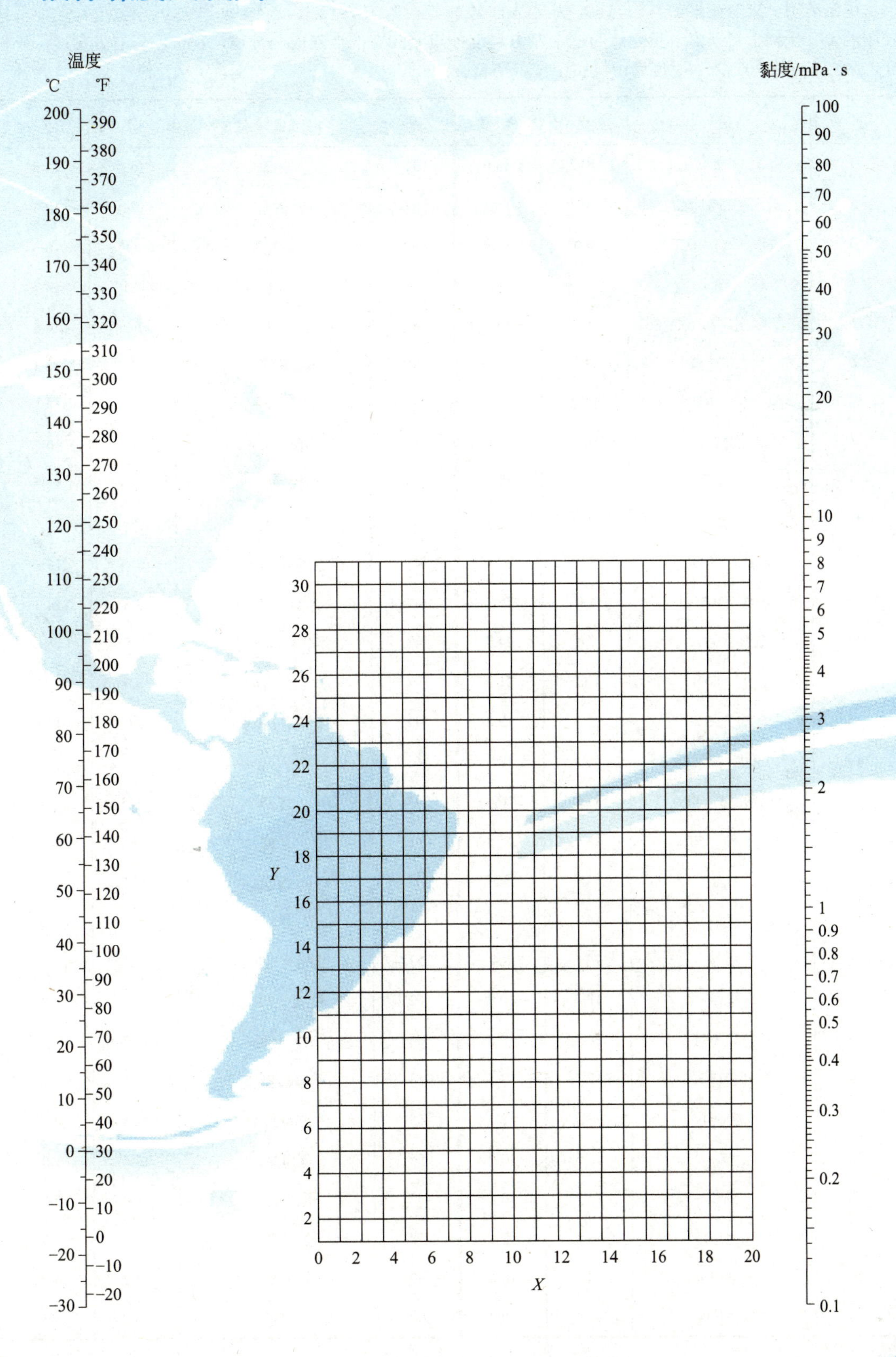

温度
℃
℉
200
190
180
170
160
150
140
130
120
110
100
90
80
70
60
50
40
30
20
10
0
−10
−20
−30
390
380
370
360
350
340
330
320
310
300
290
280
270
260
250
240
230
220
210
200
190
180
170
160
150
140
130
120
110
100
90
80
70
60
50
40
30
20
10
0
−10
−20
Y
30
28
26
24
22
20
18
16
14
12
10
8
6
4
2
0
2
4
6
8
10
12
14
16
18
20
X
黏度/mPa · s
100
90
80
70
60
50
40
30
20
10
9
8
7
6
5
4
3
2
1
0.9
0.8
0.7
0.6
0.5
0.4
0.3
0.2
0.1

液体黏度共线图坐标值

用法举例：求苯在50℃时的黏度，从本表序号26查得苯的X=12.5，Y=10.9，把这两个数值标在前页共线图的X-Y坐标上得一点，把这点与图中左方温度标尺上50℃的点连成一直线，延长，与右方黏度标尺相交，由此点定出50℃苯的黏度为0.44mPa · s。

序号	名称	X	Y	序号	名称	X	Y
1	水	10.2	13.0	31	乙苯	13.2	11.5
2	盐水（25%NaCl）	10.2	16.6	32	氯苯	12.3	12.4
3	盐水（25%$CaCl_2$）	6.6	15.9	33	硝基苯	10.6	16.2
4	氨	12.6	2.2	34	苯胺	8.1	18.7
5	氨水（26%）	10.1	13.9	35	酚	6.9	20.8
6	二氧化碳	11.6	0.3	36	联苯	12.0	18.3
7	二氧化硫	15.2	7.1	37	萘	7.9	18.1
8	二硫化碳	16.1	7.5	38	甲醇（100%）	12.4	10.5
9	溴	14.2	18.2	39	甲醇（90%）	12.3	11.8
10	汞	18.4	16.4	40	甲醇（40%）	7.8	15.5
11	硫酸（110%）	7.2	27.4	41	乙醇（100%）	10.5	13.8
12	硫酸（100%）	8.0	25.1	42	乙醇（95%）	9.8	14.3
13	硫酸（98%）	7.0	24.8	43	乙醇（40%）	6.5	16.6
14	硫酸（60%）	10.2	21.3	44	乙二醇	6.0	23.6
15	硝酸（95%）	12.8	13.8	45	甘油（100%）	2.0	30.0
16	硝酸（60%）	10.8	17.0	46	甘油（50%）	6.9	19.6
17	盐酸（31.5%）	13.0	16.6	47	乙醚	14.5	5.3
18	氢氧化钠（50%）	3.2	25.8	48	乙醛	15.2	14.8
19	戊烷	14.9	5.2	49	丙酮	14.5	7.2
20	己烷	14.7	7.0	50	甲酸	10.7	15.8
21	庚烷	14.1	8.4	51	醋酸（100%）	12.1	14.2
22	辛烷	13.7	10.0	52	醋酸（70%）	9.5	17.0
23	三氯甲烷	14.4	10.2	53	醋酸酐	12.7	12.8
24	四氯化碳	12.7	13.1	54	醋酸乙酯	13.7	9.1
25	二氯乙烷	13.2	12.2	55	醋酸戊酯	11.8	12.5
26	苯	12.5	10.9	56	氟里昂-11	14.4	9.0
27	甲苯	13.7	10.4	57	氟里昂-12	16.8	5.6
28	邻二甲苯	13.5	12.1	58	氟里昂-21	15.7	7.5
29	间二甲苯	13.9	10.6	59	氟里昂-22	17.2	4.7
30	对二甲苯	13.9	10.9	60	煤油	10.2	16.9

16. 气体黏度共线图（常压）

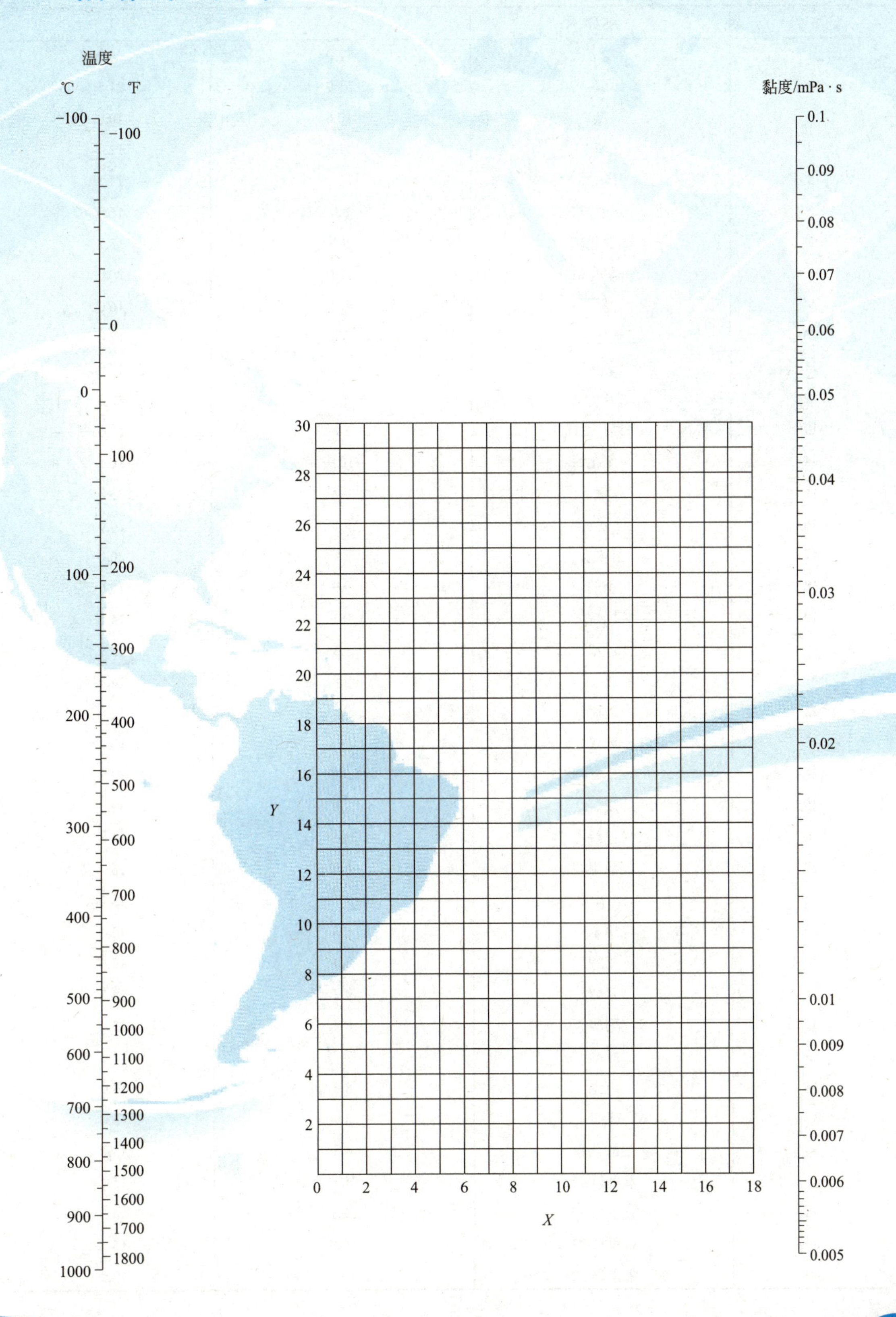

气体黏度共线图坐标值

序号	名称	X	Y
1	空气	11.0	20.0
2	氧	11.0	21.3
3	氮	10.6	20.0
4	氢	11.2	12.4
5	$3H_2+N_2$	11.2	17.2
6	水蒸气	8.0	16.0
7	二氧化碳	9.5	18.7
8	一氧化碳	11.0	20.0
9	氨	8.4	16.0
10	硫化氢	8.6	18.0
11	二氧化硫	9.6	17.0
12	二氧化碳	8.0	16.0
13	一氧化二碳	8.8	19.0
14	一氧化氮	10.9	20.5
15	氟	7.3	23.8
16	氯	9.0	20.0
17	氯化氢	8.8	20.0
18	甲烷	9.9	15.5
19	乙烷	9.1	14.5
20	乙烯	9.5	15.1
21	乙炔	9.8	14.9
22	丙烷	9.7	12.9
23	丙烯	9.0	13.8
24	丁烯	9.2	13.7
25	戊烷	7.0	12.8
26	己烷	8.6	11.8
27	三氯甲烷	8.9	15.7
28	苯	8.5	13.2
29	甲苯	8.6	12.4
30	甲醇	8.5	15.6
31	乙醇	9.2	14.2
32	丙醇	8.4	13.4
33	醋酸	7.7	14.3
34	丙酮	8.9	13.0
35	乙醚	8.9	13.0
36	醋酸乙酯	8.5	13.2
37	氟里昂-11	10.6	15.1
38	氟里昂-12	11.1	16.0
39	氟里昂-21	10.8	15.3
40	氟里昂-22	10.1	17.0

17. 部分双组分混合液在101.3kPa下的汽-液平衡数据

（1）苯-甲苯

温度/℃	液相中苯的摩尔分数x	汽相中苯的摩尔分数y	温度/℃	液相中苯的摩尔分数x	汽相中苯的摩尔分数y
100.0	0.0	0.0	89.4	0.592	0.789
106.1	0.088	0.212	86.8	0.700	0.853
102.2	0.200	0.370	84.4	0.803	0.914
98.6	0.300	0.500	82.3	0.903	0.957
95.2	0.397	0.618	81.2	0.950	0.979
92.1	0.489	0.710	80.2	1.0	1.0

（2）乙醇-水

温度/℃	液相中乙醇的摩尔分数x	汽相中乙醇的摩尔分数y	温度/℃	液相中乙醇的摩尔分数x	汽相中乙醇的摩尔分数y
100	0.0	0.0	81.5	0.3273	0.5826
95.5	0.019	0.1700	80.7	0.3965	0.6122
89.0	0.0721	0.3891	79.8	0.5079	0.6564
86.7	0.0966	0.4375	79.7	0.5198	0.6599
85.3	0.1238	0.4704	79.3	0.5732	0.6841
84.1	0.1661	0.5089	78.74	0.6763	0.7385
82.7	0.2337	0.5445	78.41	0.7472	0.7815
82.3	0.2608	0.5580	78.15	0.8943	0.8943

18. 实训记录表

（1）流体在管内流动形态的判断及测定实训记录表

<table>
<tr><td colspan="3">设备号</td><td colspan="2">日期</td><td colspan="4">同组操作者</td></tr>
<tr><td colspan="3">水温(TI201)　℃</td><td colspan="2">水的密度　kg/m³</td><td colspan="2">水的黏度　Pa·s</td><td colspan="2">玻璃管内径27.0mm</td></tr>
<tr><td colspan="2" rowspan="2">FI102</td><td>初 值</td><td colspan="2">m³/h</td><td rowspan="2">LI103</td><td>初 值</td><td colspan="2">cm</td></tr>
<tr><td>终 值</td><td colspan="2">m³/h</td><td>终 值</td><td colspan="2">cm</td></tr>
<tr><td colspan="2" rowspan="2">PI201</td><td colspan="3" rowspan="2">MPa</td><td rowspan="2">LI201</td><td>初 值</td><td colspan="2">cm</td></tr>
<tr><td>终 值</td><td colspan="2">cm</td></tr>
<tr><td rowspan="2">时间</td><td colspan="2" rowspan="2">流量FI201
/(m³/h)</td><td rowspan="2">流速/(m/s)</td><td rowspan="2">雷诺数Re</td><td colspan="4">墨水流线观察记录</td></tr>
<tr><td colspan="3">图形描述</td><td>文字描述</td></tr>
<tr><td></td><td colspan="2"></td><td></td><td></td><td colspan="3"></td><td></td></tr>
<tr><td></td><td colspan="2"></td><td></td><td></td><td colspan="3"></td><td></td></tr>
<tr><td></td><td colspan="2"></td><td></td><td></td><td colspan="3"></td><td></td></tr>
<tr><td></td><td colspan="2"></td><td></td><td></td><td colspan="3"></td><td></td></tr>
</table>

（2）流体内部机械能变化的观察及测定记录表

设备号		日期		同组操作者	
A、C、D段内径13.0mm		B段内径24.0mm		C段与D段位差50.0mm	
高位槽溢流液面距D段中心线位差800.0mm				水温(TI301)　　℃	

FI102	初 值	m³/h	LI103	初 值	cm
	终 值	m³/h		终 值	cm
PI201		MPa	LI301	初 值	cm
				终 值	cm

时间	操作状况：测压孔与水流的方向	操作状况：流量FI301 /(m³/h)	操作状况：流速 /(m/s)	1测压点 LI302 /mm	2测压点 LI303 /mm	3测压点 LI304 /mm	4测压点 LI305 /mm
	初始状态						
	VA303关闭(H)						
	正对水流($H_{正对}$)						
	正对水流($H'_{正对}$)						
	垂直水流($H'_{垂直}$)						

（3）流体流动阻力(直管、局部)的认知及测定记录表

设备号	日期	同组操作者
水温(TI401)　　℃		
测试管1：直径2in，长度3m，材料不锈钢		测试管2：直径2.5in，长度3m，材料不锈钢
测试管3：直径2in，长度1.5m，材料不锈钢		测试管4：直径2in，长度3m，材料铸铁管

FI101	初 值	m³/h	LI101	初 值	cm
	终 值	m³/h		终 值	cm
LI102	初 值	cm	PI401		MPa
	终 值	cm			

时间	流量 FI401 /(m³/h)	测试管1 DPI402 /kPa	测试管2 DPI403 /kPa	测试管3 DPI404 /kPa	测试管4 DPI405 /kPa	截止阀 DPI406 /kPa	90° 弯头 DPI407 /kPa	文丘里 DPI408 /kPa

（4）离心泵操作实训记录表

设备号	日期	同组操作者	
离心泵型号	进口管内径　　mm	出口管内径　　mm	转速　　r/min
水温 TI501　　℃		水的密度　　kg/m³	

FI101	初 值	m³/h	LI101	初 值	cm
	终 值	m³/h		终 值	cm
LI102	初 值	cm			
	终 值	cm			

时间	流量FI501 /(m³/h)	流量FI502 /(m³/h)	流量FI503 /(m³/h)	PI501 /MPa	PI502 /MPa	功率表 /kW

(5) 螺杆泵操作实训记录表

设备号		日期	同组操作者		
螺杆泵型号		进口管内径 mm	出口管内径 mm		转速 r/min
水温 TI501 ℃			水的密度 kg/m³		
FI101	初 值	m³/h	LI101	初 值	cm
	终 值	m³/h		终 值	cm
LI102	初 值	cm			
	终 值	cm			

时间	流量FI801/(m³/h)	流量FI503/(m³/h)	PI801/MPa

(6) 气动隔膜泵操作实训记录表

设备号		日期	同组操作者		
气动隔膜泵型号		进口管内径 mm	出口管内径 mm		转速 r/min
水温 TI501 ℃			水的密度 kg/m³		
FI101	初 值	m³/h	LI101	初 值	cm
	终 值	m³/h		终 值	cm
LI102	初 值	cm			
	终 值	cm			

时间	流量FI901/(m³/h)	流量FI503/(m³/h)	PI901/MPa	PI902/MPa	PI903/MPa

(7) 往复式压缩机操作实训记录表

设备号		日期	同组操作者		
往复式压缩机型号			转速 r/min		
FI101	初 值	m³/h	LI101	初 值	cm
	终 值	m³/h		终 值	cm
LI102	初 值	cm			
	终 值	cm			

时间	流量FI103/(m³/h)	PI101/MPa	PI601/MPa	PI602/MPa

（8）水环式真空泵操作实训记录表

设备号		日期	同组操作者		
水环式真空泵型号			转速 r/min		
FI101	初 值	m^3/h	LI101	初 值	cm
	终 值	m^3/h		终 值	cm
LI102	初 值	cm	LI701	初 值	cm
	终 值	cm		终 值	cm

时间	流量FI103/(m^3/h)	PI101/MPa	PI701/MPa

（9）列管式换热器操作实训记录表

设备号		日期		同组操作者					
换热器型号		室温 ℃		大气压 mbar			压缩空气压力 kPa		
时间	空气		蒸汽		换热器温度				
					E101A		E101B		
	流量 FIC01 /(m^3/h)	压力 PI01 /kPa	分汽包压力 PI02 /MPa	压力 PIC03 /kPa	进口TI01 /℃	出口TI02 /℃	进口TI03 /℃	出口TI04 /℃	出口总管温度 TI05 /℃

（10）精馏操作实训记录表

设备号		日期		同组操作者	
室温 ℃		大气压 mbar		水温 ℃	
原料液	温度 ℃	塔顶产品	温度 ℃	塔釜产品	温度 ℃
	浓度AI01 %		浓度AI02 %		浓度AI03 %

时 间										
原料液	液 位	LI01	mm							
	流 量	FIC01	L/h							
	温 度	TIC10	℃							
塔顶	塔顶温度	TIC01	℃							
	塔顶压力	PI01	kPa							
	冷凝水流量	FI02	L/h							
	回流罐液位	LIC04	mm							
	回流液流量	FI03	L/h							
	回流泵变频器频率		Hz							
	采出液流量	FI04	L/h							
	产品罐液位	LI05	mm							
塔釜	塔釜加热电压	DIC01	V							
	塔釜温度	TI09	℃							
	塔釜压力	PI02	kPa							
	塔釜液位	LIC02	mm							
	产品罐液位	LI03	mm							

（11）吸收-解吸联合装置操作实训记录表

设备号			日期				同组操作者					
室温　　℃					大气压　　mbar				水温　　℃			
塔内径　　mm			填料层高度　　m				填料种类			堆积方式		
时　间												
混合气	空气	流量	FIC04	m³/h								
	CO_2	压力	PI05	MPa								
		流量	FI05	L/min								
	浓度		AI01	%								
	温度		TI06	℃								
吸收剂	液位		LI04	mm								
	吸收泵出口压		PI01	MPa								
	流量		FIC01	L/h								
	温度		TI01	℃								
吸收塔填料层压降			PI03	kPa								
吸收尾气		浓度	AI02	%								
吸收液	温度		TI02	℃								
	液位		LIC03	mm								
	解吸泵出口压		PI02	MPa								
	流量		FI02	L/h								
解吸塔填料层压降			PI04	kPa								
解吸气		流量	FIC03	m³/h								
		温度	TI05	℃								
解吸尾气		浓度	AI03	%								
吸收率　　%												

（12）干燥操作实训记录表

设备号				日期			同组操作者				
室温　　℃							大气压　　mbar				
干燥器类型					塔内径　　mm				填料层高度　　m		
时　间											
空气	流量	FIC01	m³/h								
	冷气温度	TI01	℃								
	加热电压	DIC01	V								
	湿球温度	TI03	℃								
	干球温度	TI04	℃								
	热气温度	TIC02	℃								
流化床温度		TI05	℃								
废气温度		TI06	℃								
干燥器压降		PI01	kPa								
加料器转速			r/min								
湿料	湿料重	m_1	g								
	绝干重	m_2	g								
干料	湿料重	m_3	g								
	绝干重	m_4	g								
干燥前物料的干基含水量							干燥后物料的干基含水量				
湿物料的除水率　　%											

（13）萃取操作实训记录表

设备号				日期			同组操作者				
室温 ℃							萃取塔类型				
塔内径 mm				填料层高度 m			填料种类		堆积方式		
压缩空气流量的脉动频率FIC03为：							上端沉降室油水界面液位控制LIC03 mm				
时 间											
原料液	液 位	LI02	mm								
	泵出口压	PI02	MPa								
	流 量	FIC02	L/h								
	温 度	TI02	℃								
	浓 度	AI01	%								
萃取剂	液 位	LI01	mm								
	泵出口压	PI01	MPa								
	流 量	FIC01	L/h								
	温 度	TI01	℃								
萃取相	液 位	LI04	mm								
	温 度	TI03	℃								
	浓 度	AI02	%								
萃余相	液 位	LI05	mm								
	温 度	TI04	℃								
	浓 度	AI03	%								
萃取率 %											

19.酒精计示值与温度的体积分数换算表

溶液温度/℃	酒精计示值																			
	20.0	19.0	18.0	17.0	16.0	15.0	14.0	13.0	12.0	11.0	10.0	9.0	8.0	7.0	6.0	5.0	4.0	3.0	2.0	1.0	0
	温度20℃时用体积分数表示的酒精浓度/%																			
30	16.8	16.0	15.1	14.2	13.4	12.5	11.6	10.7	9.8	8.9	7.9	7.0	6.1	5.2	4.2	3.3	2.4	1.4	0.4		
29	17.2	16.3	15.4	14.5	13.6	12.7	11.8	10.9	10.0	9.1	8.2	7.2	6.3	5.4	4.4	3.5	2.5	1.6	0.6		
28	17.5	16.6	15.7	14.8	13.9	13.0	12.1	11.2	10.3	9.3	8.4	7.5	6.5	5.6	4.6	3.7	2.7	1.8	0.8		
27	17.8	16.9	16.0	15.1	14.2	13.2	12.3	11.4	10.5	9.5	8.6	7.7	6.7	5.8	4.8	3.9	2.9	1.9	1.0	0.0	
26	18.1	17.2	16.3	15.4	14.4	13.5	12.6	11.7	10.7	9.8	8.8	7.9	6.9	6.0	5.0	4.0	3.1	2.1	1.1	0.1	
25	18.4	17.5	16.6	15.6	14.7	13.8	12.8	11.9	10.9	10.0	9.0	8.1	7.1	6.2	5.2	4.2	3.2	2.3	1.3	0.3	
24	18.7	17.8	16.9	15.9	15.0	14.0	13.1	12.1	11.2	10.2	9.2	8.3	7.3	6.3	5.4	4.4	3.4	2.4	1.4	0.4	
23	19.0	18.1	17.1	16.2	15.2	14.3	13.3	12.3	11.4	10.4	9.4	8.4	7.5	6.5	5.5	4.6	3.6	2.6	1.6	0.6	
22	19.4	18.4	17.4	16.5	15.5	14.5	13.6	12.6	11.6	10.6	9.6	8.6	7.7	6.7	5.7	4.7	3.7	2.7	1.7	0.7	
21	19.7	18.7	17.7	16.7	15.7	14.8	13.8	12.8	11.8	10.8	9.8	8.8	7.8	6.8	5.8	4.8	3.9	2.9	1.9	0.9	
20	20.0	19.0	18.0	17.0	16.0	15.0	14.0	13.0	12.0	11.0	10.0	9.0	8.0	7.0	6.0	5.0	4.0	3.0	2.0	1.0	0.0
19	20.3	19.3	18.3	17.3	16.3	15.2	14.2	13.2	12.2	11.2	10.2	9.2	8.2	7.2	6.1	5.1	4.1	3.1	2.1	1.1	0.1
18	20.6	19.6	18.6	17.6	16.5	15.5	14.4	13.4	12.4	11.4	10.4	9.3	8.3	7.3	6.3	5.3	4.2	3.2	2.2	1.2	0.2
17	20.9	19.9	18.9	17.8	16.8	15.7	14.7	13.6	12.6	11.5	10.5	9.5	8.5	7.4	6.4	5.4	4.4	3.4	2.3	1.3	0.3
16	21.2	20.2	19.2	18.1	17.0	15.9	14.9	13.8	12.8	11.7	10.7	9.6	8.6	7.6	6.5	5.5	4.5	3.4	2.4	1.4	0.4

续表

溶液温度/°C	酒精计示值																			
	40.0	39.0	38.0	37.0	36.0	35.0	34.0	33.0	32.0	31.0	30.0	29.0	28.0	27.0	26.0	25.0	24.0	23.0	22.0	21.0
	温度20°C时用体积分数表示的酒精浓度/%																			
30	36.0	35.0	34.0	33.0	32.0	30.9	29.9	28.9	28.0	27.0	26.1	25.1	24.2	23.2	22.3	21.4	20.5	19.6	18.6	17.7
29	36.4	35.4	34.4	33.4	32.3	31.3	30.3	29.4	28.4	27.4	26.4	25.5	24.6	23.6	22.7	21.8	20.8	19.9	19.0	18.0
28	36.8	35.8.	34.8	33.8	32.8	31.7	30.7	29.7	28.8	27.8	26.8	25.9	24.9	24.0	23.0	22.1	21.2	20.2	19.3	18.4
27	37.2	36.2	35.2	34.2	33.2	32.2	31.2	30.2	29.2	28.2	27.2	26.3	25.3	24.4	23.4	22.5	21.5	20.6	19.6	18.7
26	37.6	36.6	35.6	34.6	33.6	32.6	31.6	30.6	29.6	28.6	27.6	26.6	25.7	24.7	23.8	22.8	21.9	20.9	20.0	19.0
25	38.8	37.0	36.0	35.0	34.0	33.0	32.0	31.0	30.0	29.0	28.0	27.0	26.1	25.1	24.1	23.2	22.2	21.3	20.3	19.4
24	39.2	37.4	36.4	35.4	34.4	33.4	32.4	31.4	30.4	29.4	28.4	27.4	26.4	25.5	24.5	23.5	22.6	21.6	20.7	19.7
23	39.6	37.8	36.8	35.8	34.8	33.8	32.8	31.8	30.8	29.8	28.8	27.8	26.8	25.8	24.9	23.9	22.9	22.0	21.0	20.0
22	40.0	38.2	37.2	36.2	35.2	34.2	33.2	32.2	31.2	30.2	29.2	28.2	27.2	26.2	25.3	24.3	23.3	22.3	21.3	20.4
21	40.4	38.6	37.6	36.6	35.6	34.6	33.6	32.6	31.6	30.6	29.6	28.6	27.6	26.6	25.6	24.6	23.6	22.6	21.7	20.7
20	40.8	39.0	38.0	37.0	36.0	35.0	34.0	33.0	32.0	31.0	30.0	29.0	28.0	27.0	26.0	25.0	24.0	23.0	22.0	21.0
19	41.2	39.4	38.4	37.4	36.4	35.4	34.4	33.4	32.4	31.4	30.4	29.4	28.4	27.4	26.4	25.4	24.4	23.3	22.3	21.3
18	41.6	39.8	38.8	37.8	36.8	35.8	34.8	33.8	32.8	31.8	30.8	29.8	28.8	27.8	26.7	25.7	24.7	23.7	22.6	21.6
17	38.8	40.2	39.2	38.2	37.2	36.2	35.2	34.2	33.2	32.2	31.2	30.2	29.2	28.1	27.1	26.1	25.1	24.0	23.0	22.0
16	39.2	40.6	39.6	38.6	37.6	36.6	35.6	34.6	33.6	32.6	31.6	30.6	29.6	28.5	27.5	26.5	25.4	24.4	23.3	22.3

20. 实训装置流程图

流体输送综合实训装置流程图

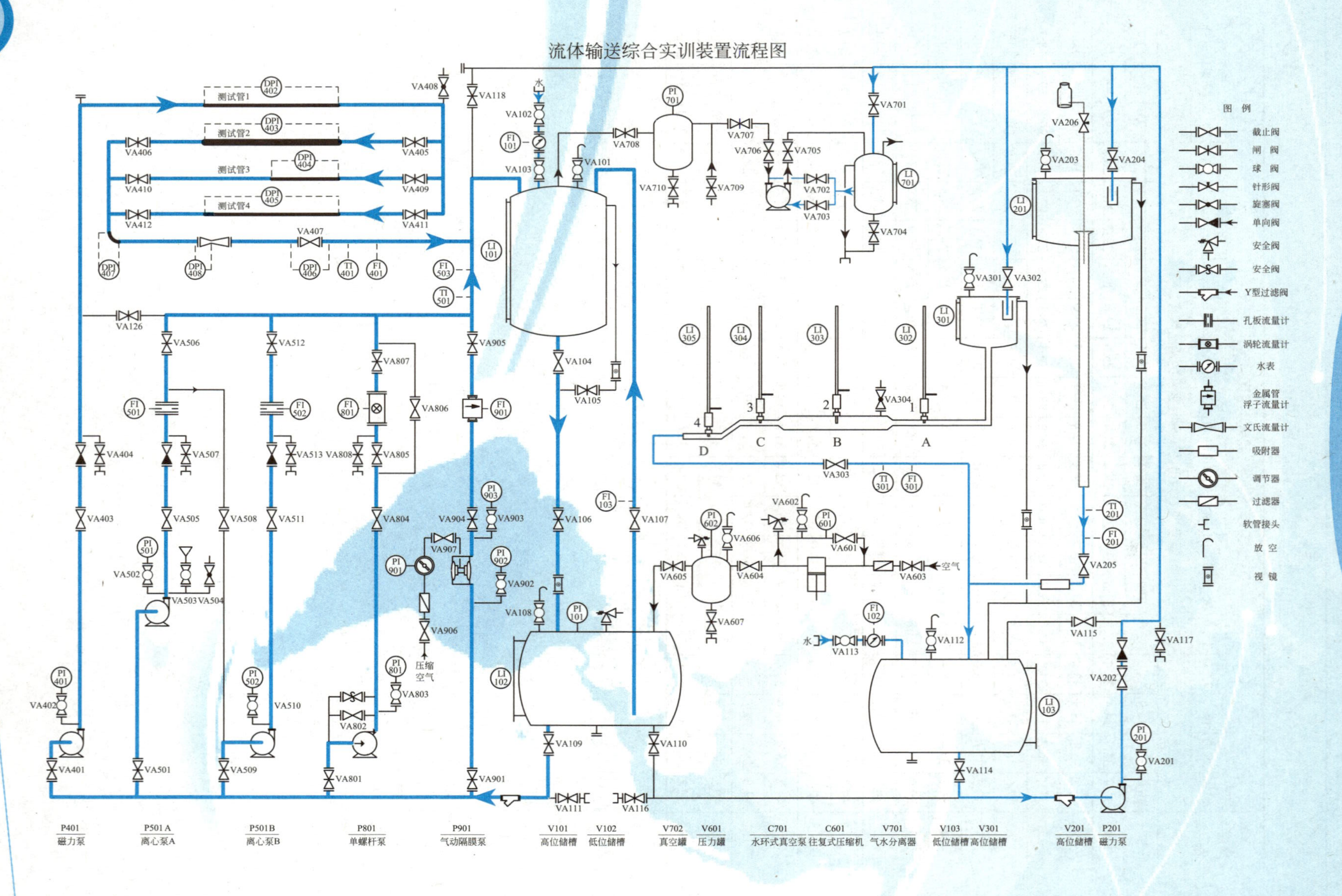

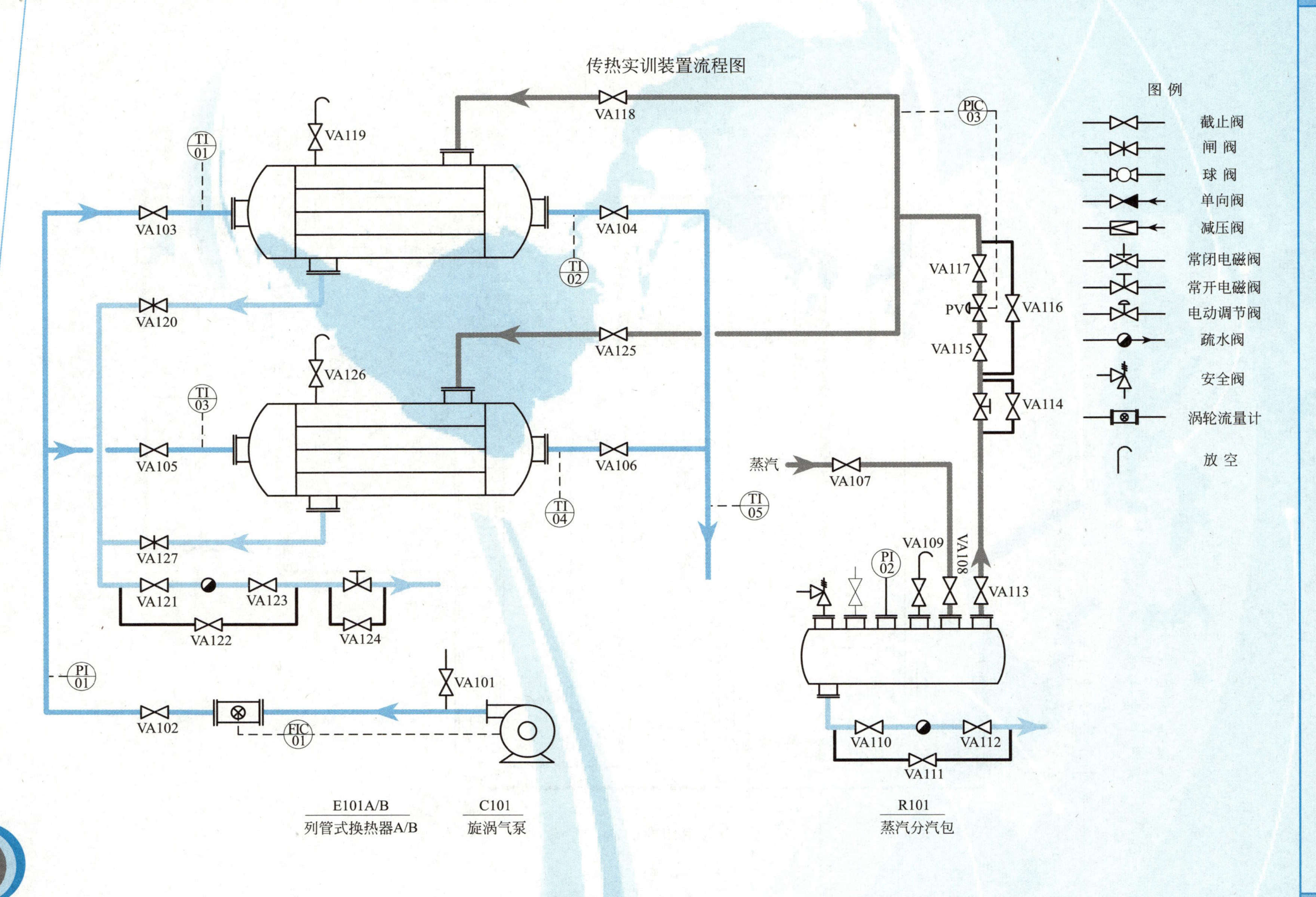

传热实训装置流程图
图例
截止阀
闸阀
球阀
单向阀
减压阀
常闭电磁阀
常开电磁阀
电动调节阀
疏水阀
安全阀
涡轮流量计
放空
VA118
PIC 03
VA119
TI 01
VA103
VA104
TI 02
VA117
PV
VA116
VA115
VA114
VA120
VA125
VA126
TI 03
VA105
VA106
蒸汽
VA107
TI 04
TI 05
VA127
VA109
VA108
PI 02
VA113
VA121
VA123
VA122
VA124
PI 01
VA101
VA102
FIC 01
VA110
VA112
VA111
E101A/B
列管式换热器A/B
C101
旋涡气泵
R101
蒸汽分汽包

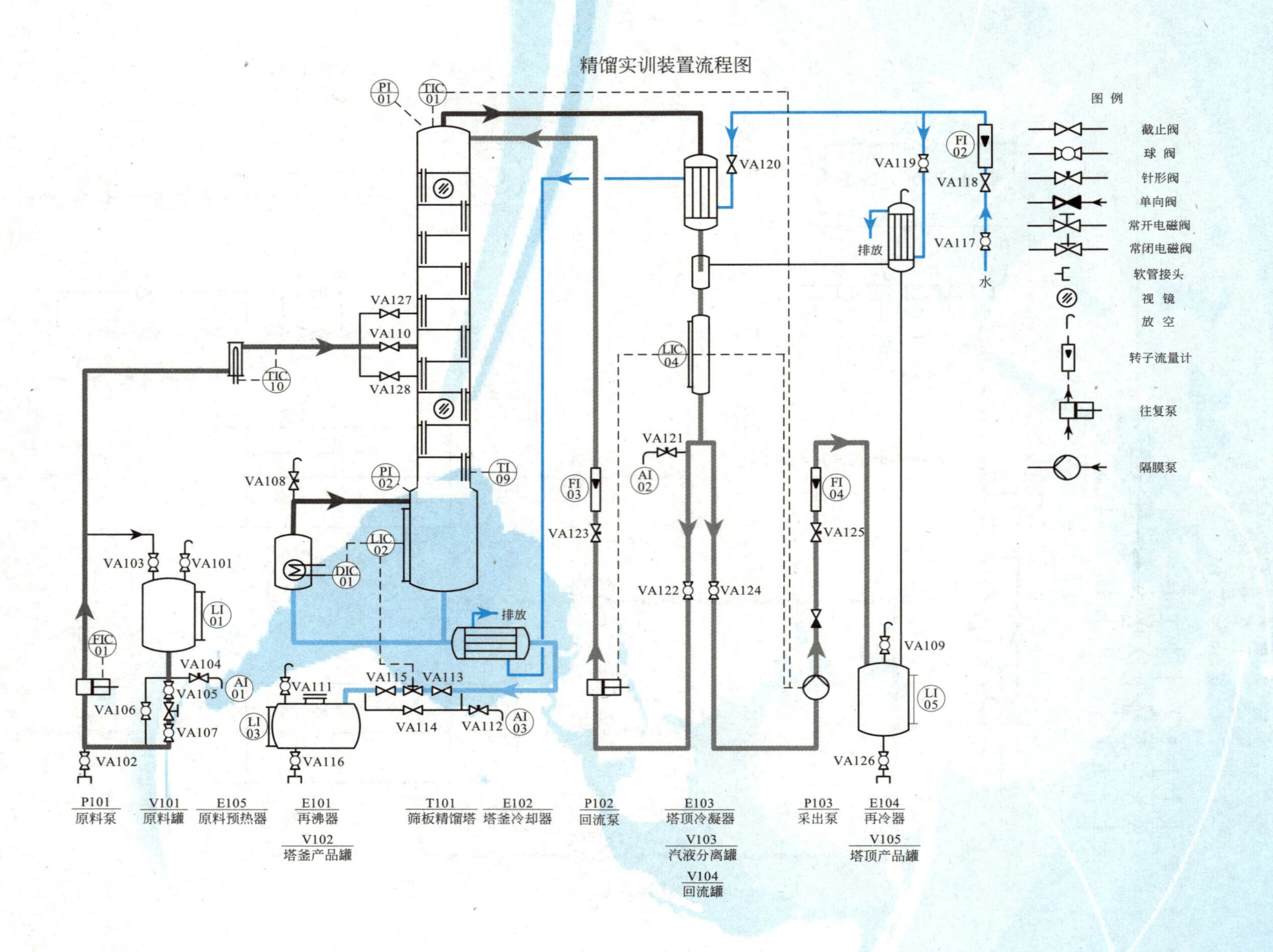

精馏实训装置流程图
图例
截止阀
球阀
针形阀
单向阀
常开电磁阀
常闭电磁阀
软管接头
视镜
放空
转子流量计
往复泵
隔膜泵
水
排放
P101 原料泵
V101 原料罐
E105 原料预热器
E101 再沸器
V102 塔釜产品罐
T101 筛板精馏塔
E102 塔釜冷却器
P102 回流泵
E103 塔顶冷凝器
V103 汽液分离罐
V104 回流罐
P103 采出泵
E104 再冷器
V105 塔顶产品罐

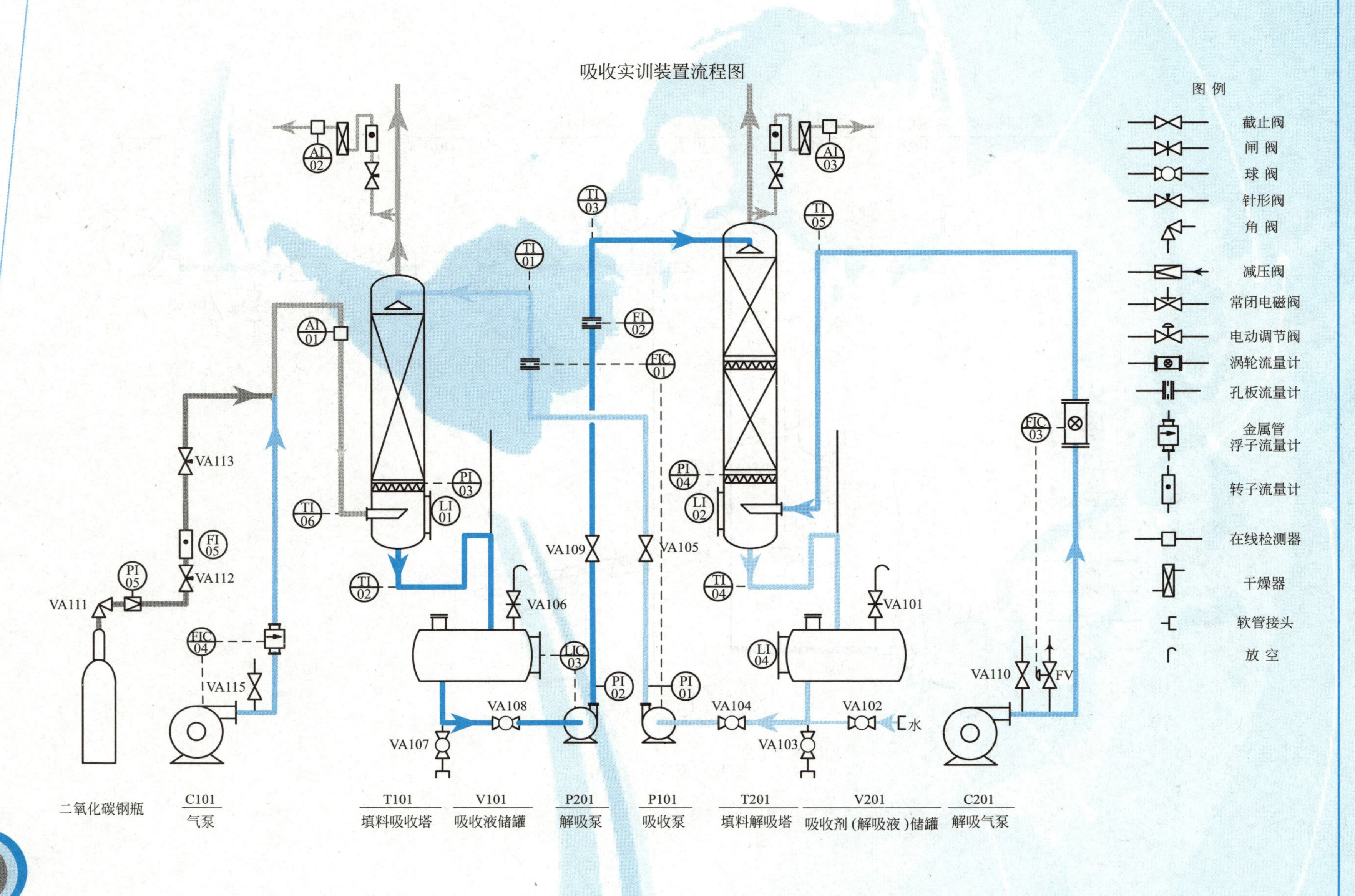
吸收实训装置流程图
图例
截止阀
闸阀
球阀
针形阀
角阀
减压阀
常闭电磁阀
电动调节阀
涡轮流量计
孔板流量计
金属管
浮子流量计
转子流量计
在线检测器
干燥器
软管接头
放空
AI 02
AI 01
AI 03
TI 01
TI 02
TI 03
TI 04
TI 05
TI 06
FI 02
FI 05
FIC 01
FIC 03
FIC 04
PI 01
PI 02
PI 03
PI 04
PI 05
LI 01
LI 02
LI 04
LIC 03
VA101
VA102
VA103
VA104
VA105
VA106
VA107
VA108
VA109
VA110
VA111
VA112
VA113
VA115
FV
水
二氧化碳钢瓶
C101
气泵
T101
填料吸收塔
V101
吸收液储罐
P201
解吸泵
P101
吸收泵
T201
填料解吸塔
V201
吸收剂（解吸液）储罐
C201
解吸气泵

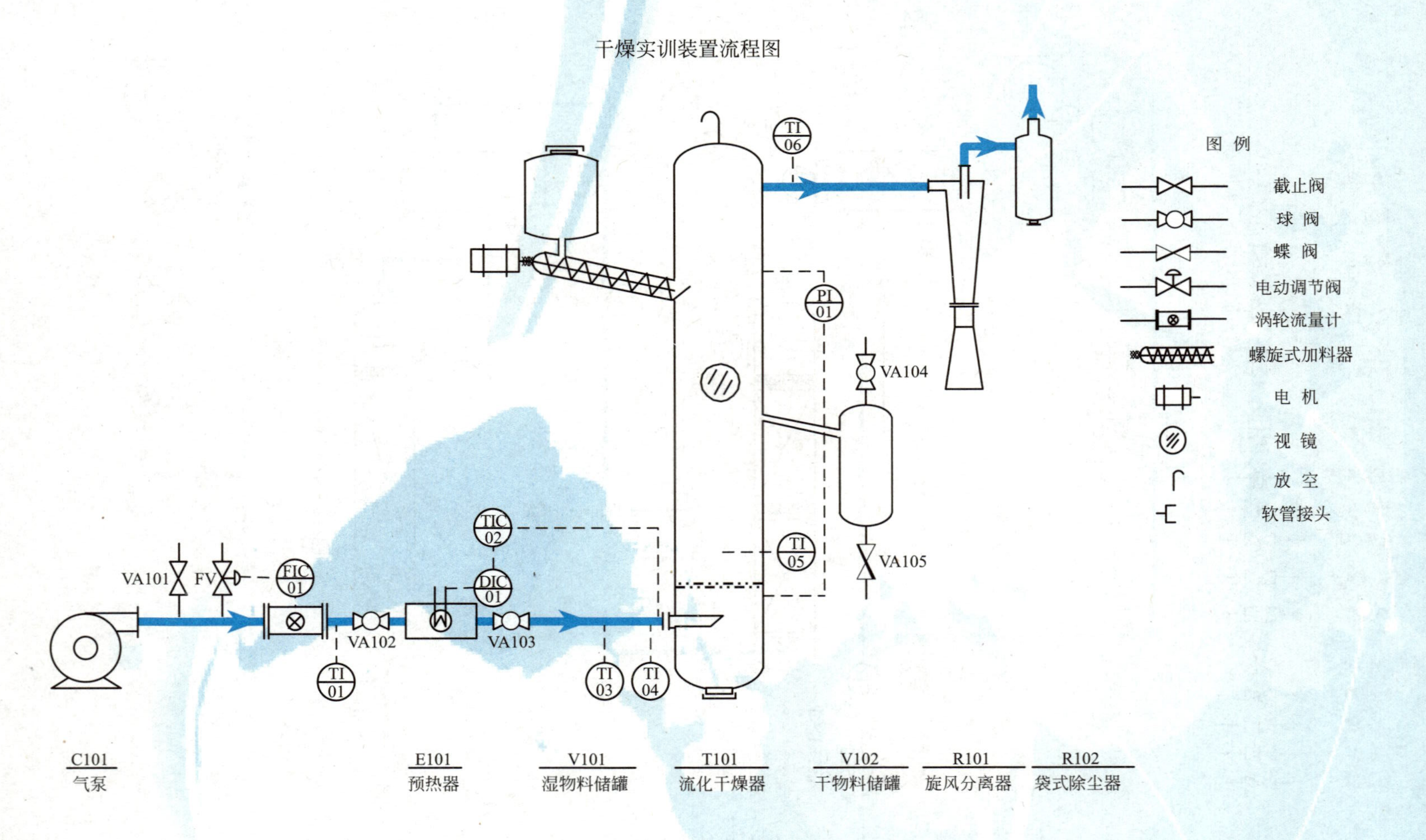
干燥实训装置流程图
TI 06
PI 01
VA104
VA105
TI 05
TIC 02
DIC 01
FIC 01
VA101
FV
VA102
VA103
TI 01
TI 03
TI 04
图例
截止阀
球阀
蝶阀
电动调节阀
涡轮流量计
螺旋式加料器
电机
视镜
放空
软管接头
C101 气泵
E101 预热器
V101 湿物料储罐
T101 流化干燥器
V102 干物料储罐
R101 旋风分离器
R102 袋式除尘器

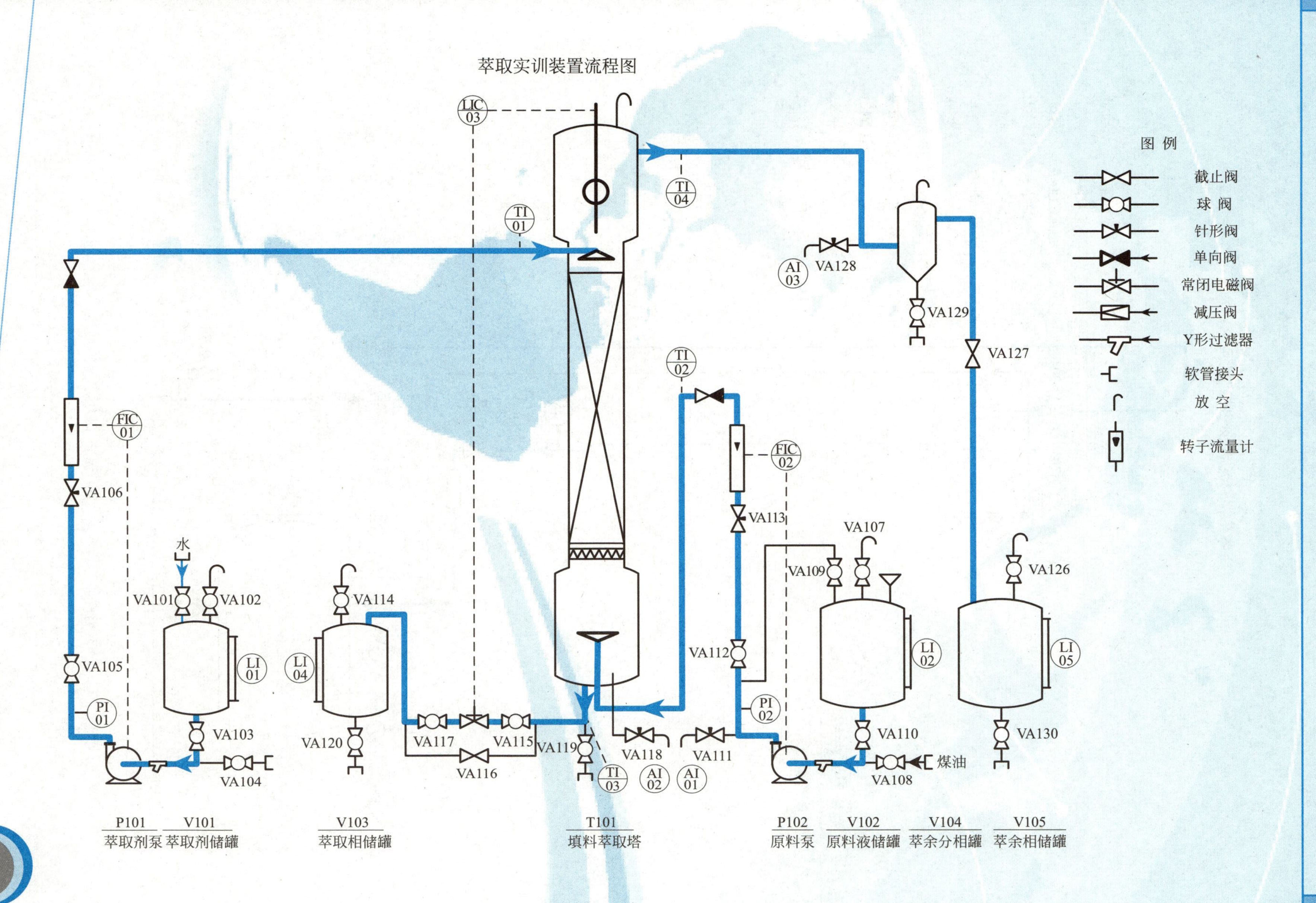
萃取实训装置流程图
图例
截止阀
球阀
针形阀
单向阀
常闭电磁阀
减压阀
Y形过滤器
软管接头
放空
转子流量计
LIC 03
TI 01
TI 02
TI 03
TI 04
AI 01
AI 02
AI 03
FIC 01
FIC 02
PI 01
PI 02
LI 01
LI 02
LI 04
LI 05
VA101
VA102
VA103
VA104
VA105
VA106
VA107
VA108
VA109
VA110
VA111
VA112
VA113
VA114
VA115
VA116
VA117
VA118
VA119
VA120
VA126
VA127
VA128
VA129
VA130
水
煤油
P101 萃取剂泵
V101 萃取剂储罐
V103 萃取相储罐
T101 填料萃取塔
P102 原料泵
V102 原料液储罐
V104 萃余分相罐
V105 萃余相储罐

流体在管内流动形态的判断及测定

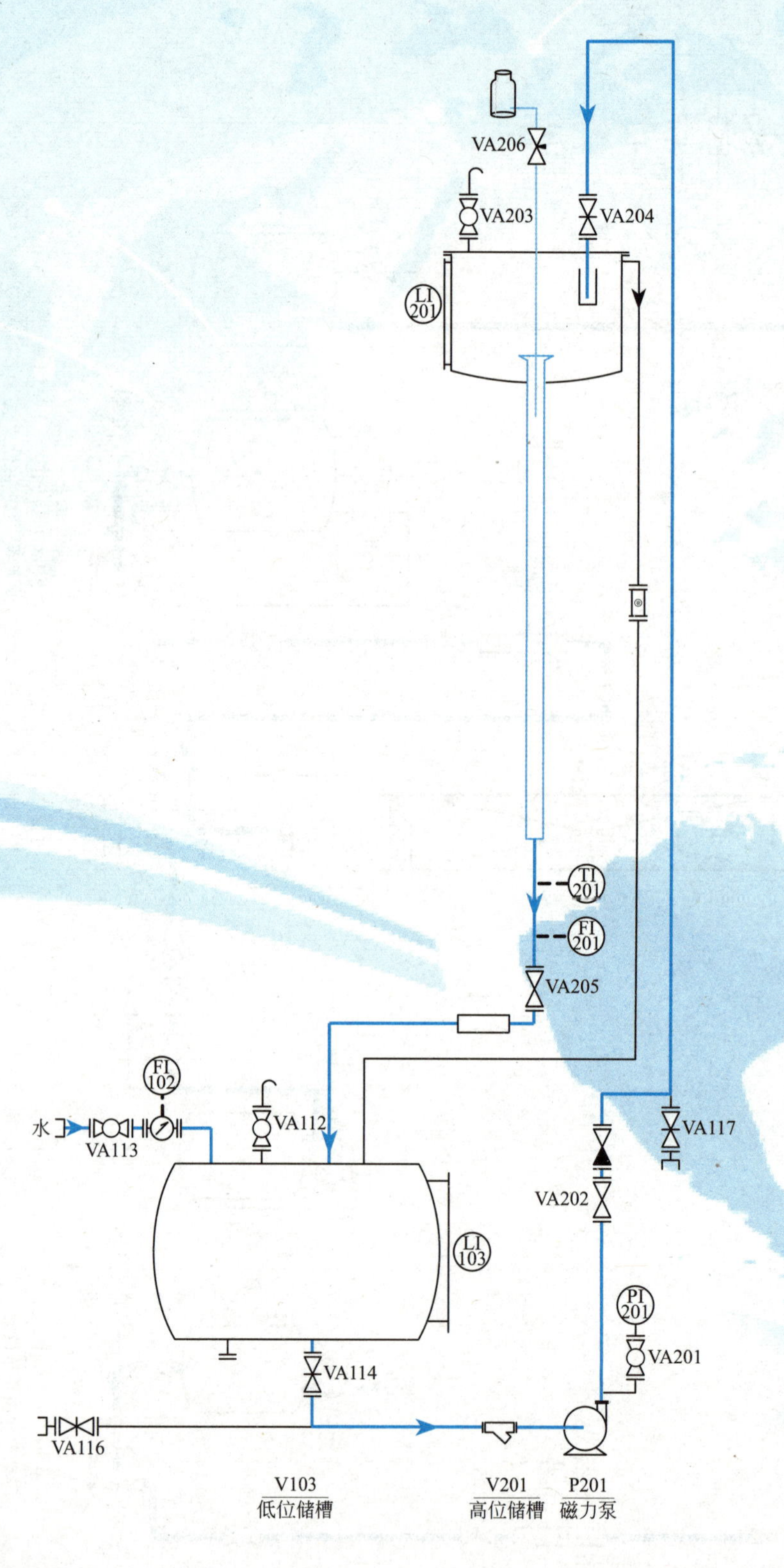

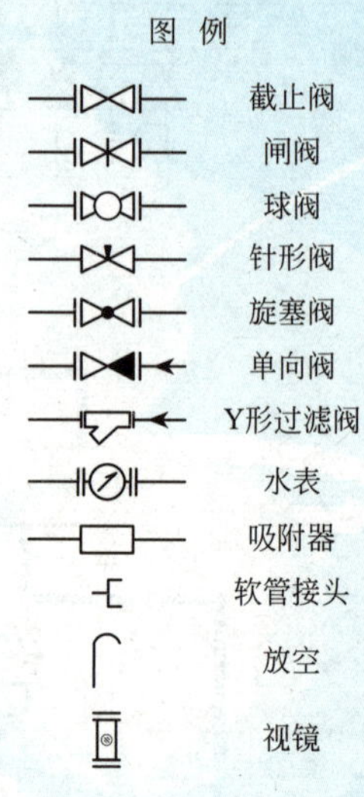

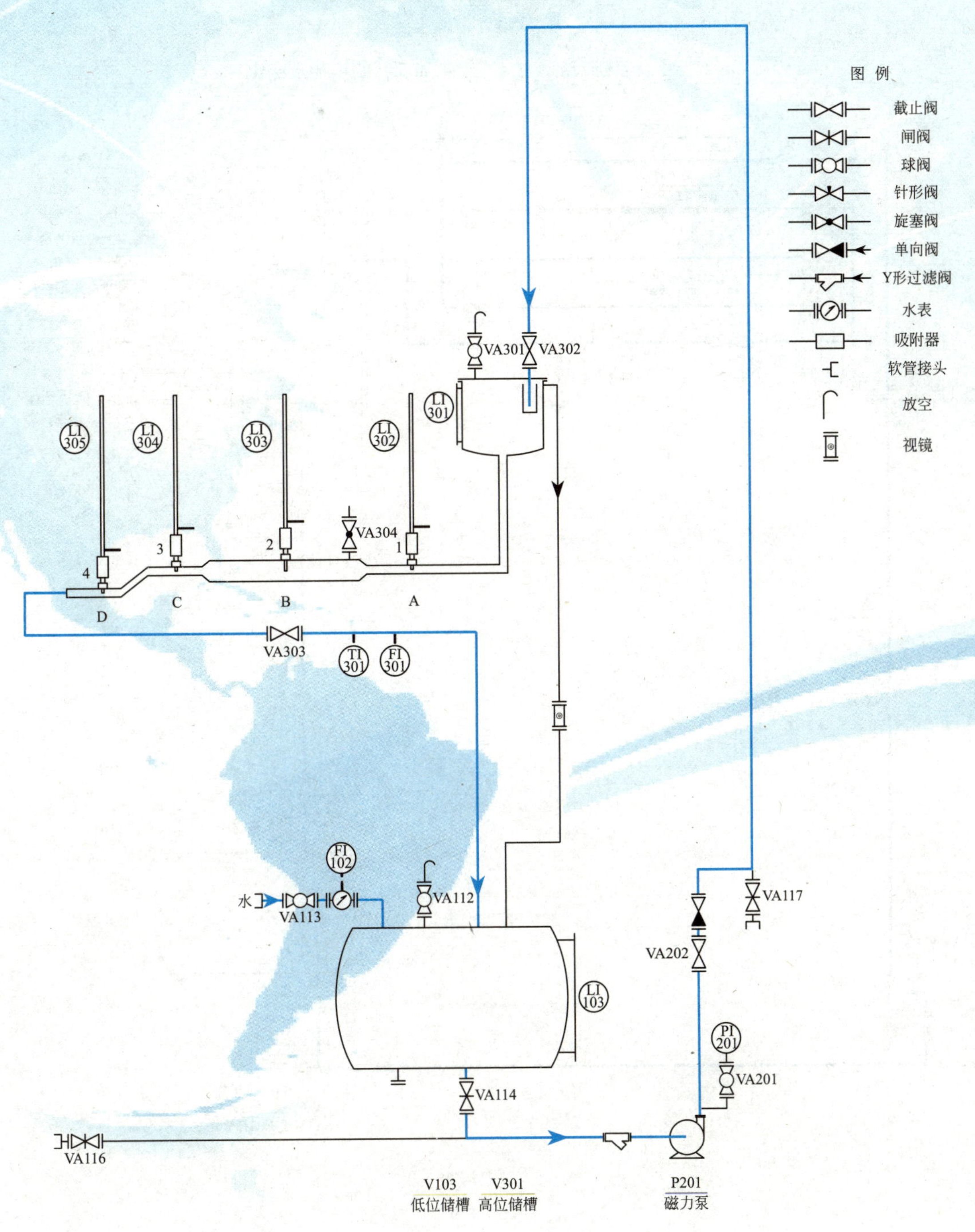
流体内部机械能变化的观察及测定
图例
截止阀
闸阀
球阀
针形阀
旋塞阀
单向阀
Y形过滤阀
水表
吸附器
软管接头
放空
视镜
VA301
VA302
LI 301
LI 302
LI 303
LI 304
LI 305
VA304
1
2
3
4
A
B
C
D
VA303
TI 301
FI 301
FI 102
水
VA113
VA112
VA117
VA202
LI 103
PI 201
VA201
VA114
VA116
V103
低位储槽
V301
高位储槽
P201
磁力泵

流体流动阻力（直管、局部）的认知及测定

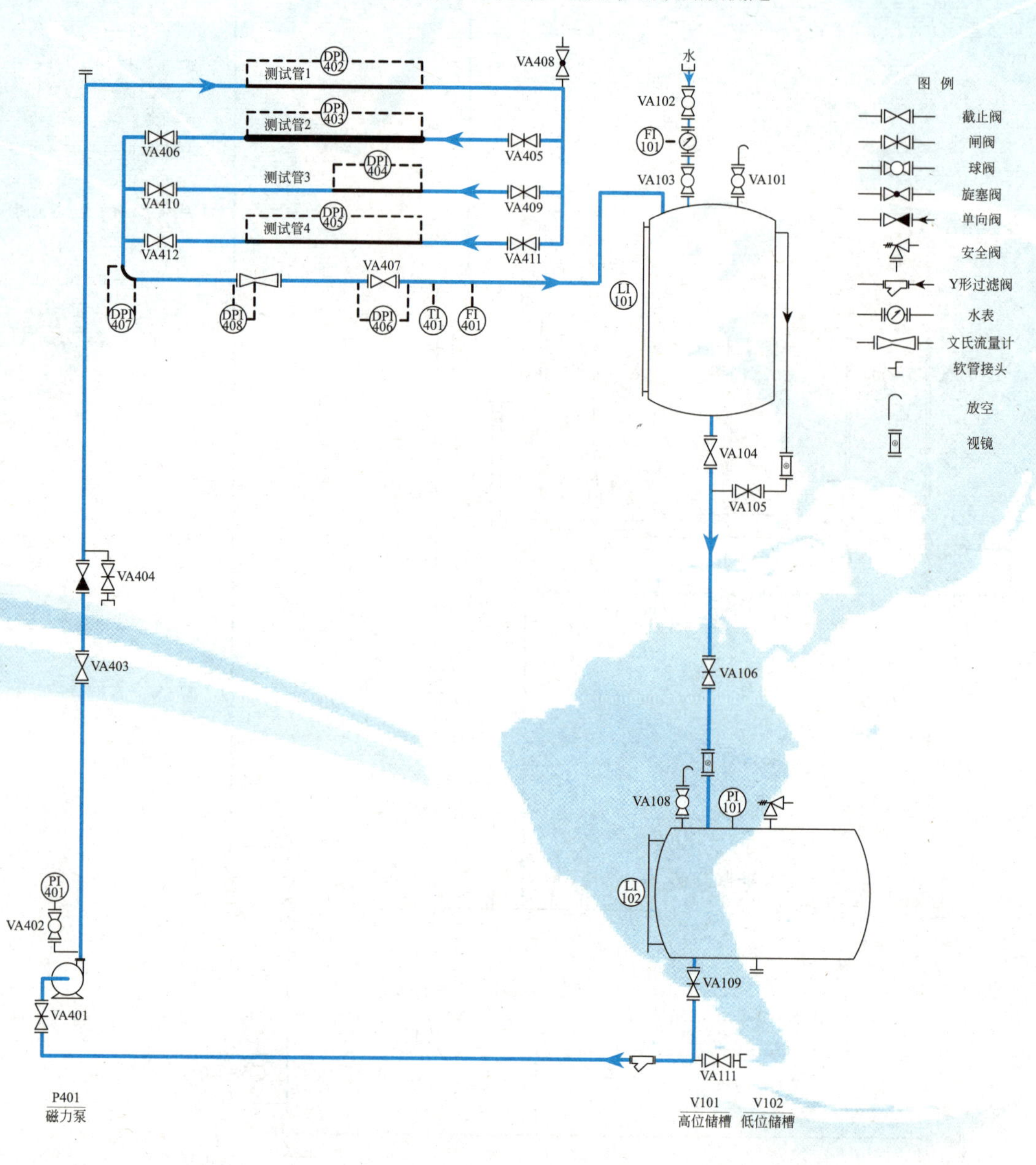

离心泵的开停车

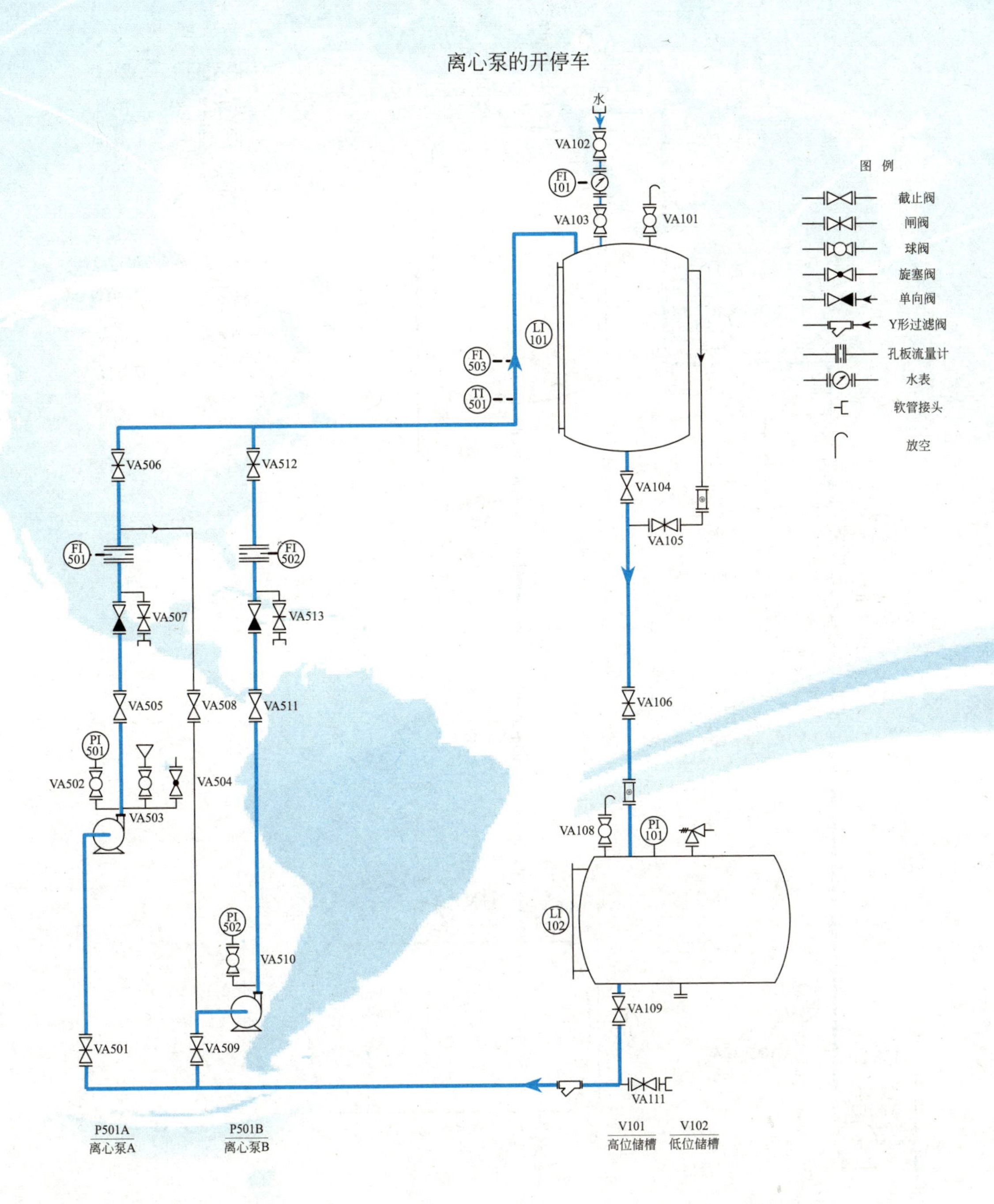
水
VA102
FI 101
VA103
VA101
LI 101
FI 503
TI 501
VA506
VA512
FI 501
FI 502
VA507
VA513
VA505
VA508
VA511
PI 501
VA502
VA503
VA504
VA104
VA105
VA106
VA108
PI 101
LI 102
VA109
VA111
PI 502
VA510
VA501
VA509
P501A
离心泵A
P501B
离心泵B
V101
高位储槽
V102
低位储槽
图例
截止阀
闸阀
球阀
旋塞阀
单向阀
Y形过滤阀
孔板流量计
水表
软管接头
放空

单螺杆泵的开停车

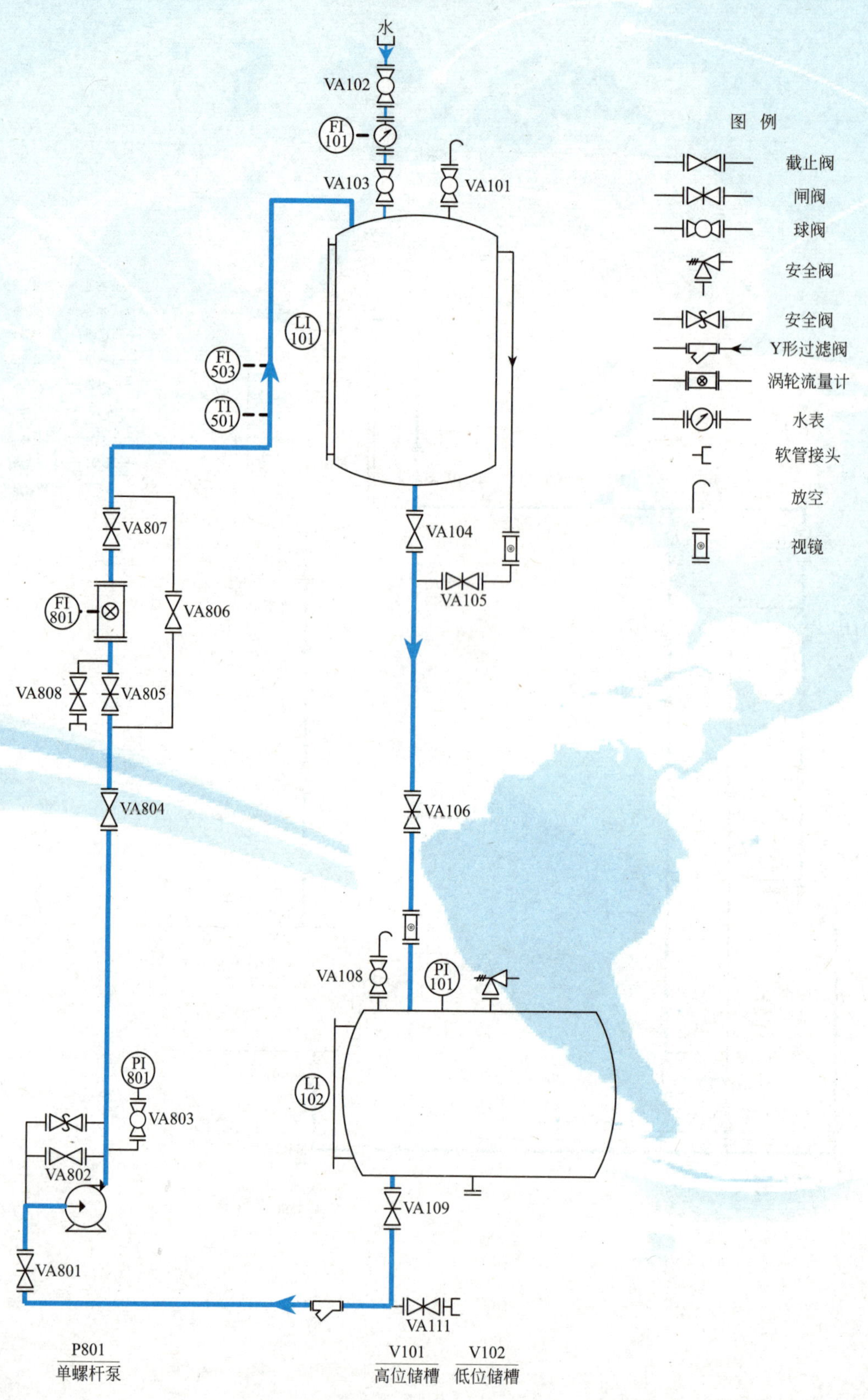

水
VA102
FI 101
VA103
VA101
LI 101
FI 503
TI 501
VA807
FI 801
VA806
VA808
VA805
VA804
VA104
VA105
VA106
VA108
PI 101
LI 102
PI 801
VA803
VA802
VA109
VA801
VA111
图 例
截止阀
闸阀
球阀
安全阀
安全阀
Y形过滤阀
涡轮流量计
水表
软管接头
放空
视镜
P801
单螺杆泵
V101
高位储槽
V102
低位储槽

气动隔膜泵的开停车

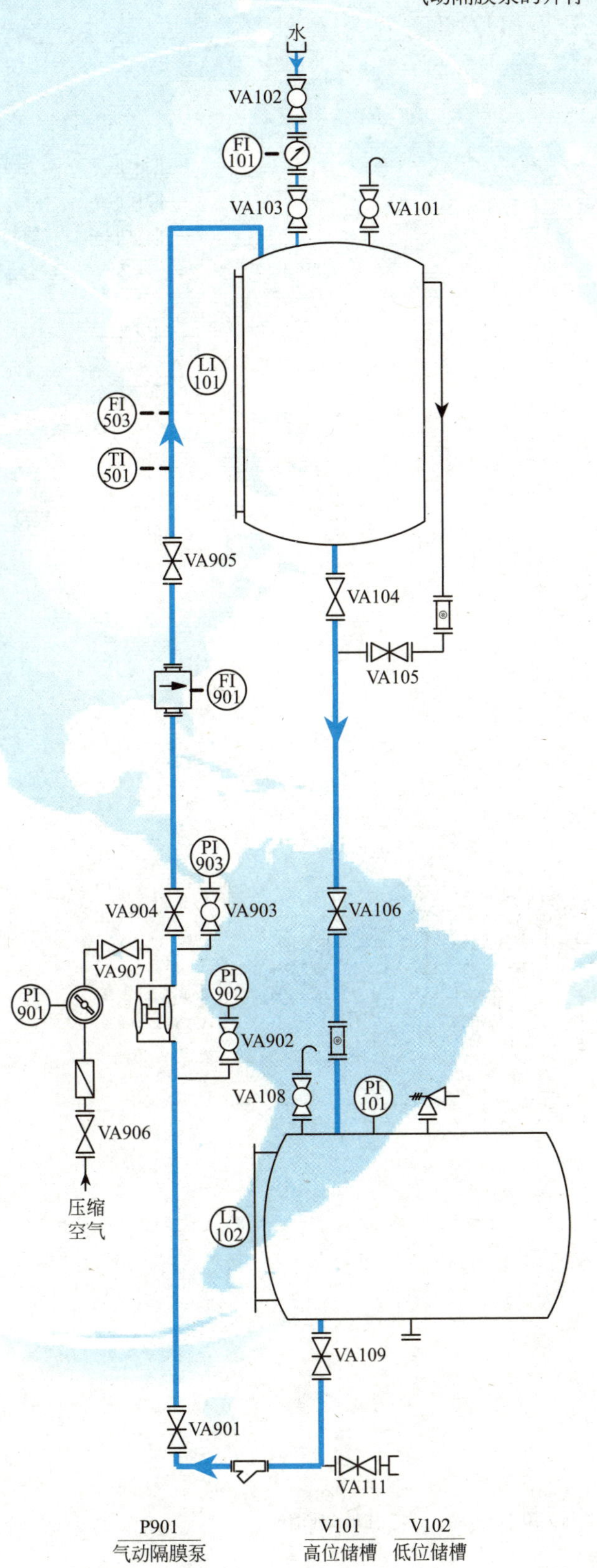
水
VA102
FI 101
VA103
VA101
LI 101
FI 503
TI 501
VA905
VA104
VA105
FI 901
PI 903
VA904
VA903
VA106
VA907
PI 901
PI 902
VA902
VA108
PI 101
VA906
压缩空气
LI 102
VA109
VA901
VA111
P901
气动隔膜泵
V101
高位储槽
V102
低位储槽

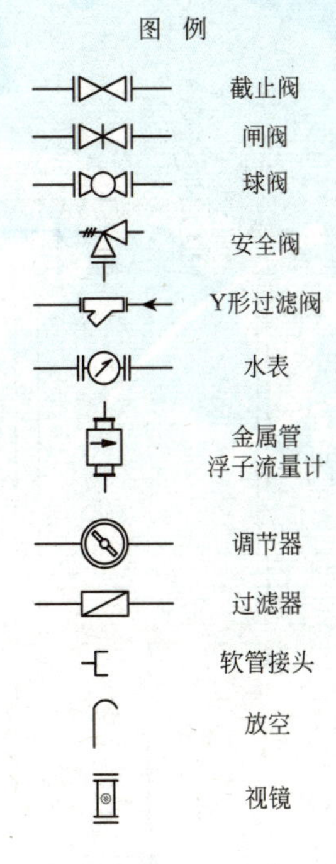
图 例
截止阀
闸阀
球阀
安全阀
Y形过滤阀
水表
金属管
浮子流量计
调节器
过滤器
软管接头
放空
视镜

往复式压缩机的开停车

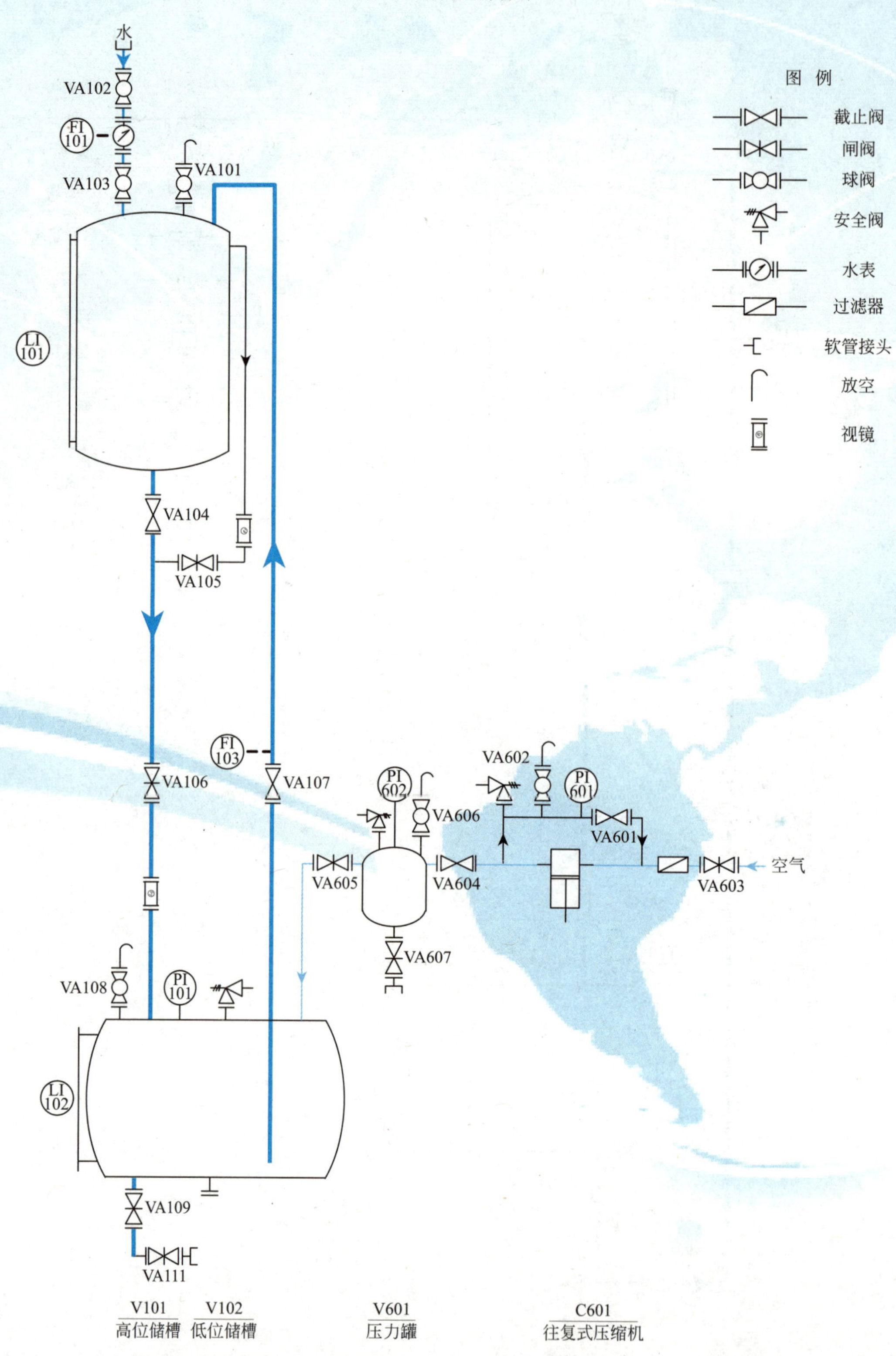

水
VA102
FI 101
VA103
VA101
LI 101
VA104
VA105
FI 103
VA106
VA107
VA108
PI 101
LI 102
VA109
VA111
PI 602
VA606
VA605
VA604
VA607
VA602
PI 601
VA601
VA603
空气
图 例
截止阀
闸阀
球阀
安全阀
水表
过滤器
软管接头
放空
视镜
V101
高位储槽
V102
低位储槽
V601
压力罐
C601
往复式压缩机

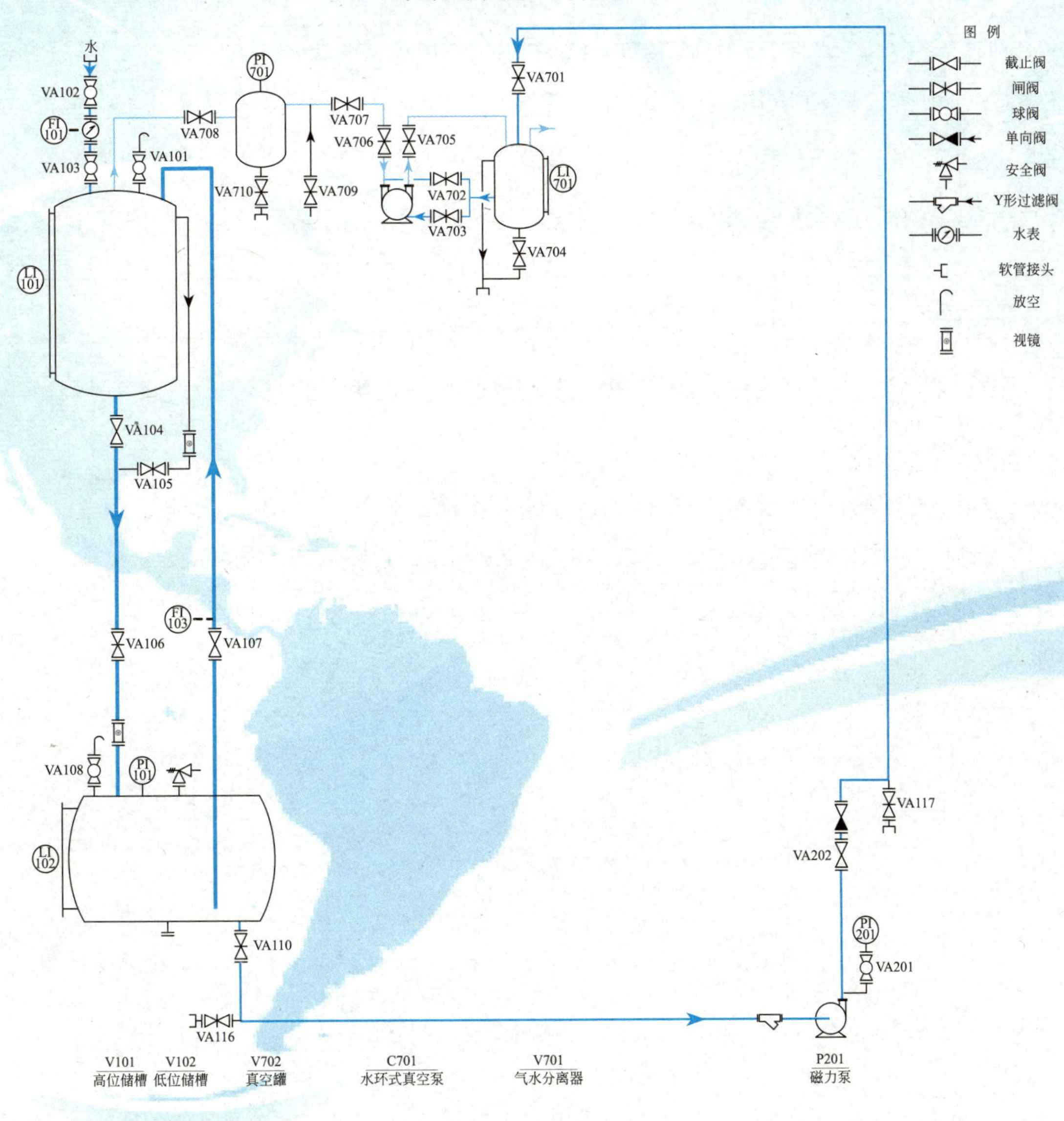
水环式真空泵的开停车
图例
截止阀
闸阀
球阀
单向阀
安全阀
Y形过滤阀
水表
软管接头
放空
视镜
水
VA102
FI 101
VA103
VA101
VA708
PI 701
VA707
VA706
VA705
VA710
VA709
VA702
VA703
VA701
LI 701
VA704
LI 101
VA104
VA105
FI 103
VA106
VA107
VA108
PI 101
LI 102
VA110
VA116
VA117
VA202
PI 201
VA201
V101
高位储槽
V102
低位储槽
V702
真空罐
C701
水环式真空泵
V701
气水分离器
P201
磁力泵

参考文献

[1] 侯丽新. 化工单元操作实训. 第2版. 北京：化学工业出版社，2009.

[2] 周立雪. 化工生产单元操作. 北京：化学工业出版社，2009.

[3] 陈敏恒. 化工原理. 北京：化学工业出版社，2010.

[4] 冷士良. 化工单元过程及操作. 北京：化学工业出版社，2002.

[5] 厉玉鸣. 化工仪表及自动化(化学工程与工艺专业适用). 第5版. 北京：化学工业出版社，2011.

[6] 刘瑞霞. 化工单元操作(任务驱动型). 北京：中国劳动社会保障出版社，2012.

[7] 张新战. 高级技工规划教材:化工单元过程及操作. 第2版. 北京：化学工业出版社，2012.

[8] 黄徽. 化工单元操作技术. 北京：化学工业出版社，2010.

[9] 李传江. 简明化工单元操作. 北京：化学工业出版社，2010.

[10] 杨成德. 化工单元操作与控制. 北京：化学工业出版社，2010.